高等学校电子信息类系列教材

应用型网络与信息安全工程技术人才培养系列教材

网络服务器配置与管理

主　编　韩　斌

副主编　秦　智　李享梅

西安电子科技大学出版社

内 容 简 介

本书主要介绍如何利用 Windows Server 2012 和 CentOS Linux 配置与管理网络服务器并提供相应的网络服务。书中结合具体应用项目,针对当前网络服务应用的原理、方法和技术,系统、全面地介绍了网络的基础知识和网络服务器的配置与管理方法。全书共分三部分。第一部分介绍网络的基础知识,包括 TCP/IP 网络模型、IP 地址的分类以及网络服务器的相关知识。第二部分主要介绍 Windows Server 2012 环境下常用的 DHCP、DNS、IIS、路由和远程访问服务的配置方法及相关知识。第三部分主要介绍 CentOS Linux 平台下 Samba、NFS、DHCP、DNS、Apache、FTP、邮件服务和 iptables 等服务的配置。

本书将理论与实践相结合,实用性强,可作为高等院校网络工程、计算机科学与技术、通信工程等专业的教材,也可供网络技术研究及开发人员参考。

图书在版编目(CIP)数据

网络服务器配置与管理/韩斌主编. —西安: 西安电子科技大学出版社, 2017.3(2021.11 重印)
ISBN 978-7-5606-4423-3

Ⅰ. ① 网… Ⅱ. ① 韩… Ⅲ. ① Windows 操作系统—网络服务器 ② Linux 操作系统—网络服务器 Ⅳ. ① TP316.8

中国版本图书馆 CIP 数据核字(2017)第 013997 号

策划编辑 李惠萍
责任编辑 祝婷婷 阎 彬
出版发行 西安电子科技大学出版社 (西安市太白南路 2 号)
电 话 (029) 88202421 88201467 邮 编 710071
网 址 www.xduph.com 电子邮箱 xdupfxb001@163.com
经 销 新华书店
印刷单位 陕西天意印务有限责任公司
版 次 2017 年 3 月第 1 版 2021 年 11 月第 4 次印刷
开 本 787 毫米×1092 毫米 1/16 印 张 19.5
字 数 453 千字
印 数 7001 ~ 9000 册
定 价 43.00 元

ISBN 978-7-5606-4423-3/TP

XDUP 4715001-4

***** 如有印装问题可调换 *****

序

进入 21 世纪以来，信息技术迅速改变着人们传统的生产和生活方式，社会的信息化已经成为当今世界发展不可逆转的趋势和潮流。信息作为一种重要的战略资源，与物资、能源、人力一起已被视为现代社会生产力的主要因素。目前，世界各国围绕着信息获取、利用和控制的国际竞争日趋激烈，网络与信息安全问题已成为一个世纪性、全球性的课题。党的十八大报告明确指出，要"高度关注海洋、太空、网络空间安全"。党的十八届三中全会决定设立国家安全委员会，成立中央网络安全和信息化领导小组，并把网络与信息安全列入了国家发展的最高战略方向之一。这为包含网络空间安全在内的非传统安全领域问题的有效治理提供了重要的体制机制保障，是我国国家安全体制机制的一个重大创新性举措，彰显了我国政府治国理政的战略新思维和"大安全观"。

人才资源是确保我国网络与信息安全第一位的资源，信息安全人才培养是国家信息安全保障体系建设的基础和必备条件。随着我国信息化和信息安全产业的快速发展，社会对信息安全人才的需求不断增加。2015 年 6 月 11 日，国务院学位委员会和教育部联合发出"学位[2015]11 号"通知，决定在工学门类下增设"网络空间安全"一级学科，代码为 0839，授予工学学位。这是国家推进专业化教育，在信息安全领域掌握自主权、抢占先机的重要举措。

新中国成立以来，我国高等工科院校一直是培养各类高级应用型专门人才的主力军。培养网络与信息安全高级应用型专门人才也是高等院校责无旁贷的责任。目前，许多高等院校和科研院所已经开办了信息安全专业或开设了相关课程。作为国家首批 61 所"卓越工程师教育培养计划"试点院校之一，成都信息工程大学以《国家中长期教育改革和发展规划纲要（2010—2020 年）》、《国家中长期人才发展规划纲要（2010—2020 年）》、《卓越工程师教育培养计划通用标准》为指导，以专业建设和工程技术为主线，始终贯彻"面向工业界、面向未来、面向世界"的工程教育理念，按照"育人为本、崇尚应用"、"一切为了学生"的教学教育理念和"夯实基础、强化实践、注重创新、突出特色"的人才培养思路，遵循"行业指导、校企合作、分类实施、形式多样"的原则，实施了一系列教育教学改革。令人欣喜的是，该校信息安全工程学院与西安电子科技大学出版社近期联合组织了一系列网络与信息安全专业教育教学改革的研讨活动，共同研讨培养应用型高级网络与信息安全工程技术人才的教育教学方法和课程体系，并在总结近年来该校信息安全专业实施"卓越工程师教育培养计划"教育教学改革成果和经验的基础上，组织编写了"应用型网络与信息安全工程技术人才培养系列教材"。本套教材总结了该校信息安全专业教育教学改革成果和经验，相关课程有配套的课程过程化考核系统，是培养应用型网络与信息安全工程技术人才的一套比较完整、实用的教材，相信可以对我国高等院校网络与信息安全专业的建设起到很好的促进作用。该套教材为中国电子教育学会高教分会推荐教材。

　　信息安全是相对的，信息安全领域的对抗永无止境。国家对信息安全人才的需求是长期的、旺盛的。衷心希望本套教材在培养我国合格的应用型网络与信息安全工程技术人才的过程中取得成功并不断完善，为我国信息安全事业做出自己的贡献。

高等学校电子信息类"十三五"规划教材

应用型网络与信息安全工程技术人才培养系列教材

名誉主编（中国密码学会常务理事）

何大可

二〇一五年十月

高等学校电子信息类专业系列教材
应用型网络与信息安全工程技术人才培养系列教材
编审专家委员会名单

名誉主任： 何大可（中国密码学会常务理事）

主　　任： 张仕斌（成都信息工程大学信息安全学院副院长、教授）

副主任： 李　飞（成都信息工程大学信息安全学院院长、教授）

何明星（西华大学计算机与软件工程学院院长、教授）

苗　放（成都大学计算机学院院长、教授）

赵　刚（西南石油大学计算机学院院长、教授）

李成大（成都工业学院教务处处长、教授）

宋文强（重庆邮电大学移通学院计算机科学系主任、教授）

梁金明（四川理工学院计算机学院副院长、教授）

易　勇（四川大学锦江学院计算机学院副院长、成都大学计算机学院教授）

杨瑞良（成都东软学院计算机科学与技术系主任、教授）

编审专家委员：（排名不分先后）

范太华	叶安胜	黄晓芳	黎忠文	张　洪	张　蕾	贾　浩
赵　攀	陈　雁	韩　斌	李享梅	曾令明	何林波	盛志伟
林宏刚	王海春	索　望	吴春旺	韩桂华	赵　军	陈　丁
秦　智	王中科	林春蕾	张金全	王祖俪	蔺　冰	王　敏
万武南	甘　刚	王　燚	闫丽丽	昌　燕	黄源源	张仕斌
李　飞	王海春	何明星	苗　放	李成大	宋文强	梁金明
万国根	易　勇	杨瑞良				

前　言

从 20 世纪 70 年代开始，以互联网为代表的计算机网络得到迅猛发展。在几十年的发展历程中，计算机网络作为现代通信技术与计算机技术高度整合的产物，经历了从简单到复杂、从低级到高级的发展过程。计算机网络已广泛地应用于工业、商业、金融、政府部门、教育、科研及日常生活的各个领域，成为信息社会的基础设施。

网络应用服务配置是计算机科学与技术、网络工程等专业的一门专业必修课程。本书以最新的 Windows Server 2012 和 CentOS Linux 为基础，讲解对应平台下相关网络服务的配置和管理方法，系统全面地介绍了有关网络基础方面的知识和相关网络应用服务的配置原理、操作步骤和具体操作方法。本书力求避免枯燥的理论，以实践操作为主，理论联系实际，重点培养学生的实际动手能力。

本书共分为三部分，第一部分介绍网络的基础知识，包括 TCP/IP 网络模型、IP 地址的分类以及网络服务器的相关知识；第二部分主要介绍 Windows Server 2012 环境下常用的 DHCP、DNS、IIS、路由和远程访问服务的配置方法和相关知识；第三部分主要介绍 CentOS Linux 平台下 Samba、NFS、DHCP、DNS、Apache、FTP、邮件服务和 iptables 等服务的配置命令和具体操作方法。

本书对应课程的参考教学时数为 40～50 学时，各学校可根据学生已掌握的知识及接受能力做适当裁减。笔者建议以上机实验为主、理论讲解为辅，有条件的话，可以全部在实验室完成本课程的学习，重点强化学生的实际操作能力。

本书注重理论与实践的紧密结合，内容通俗易懂，图文并茂，突出实用性。对于网络服务应用管理技术来说，理论是实践的先导，实践促进理论学习。作者结合具体应用项目努力解决了理论学习与实践应用相脱节的问题。本书编写组成员长期从事教学和科研工作，在计算机学科建设、课程建设、网络规划和网络工程实践方面具有丰富的经验，为本书的编写奠定了良好的基础。本书的一大特色就是以网络服务的配置为中心进行介绍，全书内容系统、简练，实用性强，结构安排合理，论述简明清晰，适用于理论课程教学和实践教学，可作为高等院校网络工程、计算机科学与技术、通信工程等专业的教材，也可供网络技术研究及开发人员参考。

由于编者的技术水平和写作能力有限，书中难免会有疏漏之处，恳请各位专家和读者批评指正。

本书在编写过程中参考了许多资料,在此向有关作者致以衷心感谢。另外,本书在编写过程中多次得到有关领导及兄弟院校、研究院所的专家、教授、同行的热情帮助和支持,西安电子科技大学出版社为本书的出版也做了大量的工作,在此一并表示衷心的感谢。

编　者

2016 年 12 月

目　录

第一部分　网络的基础知识

第二部分　Windows 平台下的服务配置

第三部分　Linux 平台下的服务配置

第一部分　网络的基础知识

第1章   计算机网络基础

21 世纪人类全面进入信息时代。信息时代的重要特征就是数字化、网络化和信息化。要实现信息化就必须依靠完善的网络，因此网络现在已经成为信息社会的命脉和发展知识经济的重要基础。网络对社会生活的很多方面以及对社会经济的发展已经产生了不可估量的影响。本章主要介绍网络的基础知识、发展史、网络功能、网络的分类以及计算机网络的体系结构。

1.1   计算机网络基础知识

1.1.1   计算机网络

计算机网络是将处在不同地理位置且相互独立的主机或设备，通过通信介质和网络设备按照特定的网络协议相互连接起来，利用网络操作系统进行管理和控制，从而实现信息传输和资源共享的一种信息系统。

计算机网络的形成大致可分为三个阶段：计算机终端网络(终端与计算机之间的通信)、计算机通信网络(计算机与计算机之间的通信，以传输信息为目的)、计算机网络(以资源共享为目的)。计算机网络与计算机通信网络的硬件组成一样，都是由主计算机系统、终端设备、通信设备和通信线路四大部分组成的。

计算机网络与计算机通信网络的根本区别是：计算机网络是由网络操作系统软件来实现网络的资源共享和管理的，而计算机通信网络中，用户只能把网络看作是若干个功能不同的计算机网络系统的集合，为了访问这些资源，用户需要自行确定其所在的位置，然后才能调用。因此，计算机网络不只是计算机系统的简单连接，还必须有网络操作系统的支持。

计算机网络是计算机应用的最高形式，从功能角度出发，计算机网络可以看成是由通信子网和资源子网两部分组成的；从用户角度来看，计算机网络则是一个透明的传输机构。

通信介质和通信网中的传输线路一样，起到信息的输送和设备的连接作用。计算机网络的连接介质种类很多，可以是电缆、光缆、双绞线等有线介质，也可以是卫星、微波等无线介质，这和通信网中所采用的通信介质基本上是一样的。在通信介质基础上，计算机网络必须实现计算机间的通信和计算机资源的共享。

协议是为了使网络中的不同设备能进行数据通信而预先制定好的一整套通信双方相互了解和共同遵守的格式和约定。拿电报来做比较，在拍电报时必须首先规定好报文的传输格式，多少位的码长，什么样的码字表示启动，什么样的码字又表示结束，出了错误怎么办，发报人的名字和地址等，这种预先定好的格式及约定就是协议。

协议对于计算机网络而言是非常重要的，可以说没有协议，就不可能有计算机网络。每一种计算机网络都有一套协议支持着。由于现在计算机网络的种类很多，所以现有的网络通信协议的种类也很多。典型的网络通信协议有开放系统互连(OSI)协议、X.25 协议等。TCP/IP 则是为 Internet 互联的各种网络之间能互相通信而专门设计的通信协议。

计算机网络具有多种分类方法。按通信距离可分为广域网(WAN)、城域网(MAN)和局域网(LAN)；按网络拓扑结构可分为星型网、树型网、环型网和总线型网等；按通信介质可分为双绞线网、同轴电缆网、光纤网和卫星网；按传输带宽可分为基带网和宽带网；按信息交换方式可分为电路交换网、分组交换网、综合交换网。

网络操作系统是网络的心脏和灵魂，是向网络计算机提供网络通信和网络资源共享功能的操作系统。它是负责管理整个网络资源和用户的软件的集合。由于网络操作系统是运行在服务器之上的，所以有时我们也把它称为服务器操作系统。

服务器操作系统是网络软件中最主要的软件，用于实现不同主机之间的用户通信，以及全网硬件和软件资源的共享，并向用户提供统一的、方便的网络接口，便于用户使用网络。目前服务器操作系统主要有三大类：Unix 操作系统、Linux 操作系统和 Windows 操作系统。

(1) Unix 系列：主要有 SunSolaris、IBM-AIX、HP-UX、FreeBSD 等。Unix 网络操作系统历史悠久，其良好的网络管理功能已为广大网络用户所接受，拥有丰富的应用软件的支持。Unix 一般用于大型的网站或大型的企、事业局域网中。

(2) Linux 系列：主要有 Red Hat Linux、CentOS、Debian、Ubuntu 等。Linux 最大的特点就是源代码开放，它在安全性和稳定性方面与 Unix 有许多类似之处。但目前这类操作系统仍主要应用于中、高档服务器中。

(3) Windows 系列：主要有 Windows Server 2003、Windows Server 2008、Windows Server 2012 等。虽然 Windows 系统在桌面操作系统占有绝大部分的市场，但在服务器领域远不及 Unix 和 Linux 系统。Windows 操作系统主要应用于小型企业中。

随着计算机技术的迅猛发展，计算机的应用逐渐渗透到各个技术领域和整个社会的各个方面。社会的信息化、数据的分布处理、各种计算机资源的共享等各种应用要求都推动计算机技术朝着群体化方向发展，促使计算机技术与通信技术紧密结合。计算机网络属于多机系统的范畴，是计算机和通信这两大现代技术相结合的产物，它代表着当前计算机体系结构发展的一个重要方向。

1.1.2　计算机网络发展历史

在过去的三百多年中，每一个世纪都有一种技术占据主要的地位。18 世纪伴随着工业革命而来的是伟大的机械时代；19 世纪是蒸汽机时代；20 世纪的关键技术是信息的获取、存储、传送、处理和利用；而在 21 世纪的今天，人类则进入了一个网络时代，人们周围的信息在更高速地传递着。计算机是 20 世纪人类最伟大的发明之一，它的产生标志着人类开始迈进一个崭新的信息社会，新的信息产业正以强劲的势头迅速崛起。为了提高信息社会的生产力，提供一种全社会的、经济的、快速的存取信息的手段是十分必要的，因此计算机网络这种手段也应运而生，并且在我们以后的学习生活中都起着举足轻重的作用，其发展趋势更是可观。

计算机网络已经历了由单一网络向互联网发展的过程。1997 年，在美国拉斯维加斯的全球计算机技术博览会上，微软公司总裁比尔·盖茨先生发表了著名的演说，在演说中他指出"网络才是计算机"的精辟论点，充分体现出信息社会中计算机网络的重要基础地位。计算机网络技术的发展越来越成为当今世界高新技术发展的核心之一，而其发展历程也曲曲折折，绵延至今。

20 世纪 50 年代中期，美国的半自动地面防空系统(Semi-Automatic Ground Environment，SAGE)开始了计算机技术与通信技术相结合的尝试，把远程距离的雷达和其他测控设备的信息经由线路汇集至一台 IBM 计算机上进行集中处理与控制。世界上公认的、最成功的第一个远程计算机网络是 1969 年由美国高级研究计划署(Advanced Research Projects Agency，ARPA)组织研制成功的，该网络称为 ARPANET，它就是现在 Internet 的前身。计算机网络的发展大致可划分为四个阶段。

第一阶段：诞生阶段。该阶段也称为面向终端的计算机网络，即局域网的萌芽阶段。20 世纪 60 年代中期之前的第一代计算机网络是以单个计算机为中心的远程联机系统。典型应用是由一台计算机和全美范围内 2000 多个终端组成的飞机订票系统。终端是一台计算机的外部设备，包括显示器和键盘，无 CPU 和内存。随着远程终端的增多，在主机前增加了前端机(FEP)。当时，人们把计算机网络定义为"以传输信息为目的而连接起来，实现远程信息处理或进一步达到资源共享的系统"，但这样的通信系统已具备了网络的雏形。

第二阶段：形成阶段。该阶段是计算机局域网的形成阶段，基本特点是计算机局部网络作为一种新型的计算机组织体系，形成了基本的体系结构。20 世纪 60 年代中期至 70 年代的第二代计算机网络以多个主机通过通信线路互连起来为用户提供服务，兴起于 60 年代后期，典型代表是美国国防部高级研究计划局协助开发的 ARPANET。该阶段的主机之间不是直接用线路相连，而是由接口报文处理机(IMP)转接后互连的。IMP 和它们之间互连的通信线路一起负责主机间的通信任务，构成了通信子网。通信子网互连的主机负责运行程序，提供资源共享，组成了资源子网。这个时期，网络概念为"以能够相互共享资源为目的互连起来的具有独立功能的计算机之集合体"，形成了计算机网络的基本概念。

第三阶段：互联互通阶段。该阶段是计算机局部网络发展的成熟阶段。在这一阶段，计算机局部网络开始走向产品化、标准化，形成了开放系统的互连网络。20 世纪 70 年代末至 90 年代的第三代计算机网络是具有统一的网络体系结构并遵循国际标准的开放式和标准化的网络。ARPANET 兴起后，计算机网络发展迅猛，各大计算机公司相继推出自己的网络体系结构及实现这些结构的软硬件产品。由于没有统一的标准，不同厂商的产品之间互连很困难，人们迫切需要一种开放性的标准化实用网络环境，由此应运而生了两种国际通用的最重要的体系结构，即 TCP/IP 体系结构和国际标准化组织的 OSI 体系结构。

第四阶段：高速网络技术阶段。20 世纪 90 年代末至今的第四代计算机网络，由于局域网技术发展成熟，出现了光纤及高速网络技术、多媒体网络、智能网络，使得整个网络就像一个对用户透明的大的计算机系统，特别是 1993 年美国宣布建立国家信息基础设施(NII)后，全世界许多国家纷纷制定和建立本国的 NII，从而极大地推动了计算机网络技术的发展，使计算机网络进入了一个崭新的阶段。目前，全球以美国为核心的高速计算机互联网络即 Internet 已经形成，Internet 已经成为人类最重要的、最大的知识宝库。而美国政府又分别于 1996 年和 1997 年开始研究发展更加快速可靠的互联网 2(Internet 2)和下一代互联网(Next Generation Internet)。可以说，网络互联和高速计算机网络正成为最新一代的计算机网络的发展方向。

从应用角度看，计算机网络将向更深和更宽的方向发展。首先，Internet 信息服务将会得到更大发展，网上信息浏览、信息交换、资源共享等技术将进一步提高速度、容量及信息的安全性。其次，远程会议、远程教学、远程医疗、远程购物等应用将逐步从实验室走出，不再只是幻想。网络多媒体技术的应用也将成为网络发展的热点话题。美国等国家正在率先发起研究建设下一代互联网，与现在的互联网相比，下一代互联网将具有如下特点：

(1) 更快。下一代互联网将比现在的网络传输速度提高 1000 至 10 000 倍。

(2) 更大。下一代互联网将逐渐放弃 IPv4，启用 Ipv6 地址协议，这样，原来有限的 IP地址将变得无限丰富，多到可以给地球上的每一颗沙粒配备一个 IP 地址，也就是可以给你的家庭中的每一个东西都分配一个 IP，真正让数字化生活变成现实。

(3) 更安全。目前困扰计算机网络安全的大量隐患将在下一代互联网中得到有效控制，不会再像现在这样束手无策。

下一代互联网可以真正地让数字化时代来临，家庭中的每一个物件都将被分配一个 IP地址，进入网络世界，所有的一切都可以通过网络来调控。网络带给人类的不仅仅是一种变化，而是一种质变。

1.1.3　我国互联网发展简史

我国计算机网络起步于 20 世纪 80 年代：1980 年进行联网试验并组建各单位的局域网，1989 年 11 月第一个公用分组交换网建成运行，1993 年建成新公用分组交换网 CHINANET。20 世纪 80 年代后期，我国相继建成各行业的专用广域网。1994 年 4 月，我国用专线接入因特网(64 kb/s)。1994 年 5 月，设立第一个 WWW 服务器。1994 年 9 月，我国公用计算机互联网启动，目前已建成 9 个全国性公用计算机网络(2 个在建)。2004 年 2 月，我国下一代互联网 CNGI 主干试验网 CERNET2 开通并提供服务(2.5～10 Gb/s)。

我国互联网络信息中心(CNNIC)发布的统计报告显示，截至 2015 年 12 月，我国网民规模达 6.88 亿，互联网普及率为 50.3%。我国手机网民规模达 6.20 亿，占比提升至 90.1%。新增网民最主要的上网设备是手机，使用率为 71.5%。

1.2　计算机网络的功能

计算机网络以共享为主要目标，它应具备下述几个方面的功能。

1. 信息传输

信息传输是计算机网络最基本的功能之一，它用来快速传送计算机与终端、计算机与计算机之间的各种信息，包括文字信件、新闻消息、咨询信息、图片资料、报纸版面等。利用这一特点，可实现将分散在各个地区的单位或部门用计算机网络联系起来，进行统一的调配、控制和管理。

2. 资源共享

"资源"指的是网络中所有的软件、硬件和数据资源。"共享"指的是网络中的用户都能够部分或全部地享用这些资源。信息时代的到来，使资源的共享具有重大的意义。例如，某些地区或单位的数据库(如飞机机票、饭店客房等)可供全网使用；某些单位设计的软件可供需要的地方有偿调用或办理一定手续后调用；一些外部设备如打印机，可面向用户，使不具有这些设备的地方也能使用这些硬件设备。如果不能实现资源共享，各地区都需要有完整的一套软、硬件及数据资源，这将大大增加全系统的投资费用。

3. 集中管理

计算机网络技术的发展和应用，已使得现代的办公手段、经营管理等发生了变化。目前，已经有诸如 MIS 系统、OA 系统等很多系统，可以通过这些系统实现日常工作的集中管理，提高工作效率，增加经济效益。

4. 提高资源的可用性和可靠性

当网络中某一计算机负担过重时，可以将任务传送给网络中另一台计算机进行处理，以平衡工作负荷。计算机网络能够不间断工作，可用在一些特殊部门中，如铁路系统或工业控制现场。网络中的计算机还可以互为后备，当某一台计算机发生故障时，可由别处的计算机代为完成处理任务。

5. 分布式处理

网络技术的发展，使得分布式计算成为可能。对于大型的课题，可以将其分为许许多多的小题目，由不同的计算机分别完成，然后再集中起来解决问题。

由此可见，计算机网络可以大大扩展计算机系统的功能，扩大其应用范围，提高可靠性，为用户提供方便，同时也减少了费用，提高了性能价格比。

综上所述，计算机网络首先是计算机的一个群体，是由多台计算机组成的，每台计算机的工作是独立的，都不能干预其他计算机的工作，例如启动、关机和控制其运行等；其次，这些计算机是通过一定的通信介质互连在一起的，计算机间的互连是指它们彼此间能够交换信息。网络上的设备包括微机、小型机、大型机、终端、打印机，以及绘图仪、光驱等设备。用户可以通过网络共享设备资源和信息资源。网络处理的电子信息除一般文字信息外，还可以包括声音和视频信息等。

1.3　计算机网络的组成

1.3.1　按硬件组成划分

计算机网络由硬件和软件两部分组成。硬件部分包括计算机系统、终端、通信处理机、通信设备和通信线路。软件部分主要指计算机系统和通信处理机上的网络运行控制软件，如网络操作系统和协议软件。

1．计算机系统和终端

计算机系统和终端提供网络服务界面。地域集中的多个独立终端可通过一个终端控制器(TC)连入网络。

在下面的叙述中将计算机系统称为主机节点，也称为站点。

2．通信处理机

通信处理机又称通信控制器或前端处理机，是计算机网络中完成通信控制的专用计算机，一般由小型机或微机充当，或者是带有 CPU 的专用设备。通信处理机完成通信处理和通信控制工作，具体包括信号的编码、编址、分组装配、发送和接收、通信过程控制等工作。这些工作对网络用户是完全透明的，它使得计算机系统不再关心通信问题，而集中进行数据处理工作。

在广域网中，常采用专门的计算机充当通信处理机。在局域网中，由于通信控制功能比较简单，所以没有专门的通信处理机，而采用网络适配器也称网卡，插在计算机的扩展槽中完成通信控制功能。

实际网络中，除专门的通信控制器(或网卡)外，还有终端控制器、线路集中器、通信交换设备、网关、路由器、集线器等多种形式的通信控制设备。在以后的叙述中，将这类设备统称为(通信)节点。

3．通信线路和通信设备

通信线路是连接网络节点的、由某种(或几种)通信介质构成的物理通路。

通信设备的采用和线路类型有很大关系。如果采用模拟线路，在线路两端需使用Modem(调制解调器)。如果采用有线介质，在计算机和介质之间还需要使用相应的介质连接部件。

4．网络操作系统(NOS)

任何一个网络在完成了硬件连接之后，需要继续安装网络操作系统软件才能形成一个可以运行的网络系统。网络操作系统是建立在单机操作系统之上的、管理网络资源并实现资源共享的一套软件。其主要功能如下：

(1) 管理网络用户，控制用户对网络的访问。

(2) 提供多种网络服务，或对多种网络应用提供支持。

(3) 提供网络通信服务，支持网络协议。

(4) 进行系统管理，建立和控制网络服务进程，监控网络活动。

目前流行的网络操作系统有 Microsoft Windows Server 2008、Windows Server 2012、Linux、Unix 等。

5．协议软件

协议软件是用以实现网络协议功能的软件。网络协议主要用于实现网络通信，典型的协议有 TCP/IP、IPX/SPX 等。其中 TCP/IP 协议还包括网络应用服务以及网络管理功能。

6．网络管理和网络应用软件

任何一个网络中都需要多种网络管理和网络应用软件，网络管理软件用于监控和管理网络工作情况，网络应用软件为用户提供丰富简便的应用服务。

1.3.2　按逻辑功能划分

通常从逻辑功能上将网络划分为两部分：资源子网和通信子网，即计算机网络是由两个子网组成的。在如图 1-1 所示的计算机网络逻辑功能结构图的云图内部分是通信子网，其余部分是资源子网。

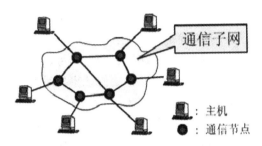

图 1-1　计算机网络逻辑功能结构

(1) 资源子网。资源子网包括加入网络的所有计算机系统、终端、各种软件资源，负责提供用户访问网络和处理数据的能力。

(2) 通信子网。通信子网包括通信处理机(或通信控制器)、通信线路和通信设备，负责提供网络的通信功能。

1.4　计算机网络的分类

由于计算机网络的广泛使用，目前在世界上已经出现了各种形式的计算机网络。对网络的分类方法也很多，从不同的角度观察网络、划分网络，有利于全面了解网络系统的各种特性，学习和掌握计算机网络的相关技术。

1.4.1　按网络地理位置划分

1. 局域网

局域网(Local Area Network，LAN)一般限定在较小的区域内，小于 10 km 的范围，通常采用有线的方式连接。

局域网是一个通信网络，从协议层次的观点看，它包含着三层功能。将链接到局域网的数据通信设备加上高层协议和网络软件组成为计算机网络，称为计算机局域网。这里指的数据通信设备是广义的，包括计算机、终端、各种外围设备等；这里指的小区域可以是一个建筑物、一个校园或者大至几十千米直径范围的一个区域。

2. 城域网

城域网(Metropolis Area Network，MAN)规模局限在一座城市的范围内。城域网是地域性宽带网络的简称，它通过对现有计算机网络技术的广泛使用，在 10～100 km 范围内构建一个高速的计算机网络。

目前其核心技术分为两类：IP(Internet Protocol)和 ATM(Asynchronous Transfer Mode)。

基于 IP 的宽带城域网技术有 POS 和 GE。ATM 则是对传统分组交换协议(X.25)的大大简化，实现了硬件级交换，它是一种支持面向连接功能的统计复用技术。MPLS 融合了 IP 路由和 ATM 交换的特点，是目前骨干网的发展方向。解决宽带接入的最终途径是 FTTH(Fiber To The Home)，就是现在说的"光纤到家"，但这似乎离现实还很遥远。目前，切实可行的几种宽带接入技术有 XDSL、HFC、Ethernet 等，这些接入技术的使用有效地解决了"FTTH 的最后一千米"问题。

3. 广域网

广域网(Wide Area Network，WAN)网络跨越国界、洲界，甚至全球范围。Internet 属于广域网。广域网在地理上可以跨越很大的距离，连网的计算机之间的距离一般在几万米以上，跨省、跨国甚至跨洲，网络之间也可通过特定方式进行互联，实现了局域资源共享与广域资源共享相结合，形成了地域广大的远程处理和局域处理相结合的网际网系统。世界上第一个广域网是 ARPANET 网，它利用电话交换网互联分布在美国各地的不同型号的计算机和网络。ARPANET 的建成和运行成功，为接下来许多国家和地区的远程大型网络提供了经验，也使计算机网络的优越性得到证实，最终产生了 Internet。Internet 是现今世界上最大的广域计算机网络。

1.4.2　按网络拓扑结构划分

网络的拓扑结构是指网络中通信线路和计算机，以及其他组件的物理布局。网络的拓扑结构影响网络的性能。选择哪种拓扑结构与具体的网络要求相关。网络拓扑结构主要影响网络设备的类型、设备的能力、网络的扩张潜力、网络的管理模式等。

1. 总线型网络

用一条称为总线的主电缆，将工作站连接起来的布局方式，称为总线型拓扑结构，如图 1-2 所示。

图 1-2　总线型网络拓扑结构

所有网上微机都通过相应的硬件接口直接连在总线上，任何一个节点的信息都可以沿着总线向两个方向传输扩散，并且能被总线中任何一个节点所接收。由于其信息向四周传播，类似于广播电台，故总线网络也被称为广播式网络。总线上传输信息通常多以基带形式串行传递，每个节点上的网络接口板硬件均具有收、发功能，接收器负责接收总线上的串行信息并将其转换成并行信息送到微机工作站；发送器是将并行信息转换成串行信息广播发送到总线上。当总线上发送信息的目的地址与某节点的接口地址相符合时，该节点的接收器便接收信息。总线只有一定的负载能力，因此总线长度有一定限制，一条总线也只能连接一定数量的节点。

总线布局的优点是：结构简单灵活，非常便于扩充；可靠性强，网络响应速度快；设备量少、价格低，安装使用方便；共享资源能力强，极便于广播式工作，即一个节点发送，所有节点都可接收。总线布局的缺点是容易产生广播风暴。

在总线两端连接的器件称为端结器(或终端匹配器)，主要与总线进行阻抗匹配，最大限度地吸收传送端部的能量，避免信号反射回总线产生不必要的干扰。

总线型网络结构是目前使用广泛的结构，也是最传统的一种主流网络结构，适合于信息管理系统、办公自动化系统领域的应用。

2．环型网络

环型网中各节点通过环路接口连在一条首尾相连的闭合环型通信线路中。环路上任何节点均可以请求发送信息，请求一旦被批准，便可以向环路发送信息。环型网中的数据按照设计主要是单向传输的，同时也可是双向传输的。由于环线公用，因此一个节点发出的信息必须穿越环中所有的环路接口，信息流中目的地址与环上某节点地址相符时，信息被该节点的环路接口所接收，而后信息继续流向下一环路接口，一直流回到发送该信息的环路接口节点为止，如图1-3所示。

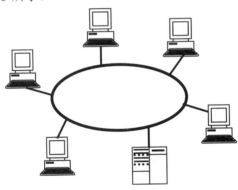

图1-3　环型网络拓扑结构

环型网的优点是：信息在网络中沿固定方向流动，两个节点间仅有唯一的通路，大大简化了路径选择的控制。某个节点发生故障时，可以自动旁路，可靠性较高。由于信息是串行穿过多个节点环路接口的，因此当节点过多时，影响传输效率，使网络响应时间变长；但当网络确定时，其延时固定，实时性强。环型网的缺点是：由于环路封闭故扩充不方便。

环型网也是微机局域网络常用的拓扑结构之一，适合信息处理系统和工厂自动化系统，1985年IBM公司推出的令牌环型网(IBM TOKENRING)是其典范。在FDDI得以应用推广后，这种结构会进一步得到采用。

3．星型网络

星型拓扑是以中央节点为中心与各节点连接组成的，各节点与中央节点通过点到点的方式连接。中央节点(又称中心转接站)执行集中式通信控制策略，因此中央节点相当复杂，负担比各站点重得多。现有的数据处理和声音通信的信息网大多采用星型网，目前流行的PBX就是星型网拓扑结构的典型实例。

在星型网中，任何两个节点要进行通信都必须经过中央节点的控制，因此中央节点的主要功能有以下三项：

(1) 为需要通信的设备建立物理连接，要求通信的站点发出通信请求后，控制器要检查中央转接站是否有空闲的通路、被叫设备是否空闲，以此来决定是否能建立双方的物理连接。

(2) 在两台设备通信过程中要维持这一通路。

(3) 当通信完成或者不成功要求拆线时，中央转接站应能拆除上述通路。

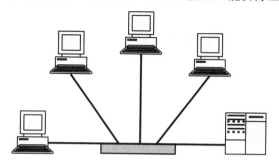

图 1-4 星型网络拓扑结构

在文件服务器(FS)/工作站(WS)局域网络模式中，中心点计算机是文件服务器，存放共享资源。由于中心节点与多机连接，线路较多，为便于集中连线，目前多采用一种称为集线器(Hub)的硬件用于星型结构。Hub 主要起到一个信号的再生转发功能，它通常有 8 个以上的连接端口，每个端口之间在电路上相互独立，某一端口的故障不会影响到其他端口的状态，可以同时连接粗缆、细缆和双绞线，如图 1-4 所示。

注意：不仅星型，其他拓扑类型都已开始采用 Hub 方式构造网络。

星型网络的优点是：网络结构简单，便于管理；控制简单，建网容易；网络延迟时间较短，误码率较低。其缺点是：网络共享能力较差；通信线路利用率不高；中央节点负荷太重等。

4．树型网络

树型结构是总线型结构的扩展，它是在总线网上加上分支形成的，其通信介质可有多条分支，但不形成闭合回路。树型网络是一种分层网，其结构可以对称，联系固定，具有一定的容错能力。一般一个分支和节点的故障不影响另一分支节点的工作，任何一个节点送出的信息都可以传遍整个通信介质，也是广播式网络。一般树型网上的链路相对具有一定的专用性，无需对原网做任何改动就可以扩充工作站。

5．分布式网络

分布式网络也叫网状网络，如图 1-5 所示。它是由分布在不同地点的计算机系统互连而成的，网中无中心节点。通信子网是封闭式结构，通信控制功能分布在各节点上。

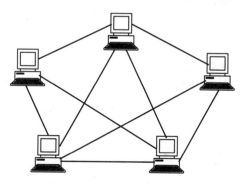

图 1-5 分布式网络拓扑结构

　　分布式网络的优点是：可靠性高；网内节点共享资源容易；可改善线路的信息流量分配；可选择最佳路径，传输延时小。其缺点是：控制复杂；软件复杂；线路费用高；不易扩充。

　　局域网络通常只有总线型、环型、星型和树型网络四种。在实际组建局域网络时，拓扑结构不一定是单一的，通常是前面四种拓扑结构的综合利用，特别是局域网络互连技术得到大力发展后，会出现某种拓扑结构的复合形式。分布式网络是广域网常常采用的拓扑结构。

1.4.3　按通信介质划分

　　通信介质是计算机网络中用来连接各个计算机的物理媒体，而且主要指用来连接各个通信处理设备的物理介质。常用的通信介质有两类：有线介质和无线介质。有线介质包括双绞线、同轴电缆、光纤。无线介质包括无线电、微波、红外线、激光等，由于这几种介质的共同特点是通过空间传送电磁波来载送信号，因此也称为空间通信介质。

1. 有线网

　　顾名思义，有线网主要是通过同轴电缆、双绞线或光纤来连接的网络。同轴电缆又分为基带同轴电缆和宽带同轴电缆。双绞线是用八条互相绝缘的铜线组成，两两拧在一起，分为四股。同轴电缆以硬铜线为芯，外包一层绝缘材料，这层绝缘材料用密织的网状导体环绕，网外覆盖一层保护性材料。同轴电缆比双绞线的屏蔽性好，在更高的速度上传输得更远。同轴电缆比较经济，安装较为便利，传输率和抗干扰能力一般。双绞线网是目前最常见的连网方式，它价格便宜、安装方便，但易受干扰，传输率较低。

1) 双绞线

　　双绞线是两根具有绝缘保护层的铜导线均匀地绞在一起而构成的，这种绞扭可降低信号干扰的程度，每一根导线在传输中辐射的电波会被另一根线上发出的电波抵消。通常将多对双绞线放置在一个绝缘套管中，构成双绞线电缆，如图1-6(左)所示。

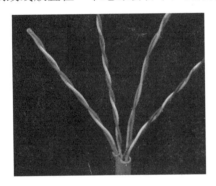
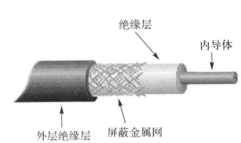

图 1-6　双绞线和同轴电缆结构图

　　双绞线分为屏蔽双绞线(STP)与非屏蔽双绞线(UTP)两大类。在这两大类中又分100 Ω电缆、双体电缆、大对数电缆和150 Ω屏蔽电缆。具体型号又有多种，例如100 Ω非屏蔽双绞线电缆又有3类线、4类线、5类线和超5类线之分。

UTP 是目前组网布线中最普遍应用的一种通信介质，也是所有的通信介质中价格最低的。UTP 的端接采用 RJ-45 或 RJ-11 接口，安装很简便。但 UTP 传输信号时信号衰减较严重，在传输模拟信号时，每隔 5～6 km 需要放大一次；传输数字信号时，每隔 2～3 km 需要加入一台中继器。此外，UTP 易受电磁干扰和噪声的影响。

目前新的 UTP 产品有超 5 类线以及 6 类线，其性能比 5 类线有所增强，能更可靠地支持高速网络应用，如 100M 以太网和 ATM 网络。

STP 电缆在双绞线对和护套之间增加了一个屏蔽层，因而增强了抗干扰能力，也减小了信号的辐射。STP 电缆较粗且硬，安装时要采用专门的连接器。STP 比 UTP 和同轴电缆细缆的价格要高一些，但低于同轴电缆粗缆和光纤。理论上 STP 在 100 m 内的数据传输速率可达到 500 Mb/s，实际数据传输速率在 155 Mb/s 以内，通常使用的数据传输速率为 16 Mb/s。目前 STP 的应用不如 UTP 广泛。

2) 同轴电缆

同轴电缆的最内层是内导体，内导体是一根单股实心或多股绞合铜导线，用做传输信号。内导体外是绝缘层，然后是编织呈网状的屏蔽层，用于消除干扰，如图 1-6(右)所示。

同轴电缆曾是应用极广泛的一种通信介质，目前主要应用在局域网和有线电视网中。同轴电缆安装较简便，电缆段两端要安装终结器。同轴电缆的抗干扰特性和衰减特性都优于双绞线。

同轴电缆的类型是按尺寸(RG)和电阻(单位：Ω)作为标准来划分的。计算机网络中常用的同轴电缆类型有以下几种：

- 50 Ω RG-8 和 RG-11，同轴电缆粗缆，主要用于连接粗缆以太网。
- 50 Ω RG-58，同轴电缆细缆，主要用于连接细缆以太网。
- 75 Ω RG-59，75 Ω 同轴电缆称为宽带同轴电缆，带宽为 300～400 MHz，是电缆电视(CATV)采用的信号传输电缆。此类同轴电缆主要用于传输模拟信号，采用频分多路复用技术可以实现多路信号同时传送。
- 50 Ω 同轴电缆。(包括粗缆和细缆)也称为基带电缆，只用于传输数字信号，应用的典型数据传输速率是 10 Mb/s，每段电缆长度最长为 300 m(粗缆为 500 m)，使用时要求在适当距离处加入中继器。

2. 光纤网

光纤网也是有线网的一种，但由于其特殊性而单独列出。光的传输系统主要由三部分组成：光源、通信介质和检测器。光纤网采用光导纤维做通信介质。光纤是利用光反射原理传输信号的一种介质，由纤芯和包层两层组成。纤芯很细，是用玻璃或塑料制成的横截面积很小的双层同心圆柱体，是光传播的通道，它质地脆，易断裂。纤芯的外面是起保护作用的塑料护套。光纤传输距离长，传输率高，可达数千兆 b/s,抗干扰性强，不会受到电子监听设备的监听，是高安全性网络的最佳选择。

光纤分单模光纤和多模光纤两种。单模光纤的芯线很细，直径为 8～10 mm，只提供一条光通路，由注入型激光二极管(ILD)来产生光脉冲。多模光纤的纤芯直径是 15～50 mm，能提供多条光通路，由发光二极管(LED)来产生光脉冲。单模光纤的带宽更宽，传输速率更高，但成本较高，价格较贵。通常使用的是将多根光纤捆在一起，再加上一层用塑料或其他材料制成的护套而构成的光缆。

光缆的类型按模、材料、芯和外层的尺寸来划分。芯的尺寸及纯度决定了光缆传输光信号的性能。常用的光缆类型有：

- 8.3 μm 芯、125 μm 外层、单模。
- 62.5 μm 芯、125 μm 外层、多模。
- 50 μm 芯、125 μm 外层、多模。
- 100 μm 芯、140 μm 外层、多模。

光纤的优点是带宽极宽，目前光纤的数据传输速率为 100 Mb/s～2 Gb/s。光纤重量轻，体积小，衰减极小，可以不需放大即可在数公里内可靠地传输数据。光纤没有信号泄漏现象，也不受电磁波的影响，适用于需要信号保密和干扰很强的环境。光纤的缺点是安装以及连接设备的价格较昂贵。

目前光纤应用广泛，除普遍用作广域网的长距离通信干线外，还用于城域网及园区网络中。

3. 无线网

无线网就是采用空气做通信介质，用电磁波作为载体来传输数据的网络。目前无线网联网费用较高，因此现在还不普及。但它适合布线场合对于计算机网络的应用需求，因此无线网的发展前景美好。

1) 地面微波

地面微波一般采用定向式抛物面形天线发送和接收信号，要求发送端和接收端之间没有大的障碍或视线能及。地面微波适合于连接两个位于不同建筑物中的 LAN 或在建筑群中构成一个完整的网络，还广泛用于长距离电话和电视业务。利用地面微波进行长距离传输时，需要用一连串的微波中继塔进行信号转接，如图 1-7 所示。

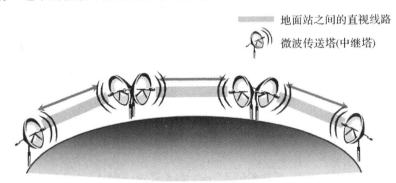

图 1-7　地面微波通信示意图

地面微波系统的常用频率为 2～40 GHz。采用的频率越高，可用的带宽及相应的数据传输速率就越高。为了防止频率相互重叠，安装和使用微波必须经过有关部门的批准。微波的缺点是受雨、雾的影响而衰减增大，对外界干扰非常灵敏。

2) 卫星微波

卫星微波是以通信卫星作为微波中继站，卫星接收地面微波发送站发射的微波信号

后，以广播方式发向地面上的微波接收站。使
用卫星微波要求通信卫星与地面微波定向抛物
天线之间没有大的障碍，如图 1-8 所示。

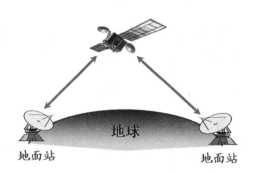

卫星微波常用的频率范围是 1～10 GHz。同
地面微波一样，高频卫星微波会因雨雾的影响
而产生严重衰减，抗电磁干扰能力较差。卫星
微波的另一个特点是由于通信距离远，所以有
较大的传输延迟(约为 200～300 ms)。卫星微波
系统主要用来远距离传送电话、电传和电视业
务，是构成通信国际干线的传输媒介。

图 1-8　卫星通信示意图

　3) 扩展频段无线电

无线电与微波的基本区别在于无线电是无(弱)方向性的。计算机网络中所使用的无线
电是频率范围在 30 MHz～1 GHz 之间的扩展频段无线电。

扩展频段无线电或称为扩展频谱技术。它首先使用一种伪随机编码(即扩频序列)对待
传数据信息进行调制，实现频谱扩展后进行传输。接收端则使用同样的编码进行解调及相
关处理，恢复原始的数据信息。

目前扩展频段无线电通信提供的数据传输速率可以大于 100 Mb/s，且其具有抗干扰、
抗噪音、衰减小、保密性好、价格较为合理的优点。

无线电数字通信的典型例子是无线局域网。采用无线电波作为无线局域网的传输介质
是目前应用最多的，这主要是因为无线电波的覆盖范围较广，应用较广泛，所以无线电波
成为无线局域网最常用的无线传输媒体。以无线电作为传输媒体的无线局域网依其调制方
式不同，又可分为扩展频谱方式与窄带调制方式。使用扩频方式通信时，数据基带信号的
频谱被扩展至几倍～几十倍后再搬移至射频发射出去。这一做法虽然牺牲了频带带宽，但
另一方面使通信非常安全，基本避免了通信信号的偷听和窃取，具有很高的可用性。特别
是直接序列扩频调制方法因其发射功率低于自然的背景噪声，而具有很强的抗干扰抗噪声
能力、抗衰落能力。由于单位频带内的功率降低，所以对其他电子设备的干扰也减小了。
采用扩展频谱方式的无线局域网一般选择所谓的 ISM 频段，这里 ISM 分别取自 Industrial、
Scientific 及 Medical 的第一个字母。许多工业、科研和医疗设备辐射的能量集中于该频段。
WLAN 示意图如图 1-9 所示。

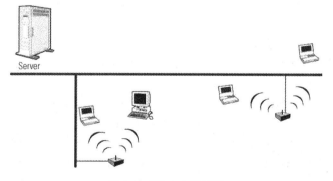

图 1-9　WLAN 示意图

4) 红外线

红外线的使用与地面微波相类似，其抗干扰能力强，容易安装，而且不需经过批准，传输速率较高，但方向性很强。

1.4.4　按通信方式划分

1. 点对点传输网络

点对点传输网络是指数据以点到点的方式在计算机或通信设备中传输的网络。星型网、环型网采用这种传输方式。

2. 广播式传输网络

广播式传输网络是指数据在共用介质中传输的网络。无线网和总线型网络属于这种类型。

1.5　计算机网络的体系结构

在计算机网络的基本概念中，分层次的体系结构是最基本的，因此我们在这里对计算机网络的体系结构进行简单的阐述。计算机网络体系结构的抽象概念较多，在学习时要多思考。

15.1　协议和网络体系结构的概念

计算机网络是一个由多个同型或异型的计算机系统及终端通过通信线路连接起来、相互通信、实现资源共享的系统。为了进行计算机间的相互通信，必须对整个通信过程的各个环节制定规则或约定，包括传送信息采用哪种数据交换方式，采用什么样的数据格式来表示数据信息和控制信息、传输中采用哪种差错控制方式，发收双方选用哪种同步方式等。

有关通信双方通信时所应遵循的一组规则和约定称为协议。协议既是一个整体概念，又是一个个体概念。例如 TCP/IP 协议、IPX/SPX 协议都是整体概念，它们分别都包含一些完成不同功能的具体协议，又叫协议栈。一个具体协议包括语法、语义和同步三个方面的内容，语法规定数据的格式、信号电平等；语义规定协议语法成分的含义；同步确定协议语法成分的顺序和速度匹配关系。

实现计算机网络通信是很复杂的，用来约定通信过程的网络协议同样很复杂。为了减少协议设计和实现的复杂程度，通常将网络协议按照层次设计方法进行设计，即将协议按功能分成若干层，每层完成一定功能，并对其上层提供支持；每一层建立在其下层之上，即一层功能的实现以其下层提供的服务为基础。整个层次结构中各个层次相互独立，每一层的实现细节对其上层是完全屏蔽的，每一层可以通过层间接口调用其下层的服务，而不需要了解下层服务是怎样实现的。

在分层结构(见图 1-10)中，每一层协议的基本功能都是实现与另外一个层次结构中对等实体(可以理解为进程)间的通信，因此称之为对等层协议。另一方面，每层协议还要提供与同一个计算机系统中相邻的上层协议的服务接口。

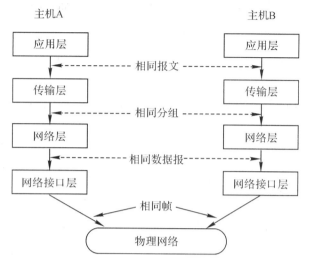

图 1-10 分层协议工作示意图

通过对协议进行分层,降低了网络实现的复杂程度,将复杂的计算机系统之间的通信问题划分为若干个层次的功能进行实现。每个层次要解决的问题简单多了,每一层直接利用其下层的功能,而把精力集中在完成本层功能上。协议分层的另一个优点是灵活性,实现每一层时只需保证为其上层提供规定的服务,至于如何实现本层功能、采用什么样的硬件或软件,则没有任何限制。允许任意一层或几层在设计时做灵活变动。

通常将网络功能分层结构以及各层协议统称为网络体系结构。不同的网络体系结构中分层的个数、各层的名称、内容和功能不尽相同。

国际标准化组织(ISO)、各国的一些研究机构或大公司都十分重视研究计算机网络的体系结构。比较著名的网络体系结构有 ISO 提出的开放系统互连体系结构(OSI)、美国国防部提出的 TCP/IP 协议、IBM 公司提出的系统网络体系结构(SNA)、DEC 的数字网络体系结构(DNA)、CCITT 提出的 X.25 建议等。

1.5.2 开放系统互连参考模型

在网络发展过程中,已建立的网络体系结构很不一致,这就给在网络中扩充计算机系统带来了不便。为了促进多厂家的国际合作以及使网络体系结构标准化,1997 年,ISO 专门成立了一个委员会 SC16,来开发一个异种计算机系统互连网络的国际标准。一年多过后,SC16 基本完成了任务,开发了一个"开放系统互连参考模型"(OSI/RM:The Reference Model of Open Systems Interconnection)。1979 年底,SC16 的上级技术委员会 TC97 对该模型进行了修改。1983 年,OSI 参考模型正式得到了 ISO 和 CCITT 的批准,并分别以 ISO7498 和 X.200 文件公布。开放系统互连的含义是任何两个遵守 OSI 标准研制的系统是相互开放的,可以进行互连。现在,OSI 标准已被广泛接受,成为指导网络发展方向的标准。

OSI 参考模型是一个分层结构,包括 7 层功能及对应的协议,如图 1-11 所示。

事实上，OSI 模型仅仅给出了一个概念框架，它指出实现两个开放系统之间的通信包括哪些任务(功能)、由哪些协议来控制，而不是对具体实现的规定。网络开发者可以自行决定采用硬件或软件来实现这些协议功能。

1. OSI 模型基本术语

1) 服务

服务是在 OSI/RM 内部相邻层之间，由下一层向上一层提供的功能的总称。所谓 N 层服务就是由第 N 层以及 N 层以下所有的协议层，通过 N 层与 N+1 层的接口，向 N+1 层提供的功能的总称。

OSI 服务在服务提供层与服务应用层之间，以交换服务原语的方式工作。ISO 有关文本定义服务原语的种类以及原语所需参数，定义原语使用规则、先后顺序以及服务状态变迁规律。

OSI 模型定义的服务分面向连接的服务和无连接服务两种。面向连接的服务完成实体间数据传送的过程包括建立连接、传送数据、拆除连接三个阶段。利用无连接服务传送数据时不需要建立连接和连接拆除两个阶段，而是直接进入数据传送。

2) 协议

协议是对对等层实体间交换数据的格式、意义和交换规则的描述。OSI 服务功能必须通过协议来提供。但是如果更换下层协议，只要保持服务原语不变，服务应用层就不需做任何变化，而且也意识不到下层的这些变化。

协议的基本元素称为协议数据单元。协议数据单元是对等层实体间交换的逻辑数据单位。OSI 模型各层的逻辑数据单元单位(或名称)如图 1-11 所示。

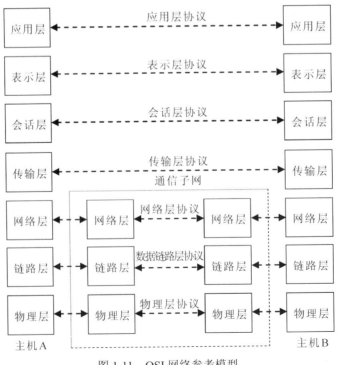

图 1-11　OSI 网络参考模型

由于服务是由协议提供的，因此协议也有面向连接的协议和无连接的协议之分。

OSI 协议文本通常要描述协议所在层的位置，定义协议数据单元的种类、名称、格式以及内部参数，还要定义协议状态的变迁规律。

2. OSI 模型各层功能简介

1) 物理层

物理层协议的功能是定义网络物理设备 DTE 和 DCE 之间的接口，在 DTE 和 DCE 之间实现二进制位流的传输。按 ISO 术语，DTE 称为数据终端设备，指各种用户终端、计算机及其他用户通信设备；DCE 即数据电路端接设备，指由通信业务者提供的通信设备，如 Modem 等。

具体来说，物理层定义了设备连接接口(插头或插座)的如下四个特性：

(1) 机械特性：规定接插件的规格尺寸、引脚数量和排列等。

(2) 电气特性：规定了传输二进制位流时线路上的信号电压的高低(电平的高低分别用 0 或 1 表示)、阻抗匹配、传输速率和距离限制等。

(3) 功能特性：规定了物理接口上各信号线的功能。

(4) 规程特性：定义了利用信号线传输二进制位流的一组操作规程，即各信号线工作的规则和先后顺序，如怎样建立和拆除物理连接，全双工还是半双工操作，同步传输还是异步传输等。

物理层接口的标准很多，分别应用于不同的物理环境。其中 EIA RS-232C 是一个 25 针连接器且许多微机系统都配备的异步串行接口，CCITT X.21 是公用数据网同步操作的数据终端设备(DTE)和数据电路端接设备(DCE)间的接口。

2) 数据链路层

数据链路层规定最小数据传送逻辑单位——帧的格式，实现两个相邻节点之间无差错的数据帧的传输。

数据链路层的具体功能有：

(1) 规定信息帧的类型(包括控制信息帧和数据信息帧等)和帧的具体格式，例如每种帧都包括哪些信息段、每段多少位、每种信息码表示什么含义。数据链路层从网络层接收数据分组，封装成帧，然后传送给物理层，由物理层传送到对方数据链路层。

(2) 进行差错控制。在信息帧中携带有校验信息段，当接收方接收到信息帧时，按照约定的差错控制方法进行校验，来发现差错，并进行差错处理。

(3) 进行流量控制，协调相邻节点间的数据流量，避免出现拥挤或阻塞现象。

(4) 进行链路管理，包括建立、维持和释放数据链路，并可以为网络层提供几种不同质量的链路服务。

典型的数据链路层协议是 ISO 制定的高级数据链路协议(HDLC)。它是一个面向位的链路层协议，能够实现在多点连接的通信链路上一个主站与多个次站之间的数据传输。

3) 网络层

网络层是通信子网的最高层，其主要功能是控制通信子网的工作，实现网络节点之间穿越通信子网的数据传输。

网络层的具体功能有：

(1) 规定分组的类型和具体格式。将传输层传递过来的长的数据信息拆分为若干个分组。

(2) 确定网络中发送方和接收方数据终端设备地址。

(3) 定义网络连接的建立、维持和释放以及在其上传输数据的规程，包括选择数据交换方式和路由选择，在源节点和目的节点之间建立一条穿越通信子网的逻辑链路。这条逻辑链路可能经过若干个中间节点的转接，在网络互连的情况下，这条逻辑链路甚至可以穿过多个网络，这就需要网络层确定寻址方法。

(4) 网络层可能复用多条数据链路连接，并向传输层提供多种质量的网络连接服务。

典型的网络层协议是 CCITT X.25，它是用于公用数据网的分组交换(包交换)协议；另一个常用的网络层协议是 TCP/IP 中的 IP 协议。

4) 传输层

传输层也称为传送层、运输层，用于完成同处于资源子网中的两个主机(即源主机和目的主机)间的连接和数据传输，也称为端到端的数据传输。

传送层是负责数据传送的最高层次。由于网络层向传送层提供的服务有可靠和不可靠之分，而传输层则要对其高层提供端到端(即传输层实体，可以理解为完成传输层某个功能的进程)的可靠通信，因此传输层必须弥补网络层所提供的传输质量的不足。

传输层的具体功能有：

(1) 为高层数据传输建立、维护和拆除传输连接，实现透明的端到端数据传送。

(2) 提供端到端的错误恢复和流量控制。

(3) 信息分段与合并。将高层传递的大段数据分段形成传输层报文，接收端将接收的一个或多个报文进行合并后传递给高层。

(4) 考虑复用多条网络连接，以此来提高数据传输的吞吐量。

OSI 定义了五类传输层协议(0 类、1 类、2 类、3 类、4 类)，分别适用于不同的网络服务质量的情况。实用的传输层协议有 TCP/IP 协议中的 TCP 和 CCITT X.29 协议。

5) 会话层

会话层的功能是实现进程(又称为会话实体)间通信(或称为会话)的管理和同步。

会话层的具体功能有：

(1) 提供进程间会话连接的建立、维持和中止功能，可以提供单方向会话或双向同时进行的会话。

(2) 在数据流中插入适当的同步点，当发生差错时，可以从同步点重新进行会话，而不需要重新发送全部数据。

在 OSI 层次结构中，会话层协议是 ISO 8327。

6) 表示层

表示层的任务是完成语法格式转换，即在计算机所处理的数据格式与网络传输所需要的数据格式之间进行转换。

表示层的具体功能有：

(1) 语法变换。不同的计算机有不同的内部数据表示，表示层接收到应用层传递过来的某种语法形式表示的数据之后，将其转变为适合在网络实体之间传送的公共语法表示的数据。具体工作包括数据格式转换，字符集转换，图形、文字、声音的表示，数据压缩，加密与解密、协议转换等。

(2) 选择并与接收方确认采用的公共语法类型。

(3) 表示层对等实体之间连接的建立、数据传送和连接释放。

在 OSI 层次结构中，表示层协议是 ISO 8823。

7) 应用层

应用层是 OSI 模型的最高层，是计算机网络与用户之间的界面，由若干个应用进程(或程序)组成，包括电子邮件、目录服务、文件传输等应用程序。计算机网络通过应用层向网络用户提供多种网络服务。由于各种应用进程都要使用一些共同的基本操作，为了避免为各种应用进程重复开发这些基本操作，所以就将应用层划分为几个逻辑功能层次，在其中较低的功能层次来提供这些基本模块，基本模块之上的层次中是各种应用。

OSI 提供的常用应用服务有：

(1) 目录服务，记录网络对象的各种信息，提供网络服务对象名字到网络地址之间的转换和查询功能。

(2) 电子邮件，提供不同用户间的信件传递服务，自动为用户建立邮箱来管理信件。

(3) 文件传输，包括文件传送、文件存取访问和文件管理功能。文件传送是指在开放系统之间传送文件；文件存取是指对文件内容进行检查、修改、替换或清除；文件管理是指创建和撤销文件，检查或设置文件属性。

(4) 作业传送和操作，是指将作业从一个开放系统传送到另一个开放系统去执行；对作业所需的输入数据可以在任意系统进行定义；将作业的结果输出到任意系统；网络中任意系统对作业的监控等。

(5) 虚拟终端，是指将各种类型实际终端的功能一般化、标准化后得到的终端类型。由于不同厂家的主机和终端往往各不相同，因此虚拟终端服务要完成实际终端到应用程序使用的虚拟终端类型的转换。

1.5.3　TCP/IP 协议

TCP/IP(Transmission Control Protocol/Internet Protocol)是传输控制协议/网际协议的缩写。

1. TCP/IP 与 Internet

TCP/IP 是 Internet 上采用的协议，它源于 ARPANET。在 20 世纪 70 年代中期，DARPA(美国国防部高级研究计划局)为了实现异种网之间的互连与互通，大力资助网间技术的开发，促成了 TCP/IP 协议的出现和发展。1980 年前后，DARPA 开始将 ARPANET 上的所有机器转向使用 TCP/IP 协议，还低价出售 TCP/IP 协议软件，并资助一些机构来开发用于 Unix 的 TCP/IP，这些措施大大推动了 TCP/IP 的研究开发工作。

美国国家科学基金(NSF)于 1985 年开始涉足 TCP/IP 协议的研究与开发。NSF 以其 6 个超级计算机中心为基础，建立起基于 TCP/IP 协议的互连网，并于 1986 年资助建立远程主干网 NSFnet。NSFnet 接连了 NSF 的全部超级计算机中心，并与 ARPANET 相连。1986 年 NSF 使全美最主要的科研机构联入 NSFnet。NSF 资助的所有网络机构均采用 TCP/IP 协议。1990 年 NSFnet 替代 ARPANET 成为 Internert 的主干。

如今，TCP/IP 协议已发展成为一个完整的协议簇，由多个协议组成，构成了一个网络协议体系，并且得到了广泛应用和支持，是事实上的国际标准和工业标准。TCP/IP 标准公布在 RFC(Request for Comments) 文件中，并由 ISOC(Internet Society)、IAB(Internet Architecture Board) 等组织负责制定和公布。

2. TCP/IP 的体系结构

TCP/IP 协议簇是在物理网(X.25 公用数据网、各种 LAN 等)上的一个协议体系。

TCP/IP 协议在物理网基础上分为四个层次，自下而上依次为网络接口层、网际层、传输层和应用层。它与 ISO/OSI 模型的对应关系及各层协议组成如图 1-12 所示。

	OSI	TCP/IP	
7	应用层 (Application)	应用层 (Application)	
6	表示层 (Pressentstion)		该模型中未实现 (Not present in the model)
5	会话层 (Session)		
4	传输层 (Transport)	传输层 (Transport)	
3	网络层 (Network)	网络层 (Network)	
2	链路层 (Data link)	网络接口 (Host-to-network)	
1	物理层 (Physical)		

图 1-12　TCP/IP 和 OSI 模型的对应

由于 TCP/IP 的形成是在 OSI 模型之前，因此它与 OSI 模型的对应关系不是很严格的。TCP/IP 没有与 OSI 模型的物理层和数据链路层相对应的内容，可以建立在各种物理网基础上。这些网络包括多种局域网如 Ethernet、Token Ring、FDDI 等，也包括多种广域网，如帧中继、X.25 公共数据网等。

3. TCP/IP 各层主要功能

网络接口层：定义与物理网络的接口规范，负责接收 IP 数据报，传递给物理网络。

网际层：主要功能是实现两个不同 IP 地址的计算机(在 Internet 上都称为主机)的通信，这两个主机可能位于同一网络或互连的两个不同网络中。具体工作包括形成 IP 数据报和寻址。如果目的主机不是本网的，就要经路由器予以转发直到目的主机。网际层主要包括 4 个协议：网际协议(IP)、网际控制报文协议(ICMP)、地址解析协议(ARP)和逆向地址解析协议(RARP)。

传输层：提供应用程序间(即端到端)的通信，包括传输控制协议(TCP)和用户数据报协议(UDP)。

应用层：支持应用服务，向用户提供了一组常用的应用协议，包括远程登录(Telnet)、文件传送协议(FTP)、平常文件传送协议(TFTP)、简单邮件传输协议(SMTP)、域名系统(DNS)、简单网管协议(SNMP)等。

4. TCP/IP 协议簇的主要协议简介

1) IP 协议

IP 协议是通信子网的最高层，提供无连接的数据报传输机制。IP 协议本身提供的是不可靠的数据传输功能，并且没有提供流量控制和差错控制功能。

IP 数据报格式如图 1-13 所示，它由报头和正文两部分组成。

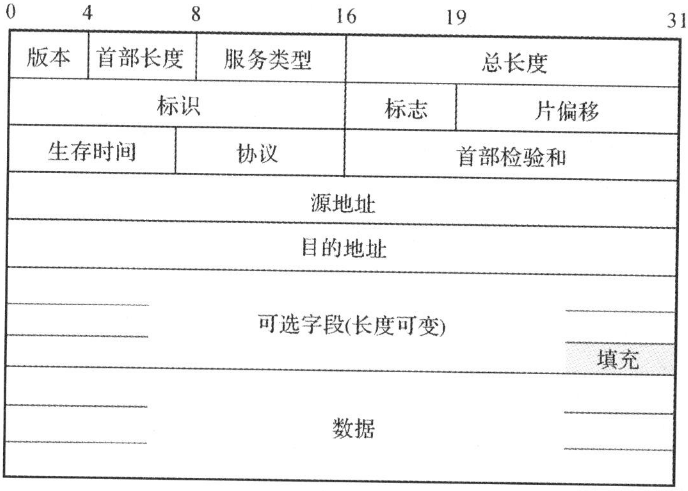

图 1-13　IP 数据报格式

报头包括的主要信息有：

(1) 版本：记录该数据报符合协议哪一版本。

(2) 首部长度：指明报头的长度。

(3) 服务类型：记录主机要求通信子网所提供的服务类型，如可靠性和速度指标。

(4) 总长度：指首部长度和数据区的总长度。

(5) 标识：标识数据报。同一数据报的各个分段的标识值相同，表明它们属于同一个数据报。

(6) 标志：指出数据报是否可分段。如果可分段，指出该分段后是否还有其他分段。

(7) 片偏移：指出该分段在数据报中的位置。

(8) 生存时间：是限定数据报生存期的计数器。

(9) 协议：指出数据报组装完成后用什么传送协议来处理该数据，如 TCP 或其他传送协议。

(10) 首部校验和：用于校验报文头标志。

(11) IP 地址：源地址和目的地址分别指出通信的源和目的主机的地址。

(12) 可选字段：用于存放安全保密、错误报告等信息。

2) 控制报文协议(ICMP)

为了使网际上的主机能够检测差错以及提供状态测试等功能,TCP/IP 协议族中使用了一个子协议,即 ICMP(控制报文协议)。ICMP 提供多种类型的报文,并将报文装在 IP 数据报的数据部分。各个主机以及数据报所途径的网络间通过相互发送这些报文来完成数据流量控制、差错控制等多种控制功能。

对于数据报来讲,在多数网络中很容易产生有关问题,如数据报可能丢失、错误的路由、数据报损坏或到达不完整。将问题通知给发送设备是 TCP/IP 协议的一个重要部分,需要特殊步骤以避免丢失数据报的方法也很普遍。TCP/IP 专门有一个协议来处理这类问题,即 Internet 控制消息协议(亦称控制报文协议,即 ICMP)。

ICMP 对终端用户来说是透明的。开发者和处理问题者可以用 ICMP 的消息来隔离问题,尽管大多数用户完全没有意识到 ICMP 或它所发送的消息。但是,如果没有 ICMP,IP 将无法有效地工作。

ICMP 消息的构造与其他数据报很相似,尽管整个消息在 IP 层中产生。在多数情况下,由 ICMP 发送的错误消息又被路由发送回设备,它的 IP 地址在 IP 头中。ICMP 数据报有一个头和一个体,它可以包括引起问题的数据报的一个特征消息或片断。消息片断除了可以提供诊断信息外,还可以帮助鉴别发生问题的消息。

3) 地址解析协议(ARP)和逆向地址解析协议(RARP)

IP 地址实际上是在网际范围内标识主机的一种地址,传输报文时还必须知道目的主机在物理网络中的物理地址。ARP 协议的功能是由一个主机的 IP 地址获得其物理地址。RARP 协议用于无 IP 地址的站点由自己的物理地址来获取一个 IP 地址。

4) TCP 和 UDP

TCP 和 UDP 是传输层的两个并列的协议,可选用其中一个与 IP 协议配合使用。TCP 提供可靠的端到端通信连接(TCP 提供的是虚电路服务),用于一次传输大批数据的情形(如文件传输、远程登录等),并适用于要求得到响应的应用服务。UDP 提供了无连接通信,且不对传送数据报进行可靠保证,适合于一次传输少量数据(如数据库查询)的场合,其可靠性由其上层应用程序提供。

TCP 从用户进程接受任意长的报文,把它们分成不超过 64 KB 的片段,将每个片段加上编排的序号后作为独立的 TCP 数据报交给 IP 层进行发送。由于 IP 层不能保证正确可靠地传递数据报,因此,TCP 采用超时重传的策略,即如果在时限内未接收到应答,则重传超时的 TCP 数据报。

TCP/IP 结构的传输层用于为消息提供发送服务。TCP/IP 中的两个不同协议用于执行这个服务,即传输控制协议(TCP)和用户数据协议(UDP)。协议组中的其他协议通常使用它们来发送数据。

TCP 和 UDP 之间的首要区别是它们处理设备之间联系的方式不同。TCP 创建了一个连接使设备能实时互相通信,每台设备都意识到另一端设备的存在。UDP 并不试图建立一个连接,它是将消息捆绑起来,附上目标设备的 IP 地址,并通过网络将数据报发送回去。很明显,TCP 是更可靠的通信方式,因为连接的两端可以通过握手而让对方了解发生了什么。UDP 设备不能保证消息肯定收到，UDP 系统的某一部分让目标设备发送回一条消息来通知消息的接收，如果在某一定时间内发送设备没有收到通知，它将假设这条消息已经丢失并再次发送它。

尽管事实上 TCP 对数据的发送更为可靠，但 UDP 也不错，它具有一个重要的优势，那就是它可以明显地减少大量的网络通信，而这正是维持两台设备之间的连接所需要的。

注意：TCP 和 UDP 之间并不互相竞争。使用传输协议的选择是基于服务的属性。比如，两上设备之间的在线对话需要两个设备之间的实时连接，因此它需要 TCP。另一方面，E-mail 可以用 UDP 发送而不会有任何的不方便。

TCP 和 UDP 在传输层从更高一层所接收的消息前面增加一个头。头的布局依赖于协议(TCP 或 UDP)，但是都包含有相同的基本信息(谁发送信息、信息发送到哪里及有关消息本身的细节，比如长度以及管理操作信息)。TCP 的头比 UDP 的头更复杂，因为保持连接两端正常的开放并运行所需的信息很多。

使用 TCP 的应用需要一个与某特定 TCP/IP 服务相通信的方法。为了达到这一目的，使用了端口号。一个端口号只分给一个 TCP/IP 服务，这样一来，任何请求一个特定端口号的应用自动定义了它们需要的服务类型。TCP 端口不是物理设备(比如一个串行或并行端口)，而是一个逻辑设备，它只是在操作系统内部有意义。

协议事先分配一个 TCP 端口号，尽管一个管理者可以再次分配一个端口号(但是改变端口号可能引起应用的严重问题)。一个叫做 Internet Assigned Numbers Authority 的组织发布了 TCP 端口号的完整清单。端口对于末端用户来说是完全透明的，但是所有使用 TCP/IP 的应用程序应了解它们。设备 IP 地址和 TCP 端口号的组合唯一地标识了 TCP 层内外的每个回路，这两个在一起的数字被称为套接字。因为 IP 地址对每个设备是唯一的，所以套接字对每个端口也是唯一的。

所有使用 TCP 的设备保持有一个叫端口表的小数据库，这个数据库列出了所有的端口以及如何使用它们。当建立一个新的连接时，端口被更新以包含连接另一端的端口号。两台设备都将在端口表中拥有另一台设备的端口号，这个过程叫端口绑定。在同一时间可以将端口用于好几个连接，此过程叫多工。

5) 常见应用层协议

(1) Telnet(远程登录)。

Telnet 程序提供了通过网络的远程登录能力，这使得一台设备上的用户可以登录到网络上的任何一台设备，可以直接随意接到远程设备，尽管它们可能相隔很远。

开发 Telnet 的最初原因是因为两台设备直接互相访问的唯一方法是通过 Modem 或者网络上的专用端口。通过串行接口直接连接有一个主要缺陷，那就是需要每台设备上有个程序来连接，并将代码从一台设备翻译到另一台设备上。

为了弥补这一缺陷，Telnet 使用了一个标准的通信系统，它可大量地减少连接的两端必须执行的工作量。当连接建立之后，Telnet 为每一端分配一些功能，并将它们作为基本的通信配置。因为连接上的这种效率的增加，Telnet 被证实是一个有用的、受欢迎的工具。

作为经常使用 TCP/IP 的用户应用程序，Telnet 包括一个专用过程，这个专用过程在服务器上，服务器从客户那里接收输入请求。当一个客户需要与一个服务器连接时，它运行 Telnet 程序来建立一个通过特定 TCP 端口和服务器的连接。Telnet 对话可以从远程设备的名称或 IP 地址开始，一旦建立起联系，远程系统通常要求用户输入用户名和口令。

(2) FTP(文件传输协议)。

FTP 是一个程序，它可以通过网络移动文件而不需要利用 Telnet 或相似工具建立一个远程对话。FTP 被设计得快速简单，且不允许常规终端访问远程设备。

像 Telnet 一样，FTP 使用一个服务器程序，此程序不停地运转，也执行一个客户程序，以启动一个对话。FTP 通过一个专用的 TCP 端口连接，当连接建立后，系统要求输入登录名和口令。在有些情况下，比如匿名 FTP，是不需要登录名和口令的，用户只需作为"Anonymous"或"Guest"登录即可。

FTP 允许几种格式的文件传输，通常包括文本和二进制格式。FTP 通常以目标设备的名称或地址开始，它像 Telnet 一样，当使用域名时，需要一个域名转换系统。FTP 和 Telnet 不同，并没有处于远程系统，所以所有的移动和文件传输都相对于客户而非服务器。

(3) 简单邮件传输协议(SMTP)。

正如它的名称一样，简单邮件传输协议(SMTP)是一个用来传输电子邮件的协议。SMTP 被用做一些局域网和 Internet 上的基本 E-mail 传输系统。

SMTP 由与用户 E-mail 包配对的邮件分配程序访问。在许多情况下，这个分配程序一直在运行。E-mail 应用程序将所有发送的邮件传给分配程序，分配程序用 SMTP 协议规则将邮件包装并将其传给 UDP。

(4) 域名解析协议(DNS)。

域名解析协议(DNS)是一种采用客户/服务器机制，实现名称与 IP 地址转换的系统，是由名字分布数据库组成的，它建立了叫做域名空间的逻辑树结构，是负责分配、改写、查询域名的综合性服务系统。该空间中的每个节点或者域都有唯一的名字。

通过 DNS 服务，可以使用形象易记的域名代替复杂的 IP 地址来访问网络服务器，使得网络服务的访问更加简单，而且可以完美地实现与 Internet 的融合，这对于一个网站的推广发布起到极其重要的作用，而且许多重要网络服务(如 E-mail 服务)的实现，也需要借助于 DNS 服务。可以说 DNS 服务是网络服务的基础。

(5) 超文本传输协议(HTTP)。

超文本传输协议(HTTP)是用于从 WWW 服务器传输超文本到本地浏览器的传送协议。由于其简捷、快速的方式，使其适用于分布式和合作式超媒体信息系统。自 1990 年起，HTTP 就已经被应用于 WWW 全球信息服务系统。

HTTP 也可作为普通协议，实现用户代理与连接其他 Internet 服务(如 SMTP、NNTP、FTP、GOPHER 及 WAIS)的代理服务器或网关之间的通信，允许基本的超媒体访问各种应用提供的资源，同时简化了用户代理系统的实施。

HTTP 是一种请求/响应式的协议。一个客户机与服务器建立连接后，发送一个请求给服务器，请求的格式是：统一资源标识符(URI)、协议版本号，后面是类似 MIME 的信息，包括请求修饰符、客户机信息和可能的内容。服务器接到请求后，给予相应的响应信息，其格式是：一个状态行包括信息的协议版本号、一个成功或错误的代码，后面也是类似 MIME 的信息，包括服务器信息、实体信息和可能的内容。

1.5.4　IP 地址和子网掩码

1. IP 地址

计算机在相互通信时必须指明数据是发送到哪一个网络中的哪一台计算机。为此，每一个基本的网络应该有一个地址，称为网络地址。显然，因特网上的每个网络的网络地址应该保证唯一性，不应该有地址相同的两个网络；每个网络上的每一台计算机都应该有一个编号，这就是主机地址。也就是说，同一网络内不能有两台计算机的主机地址相同，但不同网络中的计算机可以有相同的主机地址。

网络地址和主机地址合并到一块，就是 IP 地址。IP 地址可以在因特网上唯一的区分每一台计算机，通信的双方必须通过 IP 地址才能进行通信。TCP/IP 协议规定，每个 IP 地址长为 32 位二进制数。为方便书写和记忆，通常使用点分十进制法表示，即分成四个部分，每个部分写成十进制形式，各部分之间用小数点隔开，即 xxx.xxx.xxx.xxx，其中 xxx 只能是 0～255 之间的数字。例如，210.41.224.32 是一个正确的 IP 地址，而 273.43.405.57 则是一个错误的、不可能的 IP 地址。

下面是几个 IP 地址表示的例子：

IP 地址	点分十进制表示
11000000 00000101 00110000 00000011	192.5.48.3
00001010 00000010 00000000 00100101	10.2.0.37
10000000 10000000 11111111 00000000	128.128.255.0

采用点分十进制表示法，A 类地址的后三组是主机标识，B 类地址的后两组是主机标识，C 类地址的最右一组是主机标识。

2. IP 地址的分类

IP 由网络地址和主机地址组成，那么其中网络地址和主机地址各占多少位呢？这是一个非常重要的问题。例如，计算机 A 的 IP 地址是 210.41.224.35，计算机 B 的 IP 地址是 210.41.225.76，当 A 需要将数据发送给 B 时，A 就必须考虑一个问题：B 与自己是否在同一个网络上？若是在同一个网络上，则数据可直接发送给 B；若不是，则需要将数据发给 A 所在网络的网关，再由网关选择合适的道路将数据转发给 B。

A 如何知道 B 是否跟自己处于同一网络呢？不可能通过观察，唯一的办法就只有通过计算看二者的网络地址是否一样，若二者的网络地址相等则表示二者处于同一网络内。假若 IP 地址的前 24 位为网络地址，则 A 的网络地址是 210.41.224.0，B 的网络地址是 210.41.225.0，表示二者处于不同的网络上。假若 IP 地址的前 16 位为网络地址，则 A 的网络地址是 210.41.0.0，B 的网络地址是 210.41.0.0，表示二者处于同一网络内部。

到底是 IP 地址的前 16 位还是 24 位为网络地址总得有一个确切的规定。网络地址和主机地址一共 32 位，当各部分地址长度确定后，网络地址长度将决定因特网中能包含多少个网络，主机地址长度则决定每个网络能容纳多少台主机。如果采用固定的分法，例如 IP 地址的前 16 位表示网络地址，后 16 位表示主机地址，则全世界最多有 65 536 个网络，每个网络上最多只能有 65 536 台主机。显然这种分法不太合适，因为在因特网中网络数是一个难以确定的参数，远远不止 65 536 个网络；而且每个网络的规模(其中的主机数)也有大有小，有的网络有数十万台计算机，更多的网络则只有几百台甚至几台计算机，这对 65 536 台主机的限制而言，要么不够，更多的则是巨大的浪费。

为了包含更多的网络，并且支持最大规模的网络，避免浪费，IP 地址并没有被固定地将前多少位划给网络地址，后多少位分给主机地址，而是采用了一种可变策略：将 IP 地址分为 A、B、C、D、E 五类，如图 1-14 所示。常用的 IP 地址有 A、B、C 三类，D 类用于多点发送地址、支持多点广播，E 类地址用于将来扩充之用。

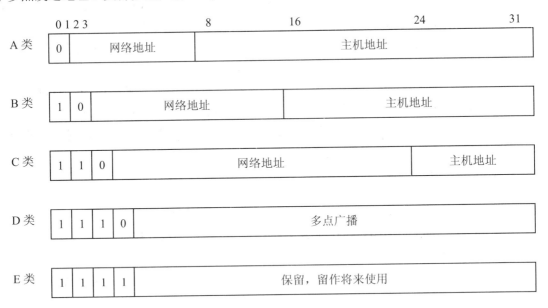

图 1-14　IP 地址的五种类型

为了获知某台主机的网络地址，需要先将其使用点分十进制表示的 IP 地址的第一部分转换成二进制数，再根据最高几位来判断它是属于哪一类，就可知道该 IP 地址的前多少位是网络地址了。日常生活中，通过第一部分的最高几位来判断 IP 地址的类别将非常麻烦，因此可通过其第一部分的十进制大小范围来区分 IP 地址的类别：A(0～127)、B(128～191)、C(192～223)、D(224～239)、E(240～255)。读者可以自行分析其中的道理。

例如，计算机 A 的 IP 地址是 210.41.224.35，则它是 C 类 IP 地址，C 类 IP 地址的前 24 位为网络地址，则计算机 A 所在网络的网络地址是 210.41.224.0。再如，计算机 C 的 IP 地址是 134.27.200.45，则它是 B 类 IP 地址，而 B 类 IP 地址的前 16 位为网络地址，因而计算机 C 所在网络的网络地址是 134.27.0.0。

每类 IP 地址中的网络地址位数都不一样，从而实现支持数量众多的网络和不同规模的网络，如表 1-1 所示。这种地址的定义方式是比较合理的，它既适合大网量少而主机多，又适合小网量多而主机少的特点。A 类地址将被分配给拥有大量主机的网络，B 类地址将被分配给中等规模的网络，C 类地址将被分配给规模较小的网络。

表 1-1　ABC 类 IP 地址支持的网络数和主机数

类别	网络地址 所占位数	允许的网络数	主机地址 所占位数	每个网络所允许的 主机数
A	8	$2^7 - 2$	24	$2^{24} - 2$
B	16	2^{14}	16	$2^{16} - 2$
C	24	2^{21}	8	$2^8 - 2$

3. 特殊的 IP 地址

从表 1-1 可以看出，A 类 IP 地址本可支持 128 个网络，但实际上只支持 126 个网络，每个网络所允许的主机数都要在理论值上减去 2，这是因为有些 IP 地址有特殊含义，不能够用于表示网络或主机。

(1) 网络地址。主机部分全为 0 的 IP 地址用于指网络本身，不能用于表示某个特定主机。如"167.32.0.0"表示"167.32"这个 B 类网络，"202.213.7.0"表示"202.213.7"这个 C 类网络。另外，各位全为 0 的 IP 地址"0.0.0.0"表示"本网络"或"我不知道号码的这个网络"。同时，由于路由算法设计等原因，第一部分为 0 的 IP 地址也不被使用。

(2) 广播地址。主机地址各位为全 1 的 IP 地址用于广播，用以标识网络上的所有主机，不能用于表示某个特定主机。比如对于"157.12"这个 B 类网络地址，广播地址是"157.12.255.255"，其 16 位主机标识都取 1 就表示这个网络上的所有主机。发往地址"157.12.255.255"的数据实际上是发给网络"157.12.0.0"内的所有主机。另外，32 位全为 1 的 IP 地址"255.255.255.255"用于将广播发往因特网上的任何地方，但由于路由器被设置成不转发广播，以防止引起广播风暴，故发往全网的广播实际上被局限于本网内。

(3) 回送地址。A 类地址中 127 是一个保留地址，用于网络软件测试及用于本地机进程间通信，这个保留地址叫做回送地址。无论什么程序，一旦使用 127.xxx.xxx.xxx 的回送地址发送数据，则协议软件立即返回，数据其实是发送给本机，不进行任何网络传输。

4. 子网掩码

随着因特网的飞速发展，网络的数量急剧增加，使得网络地址变得非常紧张。尽管 IP 地址被分类，但 IP 地址还是存在浪费，例如某单位仅有 10 台主机，也不得不申请一个支持 254 台主机的 C 类 IP 地址(网络地址)。为了进一步减少 IP 地址的浪费，支持更多的网络，并使 IP 地址中网络地址更加灵活，现在的 IP 都需使用子网掩码。

子网掩码是如何对网络地址加以扩充的呢？首先，子网掩码也为 32 位，使用点分十进制表示；其次，子网掩码中为 1 的部分表示 IP 地址中对应位为网络地址，子网掩码中为 0 的部分表示 IP 地址中对应位为主机地址，即子网掩码中为 1 的位数就等于 IP 地址中网络地址占用位数。例如，若计算机 A 的 IP 地址为 210.41.224.35，计算机 B 的 IP 地址为 210.41.224.72，它们所使用的子网掩码都为 255.255.255.224(换算成二进制则是 11111111.11111111.11111111.11100000)，则 IP 地址的前 27 位是网络地址(前 3 个部分加上最后一部分的前 3 位)，后 5 位(最后一部分的后 5 位)为主机地址。因而，计算机 A 所在网络的网络地址是 210.41.224.32(35 的二进制是 00100011，其前三位为 001，再补足 5 位 0 为一个部分 00100000，则是十进制的 32)，计算机 B 所在网络的网络地址是 210.41.224.64(72 的二进制是 01001000)，表示它们不在同一个网络上。

由于现在的网络无论是否扩充 IP 地址中的网络地址所在的位数，都需要使用子网掩码，因而在计算某台计算机所在网络的网络地址时，没有必要去判断其所使用的 IP 地址属于哪一类，只需按上述办法直接计算即可。

为了将一个 C 类的网络地址 210.41.224.0 加以扩充，使其支持 4 个小网络，则网络地址应扩充两位，IP 地址的前 26 位应为网络地址，后 6 位表示主机地址，相应的子网掩码为 255.255.255.192。扩充后的网络地址是 210.41.224.0，210.41.224.64，210.41.224.128，210.41.224.192。显然，所支持的网络的数量增加了，但每个网络中所允许的主机数减少了，此时每个小网中最多能有 62 台主机，4 个小网络一共可以支持 248 台主机，比原网络 210.41.224.0 所支持的 254 台主机少了 6 台，原因是每个网络中主机地址部分不能全为 0 或 1。210.41.224.0，210.41.224.63，210.41.224.64，210.41.224.127，210.41.224.128，210.41.224.191，210.41.224.192，210.41.224.255 不能分配给任何主机。

计算机在计算 IP 地址中的网络地址和主机地址时，并不需要考虑子网掩码中为 1 的位数，其计算方法非常简单：网络地址＝IP 地址"与"子网掩码，主机地址＝IP 地址"与"子网掩码的反码。

应当注意，子网掩码仅是对网络地址部分加以扩充，子网掩码的值不能随便设定，子网掩码中为 1 的部分应连续，且不应少于原有类别。例如，为 B 类 IP 地址指定子网掩码 255.0.255.255 是错误的，为 C 类 IP 地址指定子网掩码 255.255.0.0 也是错误的。同一子网中每台主机的子网掩码应一样，因为子网掩码的作用是针对网络、用以扩充网络地址的，与主机地址无关。

1.5.5 OSI 参考模型和 TCP/IP 参考模型的比较

OSI 参考模型和 TCP/IP 参考模型有很多相似之处，它们都是基于独立的协议栈的概念，而且层的功能也大体相似。例如，在两个模型中，传输层及传输层以上的层都为希望通信的进程提供端到端的、与网络无关的传输服务，这些层形成了传输提供者。同样，在两个模型中，传输层以上的层都是传输服务的由应用主导的用户。

除了这些基本的相似之处以外，两个模型也有很多差别。本节我们主要讨论两个参考模型的关键差别，需要提醒的是，我们是在比较参考模型而不是相应的协议栈。这些协议本身将在后面章节讨论。

OSI 模型有三个主要概念：服务、接口和协议。可能 OSI 模型的最大贡献就是使这三个概念之间的区别明确化了。

每一层都为它上面的层提供一些服务。服务定义该层做些什么，而不管上面的层如何访问它或该层如何工作。某一层的接口告诉上面的进程如何访问它，它定义需要什么参数以及预期结果是什么样的。同样，它也和该层如何工作无关。

最后，某一层中使用的对等协议是该层的内部事务。它可以使用任何协议，只要能完成工作(例如提供承诺的服务)；也可以改变使用的协议而不会影响到它上面的层。

这些思想和现代的面向对象的编程技术非常吻合。一个对象(像一个层一样)有一组方法(操作)，该对象外部的进程可以使用它们。这些方法的语义定义该对象提供的服务。方法的参数和结果就是对象的接口。对象内部的代码即是它的协议，在该对象外部是不可见的。

TCP/IP 参考模型最初没有明确区分服务、接口和协议，虽然后来人们试图改进它以便接近于 OSI。例如，互联网层提供的真正服务只是发送 IP 分组(SEND IP PACAKET)和接收 IP 分组(RECEIVE IP PACKET)。因此，OSI 模型中的协议比 TCP/IP 参考模型的协议具有更好的隐藏性，在技术发生变化时能相对比较容易地替换掉。最初把协议分层的主要目的之一就是能做这样的替换。

OSI 参考模型产生在协议发明之前。这意味着该模型没有偏向于任何特定的协议，因此非常通用，但不利的方面是设计者在协议方面没有太多的经验，因此不知道该把哪些功能放到哪一层最好。例如，数据链路层最初只处理点到点的网络。当广播式网络出现以后，就不得不在该模型中再加上一个子层。当人们开始用 OSI 模型和现存的协议组建真正的网络时，才发现它们不符合要求的服务规范，因此不得不在模型上增加子层以弥补不足。最后，委员会本来期望每个国家有一个网络，由政府运行并使用 OSI 的协议，因此没有人考虑互联网。总而言之，事情并不像预计的那样顺利。

而 TCP/IP 却正好相反，首先出现的是协议，模型实际上是对已有协议的描述，因此不会出现协议不能匹配模型的情况，它们配合得相当好。唯一的问题是该模型不适合于任何其他协议栈，因此它对于描述其他非 TCP/IP 网络并不特别有用。

现在我们从一般问题转向更具体一些的问题，两个模型间明显的差别是层的数量：OSI 模型有七层，而 TCP/IP 模型只有四层。它们都有(互联)网络层、传输层和应用层，但其他层并不相同。另一个差别是面向连接的和无连接的通信。OSI 模型在网络层支持无连接和面向连接的通信，但在传输层仅有面向连接的通信，这是它所依赖的(因为传输服务对用户是可见的)。然而 TCP/IP 模型在网络层仅有一种通信模式(无连接)，但在传输层支持两种模式，这样便给了用户选择的机会，这种选择对简单的请求——应答协议是十分重要的。

本 章 小 结

本章主要介绍了计算机网络的基础知识、网络发展简史、计算机网络的功能、组成和划分，另外着重介绍了计算机网络体系结构，以及现在网络中广泛使用的 TCP/IP 协议和 OSI 参考模型。本章重点在普及网络基础知识，可用做学习的参考，不作为本课程讲授的重点。

习题与思考

1. 简述计算机网络的发展过程。
2. 计算机网络是如何分类的？按照不同的角度，可以分为几类？

3. 计算机网络有哪几项功能？

4. 计算机网络能提供哪些基本服务？

5. 简述计算机网络的拓扑结构及它们的不同点。

6. 计算机网络的体系结构是如何组成的？

7. ISO 的 OSI 参考模型是由哪几层组成的？各层的功能是什么？

8. TCP/IP 的参考模型是由几层组成的？它和 OSI 的参考模型的区别是什么？

9. IP 地址是如何划分的？子网掩码的作用是什么？

10. TCP/IP 有哪些子协议和应用协议，它们的作用是什么？

第 2 章　网络服务器

现在的大中型网络应用中都有一个非常重要的核心设备，那就是服务器，它在提供对内/对外的各种服务中起着关键的作用。本章介绍网络服务器的概念、作用与分类；基本了解网络服务器操作系统和常用服务器软件、服务器的架构；了解服务器的性能要求及配置要点、产品造型等知识。

2.1　网络服务器的用途

服务器(Server)，指的是在网络环境中为客户机(Client)提供各种服务的、特殊的专用计算机系统，在网络中承担着数据的存储、转发、发布等关键任务，是各类网络中不可或缺的重要组成部分。从广义上讲，服务器是指网络中能对其他机器提供某些服务的计算机系统(如果一个 PC 对外提供 FTP 服务，也可以叫服务器)。从狭义上讲，服务器是专指某些高性能计算机，能通过网络对外提供服务。相对于普通 PC 来说，服务器的稳定性、安全性、性能等方面都要求更高。因此，在 CPU、芯片组、内存、磁盘系统、网络等硬件要求方面和普通 PC 有所不同。

服务器作为硬件来说，通常是指那些具有较高计算能力，能够提供给多个用户使用的计算机。服务器与 PC 的不同点非常多，例如 PC 在一个时刻通常只为一个用户服务。服务器与主机不同，主机是通过终端给用户使用的，服务器是通过网络给客户端用户使用的。

服务器在网络中具有非常重要的地位，这种地位是与其所提供的各种服务的重要程度密不可分的。总的来讲，服务器主要用于提供数据存储和网络服务。

1. 数据存储

服务器中储存了大量关键的用户数据，如用户账户和密码、用户的电子邮件，以及其他重要信息和数据文件。服务器一旦瘫痪，后果是非常严重的。

如果服务器上的数据由于硬件或软件故障被破坏，那么后果就更为严重了。后果的严重性视服务器的重要性而定。如果其中储存的是非常重要的数据，如银行、证券的交易数据，而且没有及时备份，则损失是非常惨重的，损失的金钱数以百万计。

2. 网络服务

各种各样的网络服务，如 WWW、FTP、E-mail、Chat、即时信息、BBS、Proxy 等各种服务都是由服务器提供的，服务器一旦瘫痪，则相关的服务立即停止。例如，当代理服务器出现故障时，局域网内的用户将无法访问互联网，互联网的一切服务(如站点浏览、聊天、电子邮件、软件下载等)都将中断。而如果局域网中的域控制器瘫痪，则所有的局域网用户将无法通过域名解析的方法访问局域网中的资源。

2.2　网络服务器特点及种类

服务器作为网络的节点，存储、处理网络上 80%的数据、信息，因此也被称为网络的灵魂。做一个形象的比喻：服务器就像是邮局的交换机，而微机、笔记本、PAD、手机等固定或移动的网络终端就如散落在家庭、各种办公场所、公共场所等处的电话机。我们与外界日常的生活、工作中的电话交流、沟通必须经过交换机，才能到达目标电话；同样如此，网络终端设备如家庭、企业中的微机上网、获取资讯、与外界沟通、娱乐等，也必须经过服务器，因此也可以说是服务器在组织和领导这些设备。

服务器是网络上一种为客户端计算机提供各种服务的高性能的计算机。它在网络操作系统的控制下，将与其相连的硬盘、磁带、打印机、Modem 及各种专用通信设备提供给网络上的客户站点供客户共享，也能为网络用户提供集中计算、信息发表及数据管理等服务。它的高性能主要体现在高速度的运算能力、长时间的可靠运行、强大的外部数据吞吐能力等方面。服务器的构成与微机基本相似，有处理器、硬盘、内存、系统总线等，它们是针对具体的网络应用特别制定的，因而服务器与微机在处理能力、稳定性、可靠性、安全性、可扩展性、可管理性等方面存在很大差异。尤其是随着信息技术的进步，网络的作用越来越明显，对自己信息系统的数据处理能力、安全性等的要求也越来越高。如果在进行电子商务的过程中被黑客窃走了密码、损失了关键商业数据，或在自动取款机上不能正常地存取，则应该考虑问题可能在这些设备系统的幕后指挥者——服务器，而不是埋怨工作人员的素质和其他客观条件的限制。

2.2.1　服务器的特点

1. 可靠性

可靠性是指保持可靠而一致的特性，数据完整性和在发生之前对硬件故障做出警告是可靠性的两个方面。冗余电源和风扇、可预报的硬盘和风扇故障以及 RAID(独立磁盘冗余阵列)系统是常见的可靠性特性的例子。

2. 高可用性

高可用性是指随时存在并且可以立即使用的特性。它既可以指系统本身，也可以指用户实时访问其所需内容的能力。高可用性的另一主要方面就是从系统故障中迅速恢复的能力。高可用性系统可能使用、也可能不使用冗余组件，但是它们应该具备运行关键热插拔组件的能力。热插拔是指在电源仍然接通且系统处于正常运行之中的情况下，用新组件替换故障组件的能力。

高可用性的典型范例是检测潜在故障并透明地重定向或将故障程序切换给其他地区或系统。例如，一些 SCSI 设备可以自动地将数据从难以读取的扇区传输到备用扇区，而且操作系统和用户都不会察觉到这一变化。

3. 可扩充性

可扩充性是指增加服务器容量(在合理范围内)的能力。不论服务器最初的容量有多大，都可以迅速实现容量的增加。由于访问互联网的用户越来越多，而且交易量日益增加，因而最终需要升级服务器。

可扩充性的因素包括：增加内存的能力，增加处理器的能力，增加磁盘容量的能力。

2.2.2　服务器的分类

1. 按体系架构划分

目前，按照体系架构来区分，服务器主要分为两类。

(1) 非 X86 服务器：包括大型机、小型机和 Unix 服务器。它们是使用 RISC(精简指令集)或 EPIC 处理器，并且主要采用 Unix 和其他专用操作系统的服务器。精简指令集处理器主要有 IBM 公司的 POWER 和 Power PC 处理器，SUN 与富士通公司合作研发的 SPARC 处理器；EPIC 处理器主要是 HP 与 Intel 合作研发的安腾处理器等。这种服务器价格昂贵、体系封闭，但是稳定性好、性能强，主要用在金融、电信等大型企业的核心系统中。

(2) X86 服务器：又称 CISC(复杂指令集)架构服务器，即通常所讲的 PC 服务器。它是基于 PC 体系结构，使用 Intel 或其他兼容 X86 指令集的处理器芯片和 Windows 操作系统的服务器，如 IBM 的 System X 系列服务器、HP 的 Proliant 系列服务器等。这种服务器价格便宜、兼容性好、稳定性差、不安全，主要用在中小企业和非关键业务中。

从当前的网络发展状况看，以"小、巧、稳"为特点的 X86 架构的 PC 服务器得到了更为广泛的应用。

2. 按外形划分

服务器根据外形来划分，通常可以分为台式服务器、机架式服务器、机柜式服务器、刀片式服务器等几大类，如图 2-1～图 2-4 所示。

图 2-1　台式服务器

图 2-2　机架式服务器

图 2-3　机柜式服务器

图 2-4　刀片式服务器

2.2.3 服务器操作系统简介

目前主要存在以下几类服务器操作系统：

1) Windows 类

微软公司的 Windows 系统不仅在个人操作系统中占有绝对优势，在网络操作系统中也是具有非常强劲的力量。这类操作系统配置在整个局域网配置中是最常见的，但由于它对服务器的硬件要求较高，且稳定性能不是很高，所以微软的网络操作系统一般只是用在中低档服务器中，高端服务器通常采用 Unix、Linux 或 Solairs 等非 Windows 操作系统。在局域网中，微软的网络操作系统主要有：Windows NT Server4.0、Windows Server 2003，以及最新的 Windows Server 2012 等，工作站系统可以采用任意 Windows 或非 Windows 操作系统，包括个人操作系统，如 Windows 7/XP 等。

2) Unix 系统

目前常用的 Unix 系统版本主要有 Unix SUR4.0、HP-UX 11.0，SUN 的 Solaris 8.0 和 IBM-AIX 6 等。Unix 系统支持网络文件系统服务，提供数据等应用，功能强大。这种网络操作系统稳定和安全性能非常好，但由于它多数是以命令方式来进行操作的，因此不容易掌握，特别是对于初级用户。正因如此，小型局域网基本不使用 Unix 作为网络操作系统，Unix 一般用于大型的网站或大型的企事业局域网中。Unix 网络操作系统历史悠久，其良好的网络管理功能已为广大网络用户所接受，拥有丰富的应用软件的支持。Unix 本是针对小型机的主机环境开发的操作系统，是一种集中式分时多用户体系结构。因其体系结构不够合理，Unix 的市场占有率呈下降趋势。

3) Linux 系统

Linux 是一类 Unix 计算机操作系统的统称。Linux 操作系统的内核的名字也是"Linux"。Linux 操作系统也是自由软件和开放源代码发展中最著名的例子。Linux 具有兼容、安全、稳定等特性，如果对于磁盘 I/O 要求较高，那么 Linux 是首选。红帽子的 RHEL(RedHat Enterprise Linux Advanced Server)专为 Server 打造，有良好的售后服务，虽然它是一个免费的、开放源代码的系统，但在 Linux 下运行的应用软件也相对较少，所以其暂不具有大众性。另外，红帽子的 RHEL 的维护成本也相对偏高，使其更多的是用在一些高端的小型网络环境中。

2.3 服 务 器 软 件

服务器软件工作在 C/S(客户端—服务器)或 B/S(浏览器—服务器)的方式，它是用软件的方式来为网络服务器实现各种网络服务的。目前有很多形式的服务器，这些用途的服务器的常用软件有以下几种。

- 文件服务器：如 Novell 的 NetWare。
- 数据库服务器：如 Oracle 数据库服务器、MySQL、PostgreSQL、Microsoft SQL Server 等。
- 邮件服务器：如 Sendmail、Postfix、Qmail、Microsoft Exchange、Lotus Domino 等。

- 网页服务器：如 Apache、thttpd、微软的 IIS 等。
- FTP 服务器：Pureftpd、Proftpd、WU-ftpd、Serv-U、VSFTP 等。
- 应用服务器：如 Bea 公司的 WebLogic，JBOSS 公司的 JBoss，Sun 公司的 GlassFish。
- 代理服务器：如 Squid cache。

计算机名称转换服务器：如微软的 DNS 和 WINS 服务器。

一些常用的网络服务软件已集成在网络操作系统之中，当然也可以选择一些优秀的第三方的服务器软件来完成网络服务的配置。本书主要涉及网络服务的配置方法，后面章节就会陆续介绍 Windows 和 Linux 两个平台的网络操作系统中集成的一些网络服务及其相关的配置方法。

2.4　网络服务器设备选型

不同服务器之间在价格和性能等方面也存在非常大的差异。如何选购合适的服务器设备是一件非常不易的事，需要对服务器硬件设备本身有一个较全面的了解。在此仅就与企业网络服务器选型和选购方面相关的最基本、最主要的方面进行介绍。

按照性能标准进行划分，服务器通常被分为：入门级服务器、工作组级服务器、部门级服务器和企业级服务器四个不同档次。服务器的档次由许多方面决定，但最主要的决定因素还是服务器处理器，比起个人计算机来说，处理器在整个主机中的地位更加重要。

2.4.1　服务器业务需求评估

如果不经认真仔细的评估，轻率地选择一台性能超级强劲让你高枕无忧但价格昂贵的服务器，毫无疑问会带来成本上的极大浪费；但如果一味地为了省钱，而选择一台很容易成为计算瓶颈，或没有充分考虑冗余措施的服务器，就会极大地影响业务的进行，导致客户投诉网站速度慢，甚至硬盘出现故障，导致数据丢失。

服务器运行什么应用？这是首先需要考虑的问题，在这里要根据服务器的应用类型，也就是用途，来决定服务器的性能、容量和可靠性需求。我们按照前端服务器+应用程序服务器+数据服务器的常见基础架构来进行讨论。

1. Web 前端

正常情况下，我们认为大多数 Web 前端服务器(Front-end)对服务器的要求不大。例如静态 Web 服务器、动态 Web 服务器、图片服务器等，是因为在现有的技术框架中，我们有很多方案可以解决前端服务器的性能扩展和可靠性问题，例如 LVS、Nginx 反向代理、硬件负载均衡(F5、A10、Radware)等。甚至在很多访问量不高(几百个用户同时在线)的应用中，经典酷睿服务器就可以满足需求。

2. 应用服务器

由于承担了计算和功能实现，因此需要为基于 Web 架构的应用程序服务器(Application Server)选择足够快的服务器。另外，应用程序服务器可能需要用大量的内存，尤其是基于

Windows 基础架构的 Ruby、Python、Java 服务器，这一类服务器至少需要使用单路至强的配置。对于可靠性的问题，如果你的架构中只有一台应用服务器，那肯定需要这台服务器足够可靠，RAID 绝对是不能忽视的选项。但如果有两台或更多的应用服务器，并设计了负载均衡机制，具有冗余功能，那我们则不必将每台服务器武装到底。

3. 特殊的应用

除了作为 Web 架构中的应用程序服务器之外，如果你的服务器是用来处理流媒体视频编码、服务器虚拟化，或者作为媒体服务器(Asterisk 之类)，或者作为游戏服务器(逻辑、地图、聊天)运行，则同样对 CPU 和内存需求比较高，我们至少要考虑单路至强的服务器。其中服务器虚拟化对存储的可靠性的要求都非常高，因为就像一个篮子里有几十个鸡蛋，那篮子一定要足够牢靠才是。

4. 公共服务

公共服务指的是邮件服务器、文件服务器、DNS 服务器、域控制服务器这类服务器。通常情况我们会部署两台 DNS 服务器作为互相备份，域控制服务器也会拥有一台备份服务器(专用的或非专用的)，所以对于可靠性，无需达到苛刻的地步。至于邮件服务器，至少需要具备足够的硬件可靠性和容量大小，这主要是为了对邮件数据负责，因为很多用户没有保存和归档邮件数据的习惯，当他们重装系统后，总会依赖重新下载服务器上的数据。至于性能问题，我们认为需要评估用户数量才能决定。

5. 数据库

我们最后讨论的应用，也是要求最高、最重要的服务器。无论你使用的是 MySQL、SQLServer 还是 Oracle，一般情况下，我们认为它需要足够快的 CPU、足够大的内存、足够稳定可靠的硬件。单路至强 CPU/4GB 内存/Raid1 绝对是入门配置。关于准确的配置我们需要在讨论业务需求后才能作决定。

2.4.2 服务器选购指南

1. 选购策略

用户在选择 PC 服务器的时候首先应该从自己实际的需求出发，预测自己在一两年后的需求变化并做出清楚的需求分析，然后再从以下两个方面做出选择。

(1) 确定选择品牌。通过对两三家厂商同等档次的产品比较做出选择，应从产品特点(MAP)、产品质量、服务质量、厂商信誉等几个方面比较。由于激烈的市场竞争，一般来说厂商之间的价格差异不会太大，并且由于产品除主要配置外，附件及扩展能力方面也会影响价格，所以不能一味追求价格低。

(2) 选择经销商。一般来说，从厂商认证的二级经销商中选择经销商比较保险，因为如果有问题，厂商可协助解决，产品及部件质量也有保障。在比较不同经销商的报价时，要首先确定经销商可以提供什么增值服务。因为有些时候，经销商能提供厂商标准服务以外更周到的服务，在谈定价格的时候应该明确所有细节问题。

综上所述，用户在选择 PC 服务器产品时，必须认真考虑以下几个因素：

* 系统最好是业界著名的品牌；

- 必须有规格齐全的产品系列；
- 整个系统应该具备优秀的可管理性；
- 在数据保护方面应该具备先进的技术；
- 售后服务和技术支持体系必须完善。

2. PC 服务器选购标准

在确定 PC 服务器的级别后，就应该着重权衡它的各项性能指标了。PC 服务器通常有几个方面的性能指标，即可管理性、可用性、可扩展性、安全性及可靠性。

(1) 服务器的可靠性是指服务器可提供的持续非故障时间，故障时间越少，服务器的可靠性越高。如果客户应用服务器来实现文件共享和打印功能，只要求服务器在用户工作时间段内不出现停机故障，并不要求服务器全天候无故障运转，则 PC 服务器中的低端产品就完全可以胜任。对于银行、电信、航空之类的关键业务，即便是短暂的系统故障，也会造成难以挽回的损失。可以说，可靠性是服务器的灵魂。服务器的性能和质量直接关系到整个网络系统的可靠性，所以，用户在选购时必须把服务器的可靠性放在首位。

(2) 服务器的可管理性是 PC 服务器的标准性能，也是 PC 服务器优于 Unix 服务器的重要区别。Windows Server 2012 不但工作界面与 Windows 其他操作系统保持一致，而且还与各类基于 Windows 系统的应用软件兼容，这些都为 PC 服务器在可管理性方面提供了极大方便。同时 PC 服务器还为系统提供了大量的管理工具软件，特别是安装软件为管理员安装服务器或扩容(增加硬盘、内存等)服务器所提供的方便就像安装 PC 一样简单。

(3) 关键的企业应用都追求高可用性服务器，希望系统 $24 \times 7 \times 365$ 小时不停机、无故障运行。有些服务器厂商采用服务器全年停机时间占整个年度时间的百分比来描述服务器的可用性。一般来说，服务器的可用性是指在一段时间内服务器可供用户正常使用的时间的百分比。服务器的故障处理技术越成熟，向用户提供的可用性就越高。提高服务器可用性有两个方式：减少硬件的平均故障间隔时间和利用专用功能机制。该机制可在出现故障时自动执行系统或部件切换以免或减少意外停机。然而不管采用哪种方式，都离不开系统或部件冗余，当然这也提高了系统成本。

(4) 服务器的可扩展性是 PC 服务器的重要性能之一。服务器在工作中的升级特点，是由于工作站或客户的数量增加是随机的。为了保持服务器工作的稳定性和安全性，就必须充分考虑服务器的可扩展性能。首先，在机架上要为硬盘和电源的增加留有充分余地，一般 PC 服务器的机箱内都留有 3 个以上的硬驱动器间隔，可容纳 4～6 个硬盘可热插拔驱动器，甚至更多。若 3 个驱动器间隔全部占用，至少可容纳 18 个内置的驱动器。另外还支持 3 个以上可热插拔的负载平衡电源 UPS。其次，在主机板上的插槽不但种类齐全，而且有一定数量。一般的 PC 服务器都有 64 位 PCI 和 32 位 PCI 插槽 2～6 条，有 1～2 条 PCI 和 ISA 共享插槽，有 ISA 插槽 2 条左右。

(5) 安全性是网络的生命，而 PC 服务器的安全就是网络的安全。为了提高服务器的安全性，服务器部件冗余就显得非常重要。因为服务器冗余性是消除系统错误、保证系统安全和维护系统稳定的有效方法，所以冗余是衡量服务器安全性的重要标准。某些服务器在电源、网卡、SCSI 卡、硬盘、PCI 通道上都实现设备完全冗余，同时还支持 PCI 网卡的自动切换功能，大大优化了服务器的安全性能。当然，设备部件冗余需要两套完全相同的部件，也大大提高了系统的造价。

这几个方面是所有类型的用户在选购 PC 服务器时通常要重点考虑的几个方面。此外，品牌、价格、服务、厂商实力等因素也是要重点考虑的因素。

3．购买服务器时应注意的配置参数

(1) CPU 和内存的类型。处理器主频在相当程度上决定着服务器的性能，服务器应采用专用的 ECC 校验内存，并且应当与不同的 CPU 搭配使用。

(2) 芯片组与主板。即使采用相同的芯片组，不同的主板设计也会对服务器性能产生重要影响。

(3) 网卡。网卡应当连接在传输速率最快的端口上，并最少配置一块千兆网卡。对于某些有特殊应用的服务器(如 FTP、文件服务器或视频点播服务器)，还应当配置两块千兆网卡。

(4) 硬盘和 RAID 卡。硬盘的读取/写入速率决定着服务器的处理速度和响应速率。除了在入门级服务器上可采用 IDE 硬盘外，通常都应采用传输速率更高、扩展性更好的 SCSI 硬盘。对于一些不能轻易中止运行的服务器而言，还应当采用热插拔硬盘，以保证服务器的不停机维护和扩容。

(5) 磁盘冗余。采用两块或多块硬盘来实现磁盘阵列，网卡、电源、风扇等部件冗余可以保证部分硬件损坏之后，服务器仍然能够正常运行。

(6) 热插拔。热插拔是指带电进行硬盘或板卡的插拔操作，实现故障恢复和系统扩容。

4．多处理器服务器选购的策略

首先，处理器的选择与主要操作系统平台和软件的选择密切相关。可以选择 SPARC、Power PC 等处理器，它们分别应用于 SunSolaris、IBM AIX 或 Linux 等操作系统上。大多数用户出于价格和操作系统方面的考虑也采用 Intel 处理器。

其次，要选择合适的 I/O 架构。目前最常见的总线结构是 PCI、PCI-X。PCI 迅速发展成为包括 32 位和 64 位数据通道，并对 33 MHz 和 66 MHz 时钟速度提供支持。PCI Express 是继 PCI-X 之后的一种全新的串行技术，它彻底变革了原来的并行 PCI 技术，同时又能兼容 PCI 技术。PCI Express 总线采用点对点技术，能够为每一块设备分配独享通道带宽，不需要在设备之间共享资源。充分保障各设备的带宽资源。

然后，还要选择合适的内存。大多数多处理器系统目前都支持 ECC 校验的 DDR SDRAM。

2.4.3 虚拟化技术

虚拟化已经是一种越来越广泛的应用模式。不过，市场上形形色色的虚拟化产品却参差不齐，从一般的 X86 虚拟化，如 VMware 的 vSphere，开源的 Xen，到针对非 X86 平台的虚拟化技术，如惠普的 nPartitions、vPars、IVM，Sun 的 DynamicDomain 和 LogicalDomain，IBM 的 PowerVM 等，这些虚拟化技术在性能、功能上其实存在很大的差异。大体上，用户可以从以下几个方面加以比较：

- 一是虚拟化的效率。这方面硬件虚拟化和软件虚拟化两种方式存在天壤之别，前者的效率要高很多。硬件虚拟化技术，可以把一台机器的 CPU 利用率提高到 90%，而其

他虚拟化技术一般只能做到 50%左右，这是因为硬件虚拟化无需占用太多的 CPU 资源，而后者由于要经过多层转换，不得不面临性能损耗的问题。

- 二是虚拟化的功能。比如 CPU、内存和 I/O 等分区资源能否在不重启机器的条件下动态灵活调整，增大或减少；又比如分区或虚拟机能否在线迁移，即让一个分区在不停机、不停应用的情况下从一个物理机器动态地迁移到另外一个物理机器上，以提高系统高可用性。当然，对于不同的用户而言，对功能的需求也是不一样的，但关键是你的虚拟化供应商能否提供你真正想要的东西。

- 三是虚拟化的范畴。对于那些希望现在或将来实现动态 IT 架构或私有云环境部署的企业来说，虚拟化的范畴，即能否实现全面的虚拟化就很关键了。因为，要实现动态的数据中心，仅仅对服务器 CPU 资源进行虚拟池化是远远不够的，还需要对内存、I/O、存储等各种软硬件资源进行虚拟化，有效实现内存、I/O、存储在分区之间的资源增减或自动调整。

- 四是虚拟化的安全性。虚拟化整合就像把多个鸡蛋放在一个篮子里，这就要求这个篮子得足够的牢靠，对于用在关键业务领域的中高端服务器来说，这一点更加重要。所以，还需要看看虚拟化供应商有没有通过第三方的审计或相关的安全认证，如 IBM PowerVM 就通过了 EAL4+级别的认证，属于除了主机以外安全级别最高的操作环境。

- 五是虚拟机的扩展性。比如 IBM PowerVM 的一个分区可以支持从 0.1 颗 CPU 到 64 颗 CPU 的扩展，未来还可以达到 256 颗 CPU，内存方面最高也可以扩展到 4 TB；而惠普的 IVM 目前只能扩展到 8 颗 CPU，分区内存也只有 64GB，二者之间存在量级的巨大差别。可见，虚拟化技术的选择也是比较复杂的。

2.4.4　合理订购服务及续保

服务不仅影响设备的采购成本和未来的运行维护成本，还会影响到服务器上应用系统的业务可靠性。

服务器出厂一般都带有基本服务，如一年或者三年的返修和 5 天 × 8 小时电话支持。用户可以根据自身需要，购买更高级别的服务。不同厂商对服务级别的定义不大一样，有的厂商分为 5 天 × 8 小时服务、7 天 × 24 小时服务，有的厂商定义为金、银、铜三级，不同级别的服务享有不同的响应速度、备件返修速度、返修时限以及现场支持、电话热线支持、软件升级级别。对于 Unix 服务器，硬件和软件服务购买的年限和级别不一定相同。在服务器选择时，需要根据自身需要购买相应服务，同时需要让供应商提供设备服务的详细说明。另外，一般购买的服务都是以设备出厂日期计算的(考虑到设备运输和渠道因素，有些厂商有一定的后延，如 3 个月)，这些因素都会影响到设备的拥有成本。

随着近年来 IT 系统的快速发展，各企业都采购了大量的服务器设备，而这些设备自带或购买的服务已经到期，如果需要继续接受原厂或者渠道商的保修和技术支持，需要为这些设备续买服务，类似于给设备买保险。设备的续保费用与设备的型号、设备的详细配置、服务级别、原厂服务(或是代理提供服务)等因素相关，如果设备在购买合同签订时已经超出保修期，部分厂商还要收取设备检测费。原厂和代理通过设备序列号确认该设备的保修期。对于一些停产时间过长的设备，会出现不能继续购买服务的情况。

本 章 小 结

本章主要介绍了网络服务器的分类以及它的体系结构。服务器在结构上与 PC(个人电脑)相比有相似的地方,但也有很多部件在性能上有很大的差别。另外,本章还介绍了有关服务器的选型。服务器的不断应用和发展,尤其是 64 位 CPU、采用双核处理器的服务器逐渐成为市场主流,从而把服务器性能提升到一个全新的水平。

习题与思考

1. 简述服务器在网络中的地位。

2. 简述 CISC 和 RISC 的区别。

3. 服务器与普通 PC 有何不同?

4. 查询资料并了解服务器的对称多处理器技术、集群技术、高性能存储技术、内存技术和虚拟化技术。

5. 为什么说在一般情况下服务器增大内存要比增加处理器对应用更为有效?

6. 如何选购服务器产品?

第二部分

Windows 平台下的服务配置

第 3 章　Windows Server 2012 基础

Windows Server 2012 是微软最新的服务器操作系统，对于一款服务器操作系统而言，Windows Server 2012 无论是底层架构还是表面功能都有了飞跃性的进步，其对服务器的管理能力、硬件组织的高效性、命令行远程硬件管理的方便、系统安全模型的增强，都会吸引 Windows 网络服务器用户的关注。本章主要介绍关于 Windows Server 2012 的一些新特性和常用基础操作。

3.1　Windows Server 2012 简介

Windows Server 2012 是微软的一个服务器系统，即 Windows 8 的服务器版本，是 Windows Server 2008 R2 的继任者。该操作系统在 2012 年 8 月 1 日完成编译 RTM 版，并于 2012 年 9 月 4 日正式发售。

Windows Server 2012 包含了大量新功能，可解决现代化 IT 基础架构与员工所面临的各种需求，即将更多负载、应用程序以及服务，通过扩展和虚拟化迁往云端。Windows Server 2012 能够为组织提供一套可扩展的、动态的、支持多租户环境的平台，将全球的数据中心与资源用安全的方式连接在一起。无论公共云或私有云，都依赖相同的技术。无论部署在托管环境、单服务器环境、小型办公室或企业数据中心内，都可以为用户提供一致的应用程序、服务、管理以及体验。无论是小型企业或最大规模的公共云，整个平台都能够进行一致的扩展，并能轻松管理。

Windows Server 2012 规划出一套完善的虚拟化平台，并提供灵活的策略和敏捷的选项，不仅能为各类负载与应用程序提供高密度可扩展的基础架构，而且能带来简单但高效的基础架构管理。一旦部署就位，通过最大化的持续运行时间与最小化的故障与停机时间，开放且可扩展的 Web 平台所提供的价值就能达到用户的预期，并且通过使用成本最低的市售存储与网络设备即可实现比其他任何平台都更出色的完善解决方案。

此外，Windows Server 2012 提供的下一代数据安全与合规性解决方案完全以强身份与验证机制为基础，能够满足不断进化中的云优化环境的各种需求。移动式的、随时随地工作的文化需求不仅可以合规，而且可以保护防范最新的威胁与风险。

同样重要的是，Windows Server 2012 生来就具备可靠性、电源效率以及交互性方面的优势，可直接集成到原有环境，不需要使用大量复杂的加载项、安装步骤以及额外的软件便可获得一整套解决方案。

3.1.1　Windows Server 2012 的版本

伴随着 Windows Server 2012 的发布，微软 Windows Server 2012 的四大版本也相继问

世，它们包括 Datacenter 数据中心版、Standard 标准版、Essentials 版以及 Foundation 版本。

(1) Windows Server 2012 数据中心版提供完整的 Windows Server 功能，不限制虚拟主机数量。

(2) Windows Server 2012 标准版提供完整的 Windows Server 功能，不过限制使用两台虚拟主机。

(3) Windows Server 2012 Essentials 版本是面向中小企业提供的，用户限定在 25 位以内。该版本简化了界面，预先配置了云服务连接，不支持虚拟化。

(4) Windows Server 2012 Foundation 版本仅提供给 OEM 厂商，限定用户 15 位，提供通用服务器功能，不支持虚拟化。

Windows Server 2012 四个版本对于硬件设备分别有各自不同的最低要求。其中，Foundation 版本推荐采用至强 E3-1240 v2 处理器，至少 16 GB 内存，128 GB SSD(固态硬盘)或以上(可以 SSD + HDD)；Essentials 版本推荐采用至强 E3-1270 v2 处理器、至少 32 GB 内存、240 GB SSD 或以上；Standard 版本推荐双核的至强 E5-2620 处理器，至少 64 GB 内存、480 GB SSD 或以上；Datacenter 版本推荐双核至强 E5-2690 处理器，至少 256 GB DDR3 内存，至少 480 GB SSD。

3.1.2 Windows Server 2012 的十大特征

1. SMB 3.0

Windows Server 2012 R2 中 SMB 3.0 的新增功能包括：自动重新平衡横向扩展文件服务器客户端、作为来宾群集共享存储的 VHDX 文件、通过 SMB 进行 Hyper-V 实时迁移、改进 SMB 带宽管理和支持一个横向扩展文件服务器上的多个 SMB 实例等。自动重新平衡横向扩展文件服务器客户端功能改进了横向扩展文件服务器的可伸缩性和可管理性，将按照每个文件共享(而不是每个服务器)跟踪 SMB 客户端连接，然后将客户端重定向到群集节点，并让用户最方便地访问文件共享使用的卷。这样便会减少文件服务器节点之间的重定向流量，从而提高效率；使用虚拟机内共享存储的共享 VHDX 文件简化来宾群集的创建，可将此功能与群集共享卷(CSV)或 SMB 横向扩展文件共享中存储的 VHDX 文件一起使用；可使用 SMB 3.0 作为传输来执行虚拟机实时迁移，从而以较低的 CPU 使用率提供高速迁移；SMB3.0 可配置 SMB 带宽限制，以控制不同的 SMB 流量类型；在横向扩展文件服务器中的每个群集节点上专门为 CSV 流量提供一个附加的实例。默认实例可以处理从访问常规文件共享的 SMB 客户端传入的流量。

2. NFS 4.1

微软的 NFS 4.1 服务器是很好的代码。它提供了异构环境一个巨大的存储系统，支持并行存储。在以前的协议中，客户端直接与服务器连接，将数据直接传输到服务器中。当客户端数量较少时这种方式没有问题，但是如果大量的客户端要访问数据时，NFS 服务器很快就会成为一个瓶颈，抑制系统的性能。NFSv4.1 支持并行存储，服务器由一台元数据服务器(MDS)和多台数据服务器(DS)构成，元数据服务器只管理文件在磁盘中的布局，而数据传输在客户端和数据服务器之间直接进行。由于系统中包含多台数据服务器，因此数据可以以并行方式访问，导致系统吞吐量迅速提升。

3. iSCSI

iSCSI(Internet Small Computer System Interface，Internet 小型计算机系统接口)目标服务器允许从存储在中央位置的一个操作系统映像通过网络启动多台计算机。 这样可提高效率、可管理性、可用性以及安全性。iSCSI 目标服务器可以使用单个操作系统映像启动数百台计算机。可以使用 iSCSI 目标服务器的其他方案包括：

(1) 某些服务器应用程序需要块存储，而 iSCSI 目标服务器可为这些应用程序提供持续可用的块存储。由于此存储可远程访问，因此它还能为总部和分支机构位置整合块存储。

(2) iSCSI 目标服务器支持非 Microsoft iSCSI 发起程序，从而便于在混合的异构软件环境中的服务器上共享存储。

(3) 启用 iSCSI 目标服务器后，运行 Windows Server 操作系统的计算机将成为可通过网络访问的块存储设备。这对于在存储区域网络(SAN)中进行部署之前测试应用程序非常有用。

在 Windows Storage Server 2008 中，微软首次让 iSCSI 目标服务器可用，它是 Server 2008 R2 的一个可选项，可以从微软的网站下载到。现在，它作为一个核心组件，被集成到 Windows Server 2012。

4. Hyper-V 副本

Hyper-V 副本(Hyper-V Replica)是一项设计用以不断复制虚拟机到备份群集的存储技术。它确保快照不超过 15 分钟，关键虚拟机在任何网络连接上都是可用的，包括互联网。它全面复制初始快照， 而后只发送有变化的块，并且完全支持虚拟机的版本控制。

5. Hyper-V 3.0

Windows Server 2012 中的 Hyper-V3.0 具有高可扩展性、没有数量限制的并发实时迁移、实时存储迁移和新的虚拟磁盘格式、VHDX 支持 16T 的存储空间等特征。Hyper-V 3.0 的主机支持多达 160 个逻辑处理器和高达 2 TB 的 RAM。在虚拟机端的 Hyper-V 3.0 的 Guest 每台 VM 将支持多达 32 个虚拟 CPU，高达 512 GB 的内存，包括为 Guest NUMA 子虚拟机的处理器和内存与 Hyper-V 主机资源的支持。NUMA 支持是很重要的，确保了主机处理器的数目增加的可伸缩性增加。

6. 重复数据删除

Windows Server 2012 的"重复数据删除"包括发现并删除数据内的重复信息而不损失数据的精确性或完整性的操作。其目标是通过将文件分割成小的(32～128 KB)且可变大小的区块、确定重复的区块，然后保持每个区块一个副本在更小的空间中存储更多的数据。使用单个副本的引用替换了区块的冗余副本，区块被分为容器文件，并且容器已被压缩实现进一步的空间优化。

7. 群集共享卷

Windows Server 2012 的群集共享卷(CSV，Cluster Shared Volumes)正式支持使用超越了为 Hyper-V 托管的虚拟硬盘。现在，可以根据合适的最佳实践文档的指导，推出高度可用的多节点复制的存储集群。

8. Direct Access

Direct Access 称为直接访问,是 Windows 7(企业版或者更高级版本)和 Windows Server 2012 R2 中的一项新功能。凭借这个功能,外网的用户可以在不需要建立 VPN 连接的情况下,高速、安全的从 Internet 直接访问公司防火墙之后的资源。但在以前的 Windows 版本中执行不力,Windows Server 2012 使得它更为易用,以 SSL 作为默认的配置,IPSec 作为一个选项。

9. Power Shell 3.0

Windows Server 2012 默认的 Power Shell 版本就是 Power Shell 3.0。它真正的美妙之处在于既不是图形用户界面,也不是命令行界面,而是两者均有兼顾。在 Power Shell 3.0 中,引入了一些相当重要的新功能:更好的远程管理,能够断开远程会话,稍后能从同个或不同的计算机重新连接到相同的会话;新的工作流的构建能写入与功能类似的东西,使用 Power Shell 翻译命令和脚本代码到 Windows 工作流技术 WWF 进程中,是编排长期运行的、复杂的、多步骤任务的更有效可靠的一种方式;可更新的帮助即为帮助文件能按需更新,从人们喜欢的任何微软服务器都可以下载到新的 XML 文件;预定任务即新型 job 能被创建并按计划运行,或者响应某个时间;在搜索命令时,更好地发现包括所有安装模块的所有命令,如果想运行没有装载的命令,shell 会在幕后暗暗装载,不过仅限于那些存储在列于 PSModulePath 环境变量中的文件路径中的模块。

10. IIS 8.0

IIS 8.0 支持脚本预编译,有精确的流程限制、SNI 支持和集中的证书管理,以及登录限制功能的 FTP 服务器。IIS 8.0 在 Windows Server 2012 操作系统上物有所值。

3.2 域与活动目录

3.2.1 活动目录

在 Windows Server 2008 和 Windows Server 2012 系统中,经常会提到一个概念就是活动目录。要构建 Windows Server 2012 域,就必须了解活动目录的概念,因为域与活动目录是密不可分的。

那么,什么是活动目录呢?简单地说,活动目录就是 Windows 网络中的目录服务。所谓目录服务,实际上包含两层含义:一是活动目录是一个目录,二是活动目录是一种服务。

这里所说的目录不是一个普通的文件目录,而是一个目录数据库,它存储着整个 Windows 网络的用户账号、组、打印机、共享文件夹等对象的相关数据。目录数据库使整个 Windows 网络的配置信息集中存储,使管理员在管理网络时可以集中管理而不是分散管理。

总之,活动目录是一种服务,是指目录数据库所存储的信息都是经过事先整理的信息。这使得用户可以非常方便、快速地找到他所需要的数据,也可以方便地对活动目录中的数据执行添加、删除、修改、查询等操作。所以说，活动目录更是一种服务。

3.2.2　域和域控制器

域是在 Windows(包括 Windows NT/2000/2003/2008/2012)网络环境中组建客户机/服务器网络的实现方式。所谓域，是指由网络管理员定义的一组计算机的集合，实际上就是一个网络。在这个网络中，至少有一台称为域控制器的计算机充当服务器的角色。

在域控制器中保存着整个网络的用户账号及目录数据库，即活动目录。管理员可以通过修改活动目录的配置来实现对网络的管理和控制。如管理员可以在活动目录中为每个用户创建域用户账号，使他们可登录域并访问域的资源。同时，管理员也可以控制所有网络用户的行为，如控制用户能否登录、在什么时间登录、登录后能执行哪些操作等。而域中的客户计算机要访问域的资源，则必须先加入域，并通过管理员为其创建的域用户账号(即管理员在域控制器中创建的账号)登录域，才能访问域的资源。同时，也必须接受管理员的控制和管理。构建域后，管理员可以对整个网络实施集中控制和管理。域模式的网络如图3-1 所示。

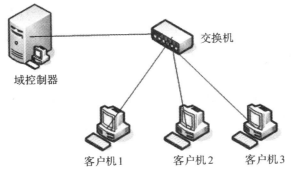

图 3-1　域模式的网络

3.2.3　域目录树

当需要配置一个包含多个域的网络时，应该将网络配置成域目录树结构。域目录树是一种树型结构，如图 3-2 所示。在图 3-2 所示的域目录树中，最上层的域名为 root.com，是这个域目录树的根域，也称为父域，下面的两个域 a.root.com 和 b.root.com 域是子域，这 3 个域共同构成了这个域目录树。

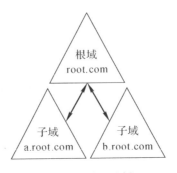

图 3-2　域目录树

活动目录的域名仍然采用 DNS 域名的命名规则进行命名。如在图 3-2 所示的域目录树中，两个子域的域名 a.root.com 和 b.root.com 中仍包含父域的域名 root.com。因此，它们的名称空间是连续的，这也是判断两个域是否属于同一个域目录树的重要条件。

在整个域目录树中，所有域共享同一个活动目录，即整个域目录树中只有一个活动目录。只不过这个活动目录分散地存储在不同域中(每个域只负责存储和本域有关的数据)，整体上形成一个大的分布式的活动目录数据库。在配置一个较大规模的企业网时，可以配置为域目录树结构，比如将企业总部的网络配置为根域，各分支机构的网络配置为子域，整体上形成一个域目录树，以实现集中管理。

3.2.4 域目录林

如果网络的规模比前面提到的域目录树还要大，甚至包含了多个域目录树，这时可以将网络配置为域目录林(也称为森林)结构。域目录林由一个或多个域目录树组成。域目录林中的每个域目录树都有唯一的命名空间，它们之间并不是连续的。

在整个域目录林中也存在着一个根域，这个根域是域目录林中最先安装的域。比如在图 3-3 中，root.com 是最先安装的，则这个域是域目录林的根域。最后需要指出的是，在创建域目录林时，组成域目录林的两个域目录树的树根之间会自动创建双向的、传递的信任关系。由于有了双向的信任关系，使域目录林中的每个域中的用户都可以访问其他域的资源，也可以从其他域登录到本域中。

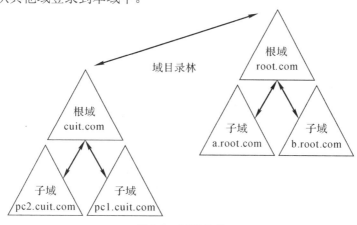

图 3-3 域目录林

3.2.5 信任关系

信任关系是网络中不同域之间的一种内在联系。只有在两个域之间创建了信任关系，这两个域才可以相互访问。在通过 Windows Server 2008 系统创建域目录树和域目录林时，域目录树的根域和子域之间，域目录林的不同树根之间都会自动创建双向的、传递的信任关系，有了信任关系，使根域与子域之间、域目录林中的不同树之间可以相互访问，并可以从其他域登录到本域。

如果希望两个无关域之间可以相互访问或从对方域登录到自己所在的域，也可以手工创建域之间的信任关系。比如在一个 Windows NT 域和一个 Windows Server 2003/2008 域之间手工创建信任关系后，就可以使两个域相互访问。

3.3　用户和组管理

用户账户可用于身份验证、授权或拒绝对资源的访问以及审核网络中各个用户的操作。组账户是可用来同时为多个用户指派一组权限的用户账户集合。组中可以包含联系人、计算机和其他组。可以在 Active Directory 中创建用户账户和组账户来管理域用户，也可以在本地计算机上创建用户账户和组账户以管理特定于该计算机的用户。

3.3.1　用户账户的类型

一个用户账户包含一个用户名和密码，用于登录一台本地计算机或一个域。在活动目录(AD)中，一个用户账户还可以包含用户全名、电子邮件地址、电话号码、所在部门和家庭住址。因此，根据用户账户的使用范围分，可将其分为本地用户账户和域用户账户。

本地账户为本地计算机用户提供登录能力，以及使远程用户可以访问一台计算机上的资源。例如，某些用户可能需要访问一台服务器上的数据，则他们将使用一个本地用户账户登录那台机器。

然而，一个大型组织网络中的大多数用户账户是域账户，它提供整个域的登录权利和许可。用户可以使用一个域账户从任何工作站登录这个域，除非这个域账户禁止它们这样做。用户登录后，会从这个域账户收到访问网络资源的明确许可。

但是，不只用户拥有域账户。在一个域中，账户代表一个物理实体，可以是一台计算机、一个人或一个组。用户账户、计算机账户和组账户都是安全主体——自动接收安全标识号(SID)的目录对象，它们依次决定对域中资源的访问权限。

域账户的两个最重要的功能是验证用户身份以及授权或禁止对域中资源的访问。经过验证后，用户就能以该域认可的身份登录计算机或域。域基于用户通过一个或多个域组成员取得的许可来授权或禁止对域资源的访问。

本地(域)账户又可分为系统内建本地(域)账户和创建本地(域)账户。当安装完 Windows 操作系统或创建一个域的时候，Windows 会自动创建几个用户账户，该用户账户就是系统内建本地(域)账户。在 Windows Server 2012 中，内建账户就是管理员账户(Administrator)和来宾账户(Guest)。而创建本地(域)账户就是系统运行后新建的本地(域)账户。

(1) Administrator 账户拥有对本机(域)上所有资源的完全控制(Full Contro1)许可，可以赋予所有用户许可。缺省情况下，Administrator 账户是下列组的成员：管理员组(Administrators)、域管理员组(Domain Admins)、域用户组(Domain Users)、企业管理员组(Enterprise Admins)、组策略创建所有者组(GroupPolicy CreatorOwners)、架构管理员组(Schema Admins)。

一般管理员通过重命名或禁用 Administrator 账户的方式使得恶意用户更难取得本机(域控制器)的访问权。可以使用与 Administrator 账户具有相同组成员身份的用户账户进行管理员登录，这样也有足够的权利管理计算机(域)。如果禁用了 Administrator 账户，通过以安全模式启动本机(域控制器)，仍然可以使用 Administrator 账户访问本机(域控制器)，管理员账户在安全模式下一直有效。

(2) Guest 账户使得没有账户的人可以登录本机(域)。另外，账户被禁用的用户也可以使用 Guest 账户登录。Guest 账户不需要密码，但也可以像其他用户账户一样为这个账户设置许可。Guest 账户是来宾组(Guests)和域来宾组(Domain Guests)的成员。很显然，让没有真实账户的任何人登录计算机(域)是非常危险的，因此大多数管理员不用这个账户。实际上，在 Windows Server 2012 中，Guest 账户缺省情况下是被禁用的。除非有很充分的理由使用这个账户，否则最好不启用 Guest 账户。

(3) 域管理员账户包含首次安装 Active Directory 时创建和使用的内置域管理员账户。它还包含以后创建并添加到内置本地 Administrators 组、Domain Admins 或 Enterprise Admins 组中的任何其他用户账户。这些组的成员具有域的完全且不受限制的访问权限，而对于 Enterprise Admins 组而言，则为整个域的完全且不受限制的访问权限。

3.3.2　创建和管理本地用户账户

在 Windows Server 2012 中，通过"计算机管理"工具管理本地用户账户。用户以本地计算机 Power Users 组或 Administrators 组的成员，或者是被委派了适当的权限用户登录计算机时，可以执行创建和管理本地用户账户的相关操作。

1. 创建本地用户账户

创建一个本地账户，执行下列操作：

(1) 单击"开始"→"管理工具"→"计算机管理"，即打开如图 3-4 所示的计算机管理对话框。

图 3-4　计算机管理对话框

(2) 在控制台树中，单击"本地用户和组"打开"用户"。在"操作"菜单上单击"新用户"，打开如图 3-5 所示的新用户对话框。

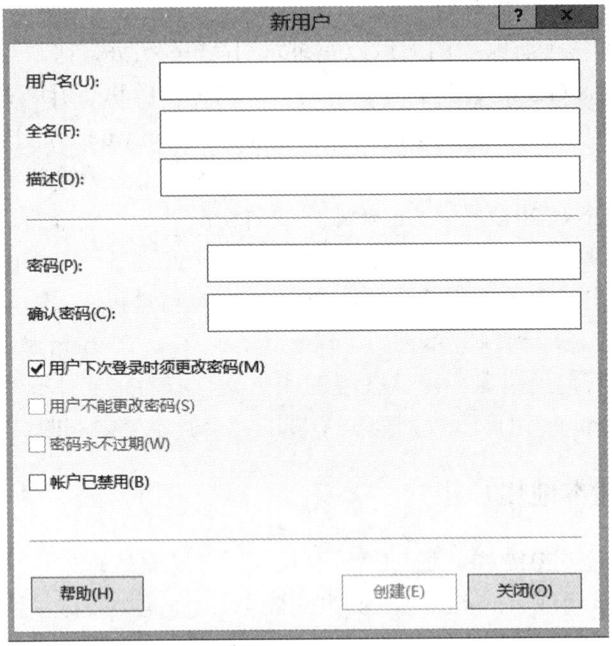

图 3-5　新用户对话框

(3) 在对话框中键入相应信息,选中或清除复选框"用户下次登录时须更改密码"、"用户不能更改密码"、"密码永不过期"、"账户已停用"。

(4) 单击"创建"按钮,然后单击"关闭"按钮即可创建一个本地用户账户。

2. 管理本地用户账户

对于一个已经创建了的本地用户账户,可以对其实施重设密码、重命名、删除、禁用和激活该用户账户等相关操作进行管理。

(1) 重设用户账户密码。打开如图 3-4 所示的计算机管理对话框;单击控制台树中的"用户";右键单击要为其重置密码的用户账户,然后单击"设置密码";阅读警告消息,如果要继续,请单击"继续"按钮;在"新密码"和"确认密码"中,键入新密码,然后单击"确定"按钮即可。

(2) 重命名用户账户。打开如图 3-4 所示的计算机管理对话框;单击控制台树中的"用户";右键单击要为其重命名的用户账户,然后单击"重命名";键入新的用户名,单击 Enter 键即可。

(3) 删除用户账户。打开如图 3-4 所示的计算机管理对话框;单击控制台树中的"用户";右键单击要删除的用户账户,然后单击"删除"即可。

(4) 禁用或激活用户账户。打开如图 3-4 所示的计算机管理对话框;单击控制台树中的"用户";右键单击要更改的用户账户,然后单击"属性";如果要禁用/激活所选的用户账户,请选中或取消"账户已禁用"复选框。

3.2.3　创建和管理域用户账户

在 Windows Server 2012 中,通过 Active Directory 可以管理域用户账户。用户必须

以 Active Directory 中 Account Operators 组、Domain Admins 组或 Enterprise Admins 组的成员，或者被委派了适当的权限的域账户登录域，可以执行创建和管理域用户账户的相关操作。

1. 创建域用户账户

打开 Active Directory 用户和计算机；在控制台树中，右键单击要在其中添加用户账户的文件夹；指向"新建"，然后单击"User"；在"名"文本框中键入用户的名字；在"英文缩写"文本框中键入用户的姓名缩写；在"姓"文本框中键入用户的姓氏；修改"姓名"以添加中间名或反序的名字和姓氏；在"用户登录名"中，键入用户登录名称，单击下拉列表中的 UPN 后缀，然后单击"下一步"；如果用户使用不同的名称从运行 Windows 98、Windows 95、Windows NT 的计算机登录，请将显示在"用户登录名(Windows 2000 以前版本)"中的用户登录名改成其他名称；在"密码"和"确认密码"中，键入用户的密码，然后选择适当的密码选项。

2. 管理域用户账户

对于一个已经创建了的域用户账户，可以对其实施重设密码、删除、禁用和启用该用户账户等相关操作进行管理。

(1) 重设密码。打开 Active Directory 用户和计算机；在控制台树中单击"Users"；在详细信息窗格中右键单击要重置其密码的用户，然后单击"重设密码"；键入并确认密码；如果想让用户在下次登录时更改该密码，请选中"用户下次登录时须更改密码"复选框。

(2) 删除。打开 Active Directory 用户和计算机；在控制台树中单击"Users"；在详细信息窗格中右键单击该用户账户，然后单击"删除"。

(3) 禁用和启用该用户账户。打开 Active Directory 用户和计算机；在控制台树中单击"Users"；在详细信息窗格中右键单击该用户；根据账户的状态，执行禁用或启用账户操作。

3.3.4　组的类型

除用户账户外，Windows 系统还提供组账户。可使用组账户对同类用户授予权限并简化账户管理。如果用户是可访问某个资源的一个组中的成员，则该特定用户也可访问这一资源。因此，若要使某个用户能访问各种工作相关的资源，只需将该用户加入正确的组。注意，虽然可通过用户账户登录计算机，但不能通过组账户登录计算机。根据组账户的使用范围分，可将其分为本地组账户和域组。

本地组账户为一种安全组，只被赋予了对创建该组的计算机上的资源的权利和权限，可以拥有任意用户账户。然而，一个大型组织网络中的大多数组账户都是域组账户，可以使用这些域组账户帮助控制对共享资源的访问，并委派特定的域范围的管理组。

本地(域)组账户又可分为系统内建本地(域)组账户和创建本地(域)组账户。当安装完Windows 操作系统或创建一个域的时候，Windows 会自动创建一些本地(域)组账户，该组账户就是系统内建本地(域)组账户。在 Windows Server 2012 中，内建组账户有 Administrators 组账户、Guests 组账户、Remote Desktop Users 组账户、Network Configuration Operators 组账户、Users 组账户等。而创建本地(域)组账户就是系统运行后新建的本地(域)组账户。

(1) Administrators 组账户：该组的成员具有对服务器(域中所有域控制器)的完全控制权限，并且可以根据需要向用户指派用户权利和访问控制权限。管理员账户也是默认成员。当该服务器加入域中时，Domain Admins 组会自动添加到该组中。由于该组可以完全控制服务器，所以向该组添加用户时需谨慎。

(2) Guests 组账户：该组的成员拥有一个在登录时创建的临时配置文件，在注销时该配置文件将被删除。来宾账户(默认情况下已禁用)也是该组的默认成员。

(3) Remote Desktop Users 组账户：该组的成员可以远程登录服务器(域控制器)。

(4) Network Configuration Operators 组账户：该组的成员可以更改 TCP/IP 设置并更新和发布 TCP/IP 地址。该组中没有默认的成员。

(5) Users 组账户：该组的成员可以执行一些常见任务，例如运行应用程序、使用本地和网络打印机以及锁定服务器。用户不能共享目录或创建本地打印机。

3.3.5   创建和管理本地组

在 Windows Server 2012 中，通过"计算机管理"工具管理本地组。用户以本地计算机 Power Users 组或 Administrators 组的成员，或者是被委派了适当的权限用户登录计算机，可以执行创建和管理本地组的相关操作。

1. 创建本地组

打开如图 3-4 所示的计算机管理对话框；单击控制台树中的"组"；单击"操作"菜单上的"新建组"；在"组名"中键入新组的名称；在"描述"框中键入新组的说明；要向新组添加一个或多个成员，请单击"添加"。在"选择用户、计算机或组"对话框中，执行以下操作：

(1) 要向该组添加用户或组账户，需在"输入对象名称来选择"下键入要添加的用户账户或组账户的名称，然后单击"确定"。

(2) 要向该组添加计算机账户，需单击"对象类型"，选中"计算机"复选框，然后单击"确定"。在"输入对象名称来选择"下，键入要添加的计算机账户的名称，然后单击"确定"。

在"新建组"对话框中，依次单击"创建"和"关闭"即可。

2. 管理本地组   .

对于一个已经创建了的本地组，可以对其实施为本地组添加成员、标识本地组的成员和删除本地组等相关操作进行管理。

(1) 为本地组添加成员。打开如图 3-4 所示的计算机管理对话框；单击控制台树中的"组"；右键单击要在其中添加成员的组，然后依次单击"添加到组"和"添加"。在"选择用户、计算机或组"对话框中，执行以下操作：要向该组添加用户账户或组账户，需在"输入对象名称来选择"下键入要添加到组的用户账户或组账户的名称，然后单击"确定"；要向该组添加计算机账户，需单击"对象类型"，选中"计算机"复选框，然后单击"确定"。在"输入对象名称来选择"下键入要添加到组的计算机账户的名称，然后单击"确定"。

(2) 删除本地组。打开如图 3-4 所示的计算机管理对话框；单击控制台树中的"组"；右键单击要删除的组，然后单击"删除"。

3.3.6　创建和管理域中的组

在 Windows Server 2012 中，通过 Active Directory 可以管理域组账户。用户必须以 Active Directory 中 Account Operators 组、Domain Admins 组或 Enterprise Admins 组的成员，或者被委派了适当的权限的域账户登录域，可以执行创建和管理域组账户的相关操作。

1. 创建域组账户

打开"Active Directory 用户和计算机"插件，然后展开 Active Directory 内的正确的域（如果存在一个以上的域）；指向"新建"，然后单击"Group"；键入新组的名称，在默认情况下，输入的名称还将作为新组的 Windows 2000 以前版本的名称；在"组作用域"中，单击某个选项；在"组类型"中，单击某个选项即可完成一个新域组账户的创建。

2. 管理域组账户

对于一个已经创建了的域组账户，可以对其实施为域组账户添加成员和将组转换为另一种组类型等的相关操作进行管理。

(1) 为域组账户添加成员。打开 Active Directory 用户和计算机；在控制台树中单击某个文件夹，该文件夹包含要在其中添加成员的组；右键单击详细信息窗格中的组，然后单击"属性"；在"成员"选项卡上，单击"添加"；在"输入对象名称来选择"中键入要添加到组的用户、组或计算机的名称，然后单击"确定"即可。

(2) 将组转换为另一种组类型。打开 Active Directory 用户和计算机；在控制台树中单击包含要转换为另一种组类型的组的文件夹；右键单击详细信息窗格中的组，然后单击"属性"；在"常规"选项卡的"组类型"中单击组类型。

3.4　添加或删除服务组件

在 Windows Server 2012 中"添加/删除 windows 组件"没有了，取而代之的是通过服务器管理器里面的"角色和功能"实现。在 Windows Server 2012 中，通过"角色和功能"工具管理计算机上的程序。使用此工具，可以添加新的程序或更改、删除现有的一些服务组件。

服务器角色指的是服务器的主要功能。管理员可以选择整个计算机专用于一个服务器角色，或在单台计算机上安装多个服务器角色。每个角色可以包括一个或多个角色服务。比如，DNS 服务器就是一个角色，而功能则提供对服务器的辅助或支持。

以"Administrator"或"Administrators"组成员的身份登录计算机。单击"开始"，指向"管理工具"，然后单击"服务器管理"，打开如图 3-6 所示的服务器管理对话框，在右侧"任务"的下拉列表中选择"添加角色和功能"，进入添加角色和功能向导，首先是安装前的信息确认，如管理员账户使用的是否是强密码、静态 IP 地址等网络配置是否完成、是否从安装最新的安全更新等，如果上述任务都已完成，单击"下一步"；选择安装类型，可以为基于角色或基于功能的安装或远程桌面服务安装，完成安装类型选择后，点击"下一步"；选择要安装角色和功能的服务器或虚拟硬盘后，单击"下一步"；出现如图 3-7 所示的服务器角色选择对话框，要添加相应的服务，则单击该服务组件对应的复选框，将其选中，单击"下一步"；出现如图 3-8 所示的服务器功能选择对话框，进行该组件的功能选择，功能选择完成后单击"下一步"；安装信息确认，一旦确认，单击"安装"系统将自动完成服务组件的配置安装；配置结束，单击"完成"即可完成服务组件的安装。

图 3-6　服务器管理对话框

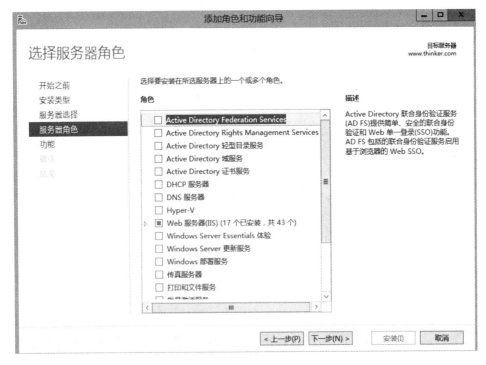

图 3-7　服务器角色

图 3-8　服务器功能

3.5　配置网络连接

"网络连接"为计算机与 Internet、网络或另一台计算机之间提供了连接能力。通过"网络连接"，无论物理上位于网络所在的位置还是在远程位置，都可以访问网络资源和功能。一般情况下，运行 Windows Server 2012 可创建本地连接、使用电话线连接到网络、连接到 Internet 服务提供商(ISP)等。

1. 创建本地连接

当启动计算机时，系统将检测网络适配器，本地连接将自动启动。与其他类型的连接不同，本地连接是自动创建的，而且不需要单击本地连接就可以启动它。

一旦运行本地连接，就可以选择禁用它，只需执行下列操作：打开如图 3-9 所示的网络连接对话框；右键单击要禁用的"本地连接"；单击"禁用"即可。

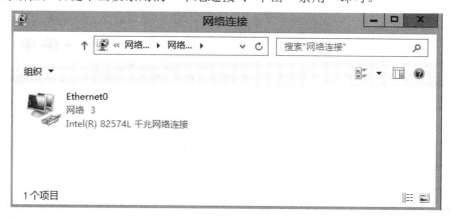

图 3-9　网络连接

如果需要启用已禁用的"本地连接"，则执行以下操作：右键单击现在要启用的已禁用"本地连接"；单击"启用"即可。如果要修改本地连接参数，右键单击"本地连接"；选择"属性"即可。

2．设置网络连接

打开如图 3-10 所示的"网络和共享中心"，选择"设置网络连接"，根据要连接的网络情况，可选择"连接到 Internet"或"连接到工作区"。

(1) 单击"连接到 Internet"，单击"宽带(PPPoE)"，在"用户名"中键入 ISP 指派的账户名。在"密码"和"确认密码"中，键入账户名的密码，然后单击"连接"即可。

(2) 单击"连接到工作区"可实现 VPN 拨号的设置。

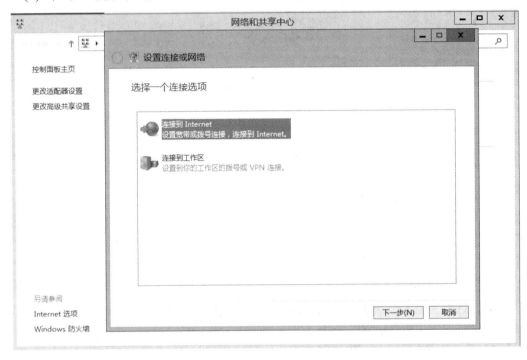

图 3-10　设置网络连接

3.6　NTFS 文件系统

计算机的硬盘在保存文件之前必须先将硬盘分区并格式化，否则硬盘是不能保存文件的。在对硬盘进行格式化时，可以将硬盘格式化为不同的文件系统，如 FAT 文件系统、FAT32 文件系统、NTFS 文件系统等，但不同文件系统所能提供的功能和安全性是不一样的。其中 FAT 文件系统是在 DOS 和 Windows 95 时代使用的文件系统。这种文件系统的磁盘利用率不高，而且分区不能超过 2 GB，不适合管理大硬盘。FAT32 文件系统的磁盘利用率有很大提高，而且也支持大分区，是目前单机用户经常使用的文件系统。

相对于 FAT 和 FAT32 文件系统来说，NTFS 增加了许多新功能，可以更好地保护文件资源，提高文件资源的安全性。概括起来，NTFS 文件系统提供了以下新功能：

(1) 可以对单个文件设置权限，而不仅仅是对文件夹设置权限。

(2) 提供了文件加密功能，增强了文件安全性。

(3) 提供了文件压缩功能，节省了磁盘空间。

(4) 提供了磁盘配额功能，可以监视和控制单个用户使用的磁盘空间的数量。

3.6.1　设置 NTFS 权限

NTFS 权限是管理员应用于访问控制项(ACE)的设置，用于管理对 NTFS 文件系统下的文件和文件夹的访问。文件和文件夹权限如表 3-1 所示。

表 3-1　NTFS 权限

特殊权限	完全控制	修改	读取及执行	列出文件夹内容 (仅文件夹)	读取	写入
遍历文件夹/执行文件	×	×	×	×		
列出文件夹/读取数据	×	×	×	×	×	
读取属性	×	×	×	×	×	
读取扩展属性	×	×	×	×	×	
创建文件/写入数据	×	×				×
创建文件夹/附加数据	×	×				×
写入属性	×	×				×
写入扩展属性	×	×				×
删除子文件夹及文件	×					
删除	×	×				
读取权限	×	×	×	×	×	×
更改权限	×					
取得所有权	×	×	×	×		
同步	×	×	×	×	×	

由表 3-1 可以看出，无论使用什么权限的保护文件，被授予对文件夹的"完全控制"权限的组或用户都可删除该文件夹中的任何文件。在表 3-1 中，尽管"列出文件夹内容"和"读取及执行"看起来有相同的特殊权限，但是这些权限在继承时却有所不同。"列出文件夹内容"可以被文件夹继承而不能被文件继承，并且它只在查看文件夹权限时才会显示。"读取及执行"可以被文件和文件夹继承，并且在查看文件和文件夹权限时始终会出现。

当创建文件或文件夹后，Windows 会向该对象分配默认权限。如果要为该文件夹或文件重新设置 NTFS 权限，则需执行下列操作：

(1) 右键单击要为其设置权限的文件或文件夹，单击"属性"打开文件或文件夹的属性对话框；单击"安全"选项卡。

(2) 单击"编辑"，打开如图 3-11 所示的文件夹权限对话框。

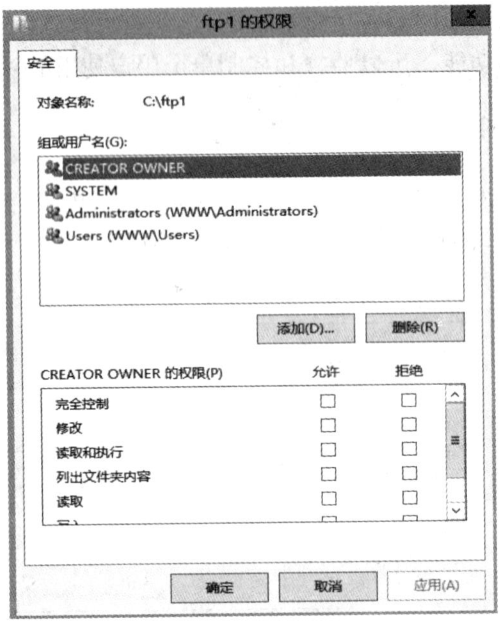

图 3-11　文件夹权限对话框

(3) 执行以下操作之一：

· 若要设置未显示在"组或用户名称"框中的组或用户的权限，则单击"添加"。键入要为其设置权限的组或用户的名称，然后单击"确定"。

· 若要更改或删除现有组或用户的权限，则单击该组或用户的名称。

(4) 执行以下操作之一：

· 若要允许或拒绝权限，则在"<用户或组>的权限"框中选择"允许"或"拒绝"复选框。

· 若要从"组名或用户名"框中删除用户或组，则单击"删除"。

3.6.2　设置文件压缩

文件压缩可以减小其大小，并可减少它们在驱动器或可移动存储设备上所占用的空间。驱动器压缩可以减小存储在该驱动器上的文件和文件夹所占用的空间。Windows Server 2012 支持两种压缩类型：NTFS 压缩和使用压缩(Zipped)文件夹功能的压缩。下面主要介绍 NTFS 压缩。

NTFS 压缩可以压缩各个文件、文件夹、整个 NTFS 驱动器或压缩一个文件夹而不压缩其中的内容。一旦文件被压缩后，当系统打开这个压缩文件时，会自动将其解压缩；当关闭这个文件时，又会将其重新压缩。在对文件进行 NTFS 压缩以前，先确定要压缩的文件所占用的驱动器是否是 NTFS 驱动器，如果不是，只有将其驱动器格式变成 NTFS 格式才能实现压缩。

鼠标右键单击要压缩的文件或文件夹，然后单击"属性"打开要压缩的文件属性对话框；单击"常规"选项卡上的"高级"，则会打开如图 3-12 所示的高级属性对话框；选中

"压缩内容以便节省磁盘空间"复选框，然后单击"确定"即可完成压缩。压缩后，再查看文件属性，可看见该文件所占用的驱动器空间明显减小。

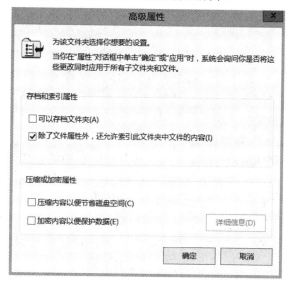

图 3-12　高级属性对话框

3.6.3　设置文件加密

在 Windows Server 2012 中，使用加密文件系统 (EFS)安全地存储数据。EFS 通过在选定的 NTFS 文件系统文件和文件夹中加密数据来达到这一目的。由于 EFS 与文件系统集成在一起，所以它易于管理、难以被攻击而且对用户完全透明。但它不能在 FAT 卷上进行加密和解密；不能加密压缩的文件或文件夹；无法加密标记为"系统"属性的文件；并且无法加密 systemroot 文件夹中的文件。

当用户指定某文件进行加密，对用户来讲，实际的数据加密和解密过程是完全透明的。用户并不需要理解这个过程，但对管理员来说，以下关于数据如何被加密和解密的解释是十分有用的。每个文件都有一个唯一的文件加密密钥，用于以后对文件数据进行解密。文件的加密密钥本身是自加密的，它通过与用户的 EFS 证书对应的公钥进行保护。文件加密密钥同时也被其他每个已被授权解密该文件的 EFS 用户的公钥和每个故障恢复代理的公钥所保护。

文件的加密步骤：右键单击要加密的文件或文件夹，然后单击"属性"；在"常规"选项卡上单击"高级"打开如图 3-12 所示的高级属性对话框；选中"加密内容以便保护数据"复选框，然后单击"确定"。

只加密所选文件，点击"确定"按钮即可完成加密。加密文件夹及其父文件夹，则该父文件夹的所有文件和子文件夹中的所有文件在添加时都将被加密。

3.6.4　设置磁盘配额

磁盘配额监视个人用户的 NTFS 卷使用情况，因此每个用户对磁盘空间的利用都不会影响同一卷上的其他用户的磁盘配额。例如，如果卷 F 的配额限制是 500 MB，而用户已在卷 F 中保存了 500 MB 的文件，那么该用户必须首先从中删除或移动某些现有文件之后才可以将其他数据写入卷中。然而，只要有足够的空间，其他每个用户就可以在该卷中保存最多 500 MB 的文件。

　　磁盘配额是以文件所有权为基础的，并且不受卷中用户文件的文件夹位置的限制。例如，如果用户把文件从一个文件夹移到相同卷上的其他文件夹，则卷空间使用不变。但是，如果用户将文件复制到相同卷上的不同文件夹中，则卷空间使用将加倍。或者，如果另一个用户创建了 200 KB 的文件，而且取得了该文件的所有权，那么此用户的磁盘使用将减少 200 KB，而您的磁盘使用将增加 200 KB。

　　如果使用磁盘配额来监视和限制 NTFS 卷中磁盘空间的使用，首先必须以本地计算机 Administrators 组的成员或者必须被委派适当的权限的用户登录计算机，并确认要磁盘配额的卷采用的是 NTFS 文件系统。具体的操作步骤如下：

　　(1) 打开"我的电脑"，右键单击要启用磁盘配额的磁盘卷，然后单击"属性"，在"属性"对话框中，单击"配额"选项卡打开如图 3-13 所示的磁盘配额选项卡。在"配额"选项卡中勾选"启用配额管理"复选框即可启用磁盘配额。

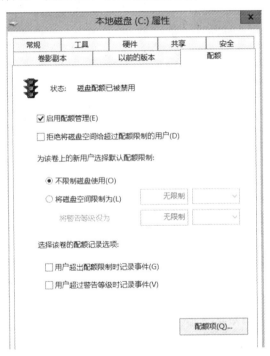

图 3-13　磁盘配额选项卡

　　(2) 为该卷上的新用户设置默认配额限制，并选择该卷的配额记录选项，单击"确定"即可完成启用磁盘配额的操作。

　　拒绝将磁盘空间给超过配额限制的用户：超过其配额限制的用户将收到来自 Windows 的"磁盘空间不足"的错误信息，并且在没有从中删除和移动一些现存文件的情况下，无法将额外的数据写入卷中。

　　用户超过警告等级时记录事件：当用户超过了指定的磁盘空间警告级别(也就是用户接

近其配额限制的点)时记录事件。

3.7　服务启停管理

服务是执行指定系统功能的程序、例程或进程，以便支持其他程序，尤其是低级(接近硬件)程序。在 Windows Server 2012 中，通过服务工具管理计算机上的服务。使用此工具，可以将服务配置为自动、手动或已禁用。

自动服务将在操作系统启动时自动启动。可通过使用服务管理单元来手动启动服务。手动服务也可以由相关操作系统服务、系统设备驱动程序或依赖于手动服务的用户界面中的某个操作来启动。例如，电话服务和远程访问连接管理器服务在默认情况下将被配置为手动，不过这两个服务都将在 Windows 产品激活过程中被启动。

用户以本地计算机 Administrators 组的成员或者是被委派了适当的权限用户登录计算机时，可以执行服务启停管理的相关操作。

1. 启动服务

(1) 单击"开始"→"管理工具"，然后点击"服务"，打开如图 3-14 所示的服务对话框。

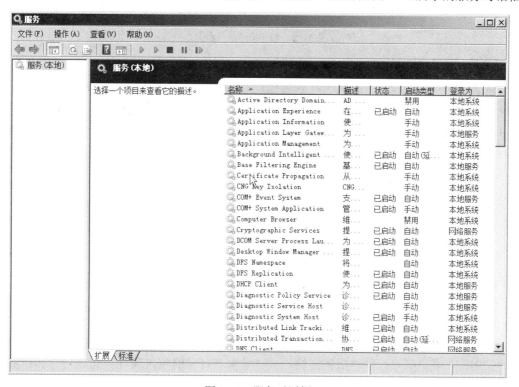

图 3-14　服务对话框

(2) 右键单击详细信息窗格中要启动的服务，单击"属性"打开如图 3-15 所示的服务属性对话框。

(3) 单击"常规"选项卡，将服务状态改为"启动"则可启动指定服务。

图 3-15 服务属性对话框

2. 停止服务

(1) 单击"开始"→"管理工具",然后点击"服务",打开如图 3-14 所示的服务对话框。

(2) 右键单击详细信息窗格中要启动的服务,然后单击"属性"打开如图 3-15 所示的服务属性对话框。

(3) 单击"常规"选项卡,将服务状态改为"停止"则可停止指定服务。

本 章 小 结

本章主要对 Windows Server 2012 的基础知识进行简单介绍。从域和活动目录入手,介绍了用户和组的管理,系统的添加和删除 Windows 服务组件,网络连接的配置,NTFS 文件系统权限、压缩和加密的设置,域和 Windows Server 2012 域的相关概念,用户和组的管理和服务的启停管理等内容。

通过本章的学习,同学们在掌握了相关知识的基础上,应能自己独立完成在 Windows Server 2012 上添加删除组件、配置网络连接、设置 NTFS 的相关属性、完成用户和组的管理和服务启停管理等系统的基础操作。

习题与思考

1. 怎样添加和删除 Windows Server 2012 的服务组件?

2. 什么是 NTFS 文件系统，其有哪些优点？

3. 用户账户有哪些类型？组账户有哪些类型？

4. 什么是磁盘配额？怎样实现磁盘配额？

5. 怎样实现服务启停管理？

6. 利用 NTFS 文件系统来实现文件压缩，并检查其压缩效果。

第4章　DHCP 服务器配置与管理

动态主机设置协议(Dynamic Host Configuration Protocol，DHCP)是一个局域网的网络协议，使用 UDP 协议工作，用于向网络中的计算机分配 IP 地址及一些 TCP/IP 配置信息。DHCP 提供了安全，可靠且简单的 TCP/IP 网络设置，避免了 TCP/IP 网络地址的冲突，同时大大降低了工作负担。本章主要介绍如何在 Windows Server 2012 环境下配置 DHCP 服务。

4.1　DHCP 服务概述

对于使用 TCP/IP 协议的网络而言，每一台主机都必须有一个 IP 地址与网络上的其他主机通信。作为一个网络系统管理员，如果要使网络上的客户满意，就需要做大量的配置工作。现在，如果使用 DHCP 所提供的功能，就可以节约大量的工作与时间，并减少发生 IP 地址故障的可能性。虽然在开始时要花费一些时间，但回报却是不可估量的。

DHCP 是动态主机分配协议(Dynamic Host Configuration Protocol)的简称，是一个简化主机 IP 地址分配管理的 TCP/IP 标准协议。管理员可以利用 DHCP 服务器动态地为客户端分配 IP 地址及其他相关的环境配置工作。

作为优秀的 IP 地址管理工具，DHCP 具有以下优点：

(1) 提高效率。计算机将自动获得 IP 地址信息并完成配置，减少了由于手工设置而可能出现的错误，并极大地提高了工作效率，降低了劳动强度。

(2) 便于管理。当网络使用的 IP 地址段改变时，只需修改 DHCP 服务器的 IP 地址池即可，而不必逐台修改网络内的所有计算机地址。

(3) 节约 IP 地址资源。在 DHCP 系统中，只有当 DHCP 客户端请求时才由 DHCP 服务器提供 IP 地址，而当计算机关机后，又会自动释放该 IP 地址。通常情况下，网络内的计算机并不都是同时开机，因此较少的 IP 地址，也能够满足较多计算机的需求。

当然，DHCP 也会导致灾难性的后果。如果 DHCP 服务器的设置有问题，将会影响网络中所有 DHCP 客户端的正常工作；如果网络中只有一台 DHCP 服务器，当它发生故障时，所有 DHCP 客户端都将既无法获得 IP 地址，也无法释放已有的 IP 地址，从而导致网络瘫痪。

针对这种情况，可以在一个网络中配置两台以上的 DHCP 服务器，当其中一台 DHCP 服务器失效时，由另一台(或几台)DHCP 服务器提供服务，从而保证网络的正常运行。如果在一个由多网段组成的网络中使用 DHCP，就必须在每个网段上各安装一台 DHCP 服务器，或者保证路由器具有前向自举广播的功能。

4.1.1 DHCP 工作原理

每当 DHCP 客户机启动时，便从 DHCP 服务器租用地址信息，包括 IP 地址、子网掩码或配置，比如默认网关地址。当 DHCP 服务器收到一个 IP 地址请求时，便从它的地址数据库中选择 IP 地址信息并将其提供给 DHCP 客户机。如果客户机接受它，那么 DHCP 服务器将在特定的时间内将这一地址租给该客户机使用。

DHCP 出租某 IP 地址给 DHCP 客户机需经历四个阶段。当 IP 租期过一半时，所有的 DHCP 客户机自动试图更新它们的 IP 租约期。如果更新失败，客户机将继续使用同一租约并继续试图更新租约。可以使用 ipconfig 命令手工更新租用或释放租用的 IP 地址。下面就介绍 DHCP 的租用过程。

1. DHCP 租用过程

当作为 DHCP 客户端的计算机启动时，将从 DHCP 服务器获得其 TCP/IP 配置信息，并得到 IP 地址的租期，即使用时间。

DHCP 客户端从 DHCP 服务器获取 IP 地址信息的工作过程大致如下(见图 4-1)：

(1) IP 租用请求阶段。计算机设置为自动获取 IP 地址时，会使用 0.0.0.0 作为自己的 IP 地址，255.255.255.255 作为服务器的地址，广播发送 Dhcp discover(发现)信息。发现信息中包括网卡的 MAC 地址和 NetBIOS 名称。

当发送第一个 DHCP 发现信息后，DHCP 客户端将等待 1 秒。在此期间，如果没有 DHCP 服务器响应，DHCP 客户端将分别在第 9 秒、第 13 秒和第 16 秒时重复发送一次 DHCP 发现信息。如果仍然没有得到 DHCP 服务器的应答，将再每隔 5 分钟广播一次发现信息，直到得一个应答为止。同时，Windows XP 客户端将自动从 Microsoft 保留的 IP 地址段 (169.254.0.1～169.254.255.254)中选择一个作为自己的 IP 地址。所以，即使在网络中没有 DHCP 服务器，计算机之间仍然可以通过网上邻居发现彼此。

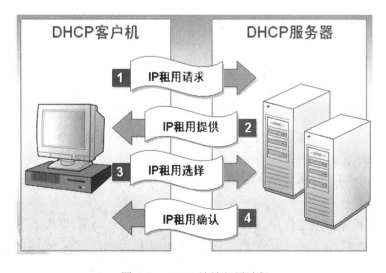

图 4-1 DHCP 地址租用过程

(2) IP 租用提供阶段。当网络中的任何一个 DHCP 服务器(同一网络中存在多个 DHCP 服务器时)在收到 DHCP 客户端的 DHCP 发现信息后,就从 IP 地址池中选取一个没有出租的 IP 地址,然后利用广播方式提供给 DHCP 客户端一个 Dhcp offer 消息。

如果网络中多台 DHCP 服务器都广播了一个应答信息给该 DHCP 客户端,则客户端使用第一台 DHCP 服务器发送的 IP 地址及其配置。

应答信息是 DHCP 服务器发给 DHCP 客户端的第一个响应,包含 IP 地址、子网掩码、租用期(以小时为单位)和提供响应的 DHCP 服务器的 IP 地址。

(3) IP 租用选择阶段。当 DHCP 客户端收到应答信息后,将以广播方式发送 Dhcp request(请求)信息给网络中所有的 DHCP 服务器,既通知它已选择的 DHCP 服务器,也通知其他 DHCP 服务器以便释放其保留的 IP 地址。在 DHCP 请求信息中包含有所选择的 DHCP 服务器的 IP 地址。

(4) IP 租用确认阶段。一旦被选择的 DHCP 服务器接收到 DHCP 客户端的 DHCP 请求信息后,就将保留的 IP 地址标识为已租用,并以广播方式发送一个 Dhcpack(确认)信息给 DHCP 客户端。除 DHCP 工作站选中的服务器外,其他的 DHCP 服务器将收回曾提供的 IP 地址。

2. DHCP 工作站以后重新登录网络时

以后 DHCP 工作站每次重新登录网络时,就不需要再发送 Dhcp discover 信息了,而是直接发送包含前一次所分配的 IP 地址的 Dhcp request 信息。当 DHCP 服务器收到这一信息后,它会尝试让 DHCP 工作站继续使用原来的 IP 地址,并回答一个 Dhcpack 信息。

如果此 IP 地址已无法再分配给原来的 DHCP 工作站使用时(比如此 IP 地址已分配给其他 DHCP 工作站使用),则 DHCP 服务器给 DHCP 工作站回答一个 Dhcpnack(不确认)信息。当原来的 DHCP 工作站收到此 Dhcpnack(不确认)信息后,它就必须重新发送 Dhcp discove 信息来请求新的 IP 地址。

另外,在 DHCP 工作站上也可以使用 ipconfig/release 自行释放 IP 地址,此时 DHCP 工作站将向 DHCP 服务器发送一个 Dhcprelease(释放)信息。

3. DHCP 工作站更新 IP 地址租约(Renewal)

DHCP 服务器向 DHCP 工作站出租的 IP 地址一般都有租借期限,期满后 DHCP 服务器便会收回出租的 IP 地址。如果 DHCP 工作站要延长其 IP 租约,则必须更新其 IP 租约。在 DHCP 工作站启动时和 IP 租约期限过一半时,DHCP 工作站会自动向 DHCP 服务器发送更新其 IP 租约的信息。

更新时,DHCP 工作站向 DHCP 服务器发送 Dhcp discover(发现)信息。如果此 IP 地址还有效,DHCP 服务器向 DHCP 工作站发送一个 Dhcpack(确认)信息,DHCP 工作站便重新取得一个新的 IP 租约。另外,在 DHCP 工作站上也可以使用 ipconfig /renew 来更新其 IP 租约。

4. DHCP 租用期限的工作原理

租用期限是整个 DHCP 过程的基础。DHCP 服务器提供的每个 IP 地址都有相应的租用期。"租用期限"是一个精确的术语,因为 DHCP 服务器并不给客户分配永久的 IP 地址,而只允许客户在某个指定的时间内使用某个 IP 地址。当然,无论是服务器还是客户都可以在任何时刻终止租用。

　　由于 DHCP 设计的目标之一就是提供动态 IP 地址，因此必须要有办法将这些 IP 地址返回给地址池，这个方法就是所谓的"范围(scope)"。租用期的定义适用于不同的情况，没有一个租用期能够满足所有的需求。然而，我们不推荐使用无限的租用期，即使是采用 DHCP 静态分配 IP 地址，也最好采用几个月的租用期来代替。

4.1.2　DHCP 的六个工作状态

　　DHCP 客户计算机经历了在建立客户计算机使用的有效 IP 地址过程中的 6 个转换状态。这 6 个状态分别是：

　　(1) 初始化。当启动客户的 TCP/IP 组时，由于在 IP 网络中的每台机器都需要有一个地址，因此 TCP/IP 组与地址 0.0.0.0 绑定在一起。然后它将一个 Dhcp discover 信息包发送给它的本地子网。该信息包发送给 UDP 端口 67，即向 DHCP/BOOTP 服务器端口发送广播信息包。

　　(2) 选择。本地子网的每一个 DHCP 服务器都接收 Dhcp discover 信息包。每个接收请求的 DHCP 服务器都检查它是否给请求客户有效的空闲地址。然后它以 Dhcp offer 信息包作为响应，该信息包包括有效的 IP 地址、子网掩码、DHCP 服务器的 IP 地址、租用期限以及其他的有关 DHCP 范围的详细配置。所有发送 Dhcp offer 信息包的服务器将保留它们提供的一个 IP 地址。在该地址不再保留之前，该地址不能分配给其他的客户。Dhcp offer 信息广播发送给 UDP 端口 68，即 DHCP/BOOTP 客户端口，相应地必须以广播方式发送，因为客户没有能直接寻址的 IP 地址。

　　(3) 请求。客户通常对第一个提议产生响应，并以广播的方式发送 Dhcp request 信息包作为响应。该信息包告诉服务器"是的，我想让你给我提供服务。我接收你给我的租用期限"。一旦信息包以广播的方式发送以后，网络中所有的 DHCP 服务器都可以看到该信息包，那些提议未被客户承认的 DHCP 服务器将保留的 IP 地址返回给它的可用地址池。客户还可利用 Dhcp request 询问服务器其他的配置选项，如 DNS 或网关地址。

　　(4) 捆绑。当服务器接收到 Dhcp request 信息包时，它以一个 Dhcp acknowledge 信息作为响应，该信息包提供客户请求的任何其他信息。该信息包也是以广播的方式发送的。该信息包告诉客户"一切准备好。记住你只能租用该地址，而不能永久占据！好了，以下是你询问的其他信息"。

　　(5) 更新。当客户注意到它的租用期到 50%以上时，就要更新该租用期。这时它发送一个直接 UDP 信息包给用户以获得其原始信息的服务器。该信息包是一个 Dhcp request 信息包，用以询问是否能保持 TCP/IP 配置信息并更新它的租用期。如果服务器是可用的，则它通常发送一个 Dhcp acknowledge 信息包给客户，同意客户的请求。

　　(6) 重新捆绑。当租用期达到期满时间的近 87.5%时，如果客户在前一次请求中没能更新租用期，则会再次试图更新租用期。如果更新失败，客户会试着与任何一个 DHCP 服务器联系以获得一个有效的 IP 地址。如果另外的一个 DHCP 服务器能够分配一个新的 IP 地址，则该客户再次进入捆绑状态。如果客户当前的 IP 地址租用期满，则客户必须放弃该 IP 地址，并重新进入初始化状态，然后重复整个过程。

4.2　配置 Windows Server 2012 DHCP 服务器

4.2.1　在 Windows Server 2012 上安装 DHCP 服务器

在一台 Windows Server 2012 计算机上安装 DHCP 服务，使这台计算机可以为网络中的其他计算机提供动态分配 IP 地址的能力。

(1) 在安装 DHCP 服务之前，需要为 DHCP 服务器的计算机网卡设置静态的 IP 地址和子网掩码，并运行 TCP/IP 协议，如图 4-2 所示。

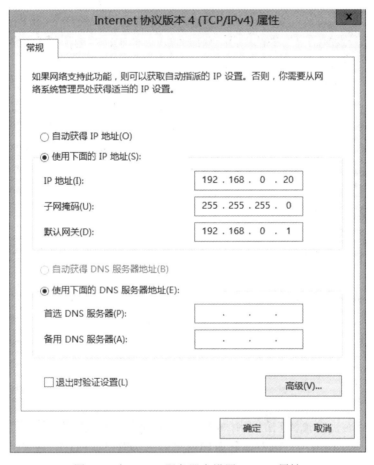

图 4-2　在 DHCP 服务器上设置 TCP/IP 属性

(2) 在 Windows Server 2012 计算机的右下角点击"开始"→"管理工具"，选择"服务器管理"，在服务器管理对话框中选取"添加角色和功能"，在选择功能中选择"服务器角色"，然后在服务器角色列表中选中"DHCP 服务器"选项，如图 4-3 所示。在新弹出的"添加角色和功能向导"窗口中，单击"添加功能"即可，如图 4-4 所示，然后单击"下一步"。接下来的页面可以不做任何的设置，一路默认选择"下一步"，最后选择"安装"开始安装 DHCP 服务。安装完毕，选择"关闭"按钮结束。

注意：在配置 DHCP 之前，一定要先设置服务器网卡的静态 IP 地址。

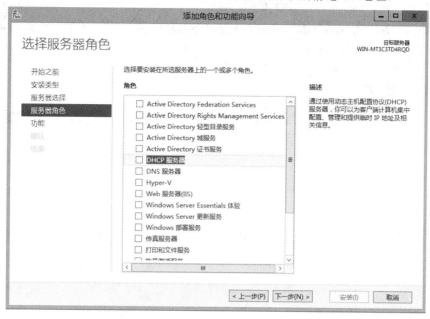

图 4-3　在服务器上安装 DHCP 网络服务

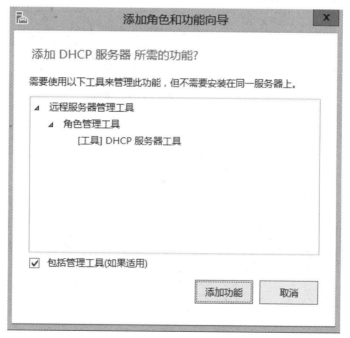

图 4-4　确定添加 DHCP 功能

(3) DHCP 服务器安装完成后，在"开始"→"服务器管理"左边的仪表板中选择"所有服务器"，就会多一个"DHCP"选项用于管理与设计 DHCP，如图 4-5 所示。启动 DHCP 服务通过点击"开始"→"管理工具"在管理工具窗口中选择 DHCP 即可打开 DHCP 服务，如图 4-6 所示。也可以在图 4-5 中，选择菜单栏中的"工具"，然后选择"DHCP"即可打开 DHCP 服务控制台。

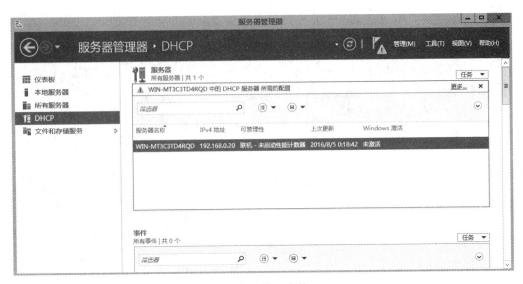

图 4-5　服务器管理中的 DHCP

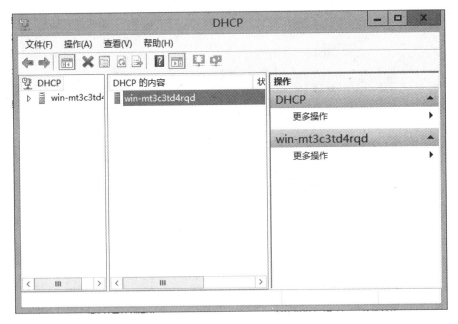

图 4-6　启动 DHCP 服务

4.2.2　在 DHCP 服务器上创建作用域

在 DHCP 服务器可出租 IP 地址之前，用户必须建立一个作用域，DHCP 以作用域为基本管理单位向客户端提供 IP 地址分配服务。作用域又称为领域，就是网络中可管理的 IP 地址分组，管理对客户端 IP 地址及任何相关配置参数的分发和指派。

(1) 在 DHCP 服务器上单击"开始"→"管理工具"，选择 DHCP 打开 DHCP 控制台，在控制台中的服务器 IPv4 上单击右键，选择"新建作用域"，如图 4-7 所示(这里仅以 IPv4 为例介绍配置方法，IPv6 条件下的 DHCP 配置方法相同)。

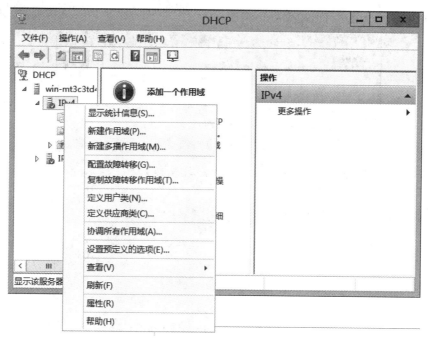

图 4-7　新建 DHCP 服务器的作用域

(2) 出现"新建作用域向导"对话框，单击"下一步"按钮，出现如图 4-8 所示的填写作用域名的对话框，添入相关信息。

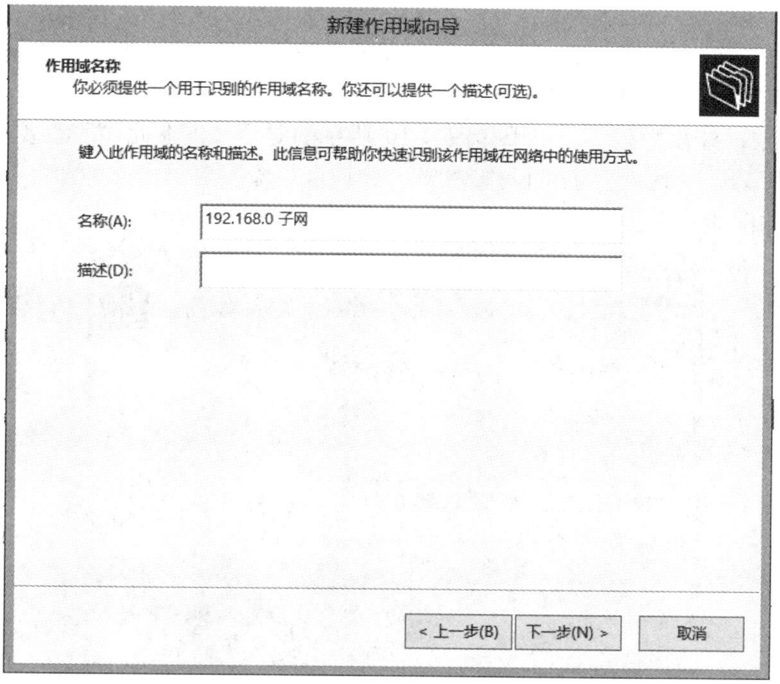

图 4-8　填写 DHCP 作用域的名称

(3) 单击"下一步"按钮，出现如图 4-9 所示的对话框，在"起始 IP 地址"栏和"结束 IP 地址"栏输入起始 IP 地址和结束 IP 地址后，系统会自动在下面给出对应的子网掩码的位数和子网掩码，用户可以根据具体情况修改。

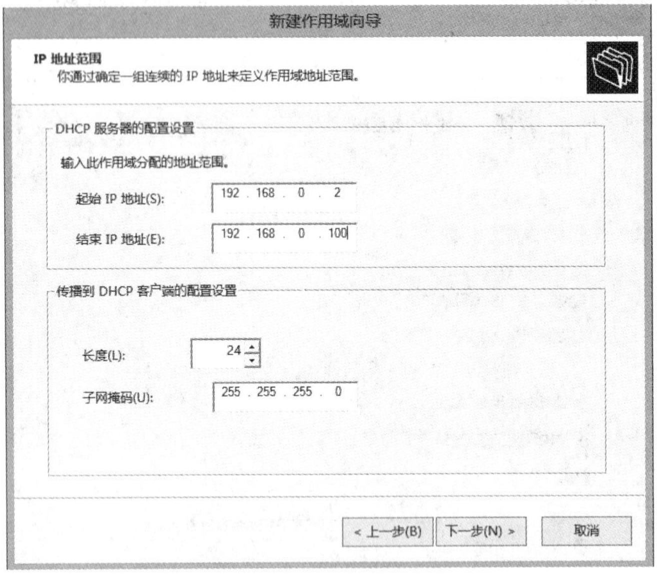

图 4-9 DHCP 作用域 IP 地址范围对话框

注意：DHCP 服务器只能为和自己的 IP 地址在同一个子网的作用域直接提供服务，如果新建作用域的 IP 地址和 DHCP 服务器的 IP 地址不在同一个子网，则需要在另外一个子网创建 DHCP 服务器中继代理。在同一台 DHCP 服务器中，只能在一个子网范围内设置一个 IP 作用域。例如，当用户设置好 192.168.0.2～192.168.0.60 这个作用域后，就不可以再设置该子网内的其他 IP 作用域，如 192.168.0.80～192.168.0.90，否则 DHCP 服务器会警告"地址范围和掩码与现存作用域冲突"。

(4) 单击"下一步"按钮，出现如图 4-10 所示的对话框，在此输入想要排除的 IP 地址。可以排除一段 IP 地址，也可以排除一个 IP 地址，输入后单击"添加"按钮即把它们添加到排除的 IP 地址范围内。

图 4-10 为 DHCP 作用域添加排除 IP 地址

被排除的 IP 地址必须是在起始和结束 IP 地址之间，通常排除的 IP 地址是保留给拥有静态 IP 地址的服务器的，因为服务器的 IP 地址一般来说是固定不变的。建议大家在工作中创建 DHCP 作用域时把网络中已经使用的静态 IP 地址也包括在作用域中，然后把它们排除。这样做的目的是可以通过 DHCP 控制台对网络中的计算机 IP 地址使用情况有一个整体的掌握。

(5) 单击"下一步"按钮，出现如图 4-11 所示的对话框，在此设置 IP 地址的租约期限，即客户端可以使用 IP 地址的时间，系统默认为 8 天。

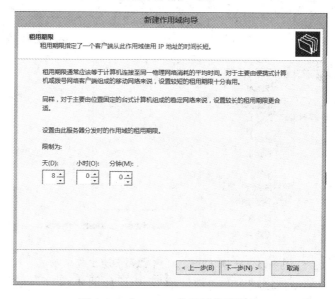

图 4-11　为 DHCP 作用域设置租约

(6) 单击"下一步"按钮，出现如图 4-12 所示的对话框，在此选择"否，我想稍后配置这些选项"。选择"是，我想现在配置这些选项"表示立即对 DHCP 选项进行配置。

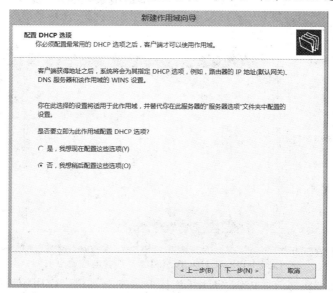

图 4-12　配置 DHCP 选项对话框

(7) 单击"下一步"按钮，在出现的对话框上单击"完成"按钮，即完成了 DHCP 作用域的创建。

(8) 刚创建好的作用域状态是不活动的，需要激活才能生效。返回 DHCP 控制台，如图 4-13 所示。右键单击刚才创建的作用域，选择"激活"，此时作用域的状态显示为"活动"，表明可以给网络中的计算机提供服务了。

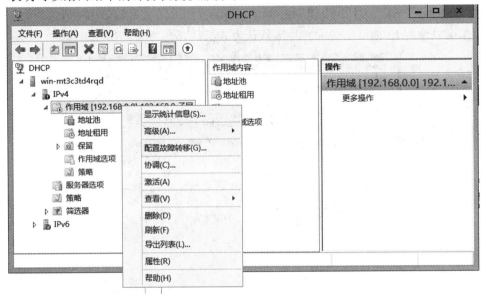

图 4-13 在 DHCP 控制台中激活 DHCP 作用域

如果在控制台中单击作用域中的"地址池"，出现如图 4-14 所示的画面，在此可以看到整个网络中 IP 的使用情况。其中排除的 IP 地址一般由服务器使用，其他的由普通工作站使用。

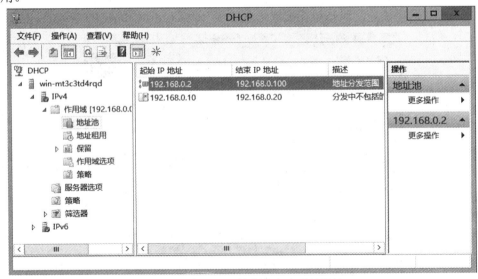

图 4-14 在 DHCP 控制台中查看地址池

DHCP 作用域创建完成后可以在 DHCP 控制台中右键单击作用域选择"属性"，可以对作用域的起始 IP 地址、租约期限等进行修改，也可以对排除 IP 地址进行修改，但是不能对子网掩码进行修改。也就是说,作用域一旦创建,其网络 ID 就不能更改了。另外,对于一个子网,服务器只能够创建一个作用域,而且 DHCP 服务器只能够为自己的 IP 地址在同一个子网的作用域直接分配 IP 地址给客户端。对于那些与自己的 IP 地址不在同一个子网的作用域来说,需要在客户端所在的子网内找一台计算机作为 DHCP 服务器的中继代理,具体操作见 4.6 节。

4.3　配置 DHCP 客户机

4.3.1　设置 DHCP 客户机网络属性

设置一台计算机成为 DHCP 客户端,使它可以从 DHCP 服务器动态获得 IP 地址。运行以下操作系统的计算机都可以作为 DHCP 服务器的客户端。Windows 10、Windows 7、Windows Server 2012、Windows XP、Windows 2003 系列、Windows NT3.51 以上版本的 Server 系列或 Workstation 系列、Windows 9X 系列以及安装了 TCP/IP 协议的一些其他操作系统。

打开客户机的网络属性,选择"本地连接",打开"本地连接属性"对话框,在该对话框中选中"Internet 协议(TCP/IP)",再单击该界面上的"属性"按钮打开 Internet 协议(TCP/IP)属性对话框,如图 4-15 所示,在图上选取"自动获得 IP 地址"和"自动获得 DNS 服务器地址"选项,单击"确定"就完成了客户端的设置工作。

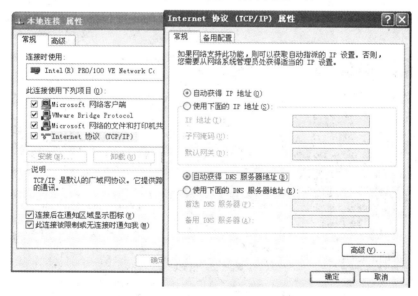

图 4-15　配置 DHCP 服务器的客户端

4.3.2　在 DHCP 客户端查看 IP 地址分配情况

在服务器设置好以后,DHCP 客户端就可以通过网络向 DHCP 服务器提出 IP 租用请求。

(1) 先查看一下 DHCP 服务器上控制台中的"地址租用"，即可看到所有客户端获得 IP 地址的情况，如图 4-16 所示。

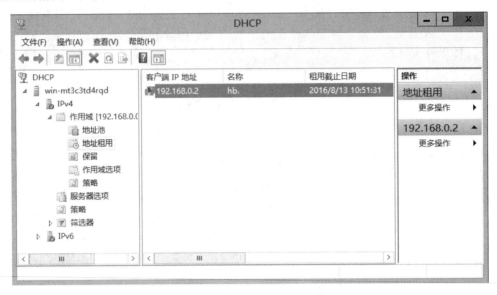

图 4-16　在 DHCP 控制台中查看 IP 地址租用情况

(2) 在客户端计算机的控制台窗口，输入"ipconfig /all"命令，即可查看客户端 TCP/IP 的详细配置信息，如图 4-17 所示。从图中可以看出这台计算机从一个 DHCP 服务器获得的 IP 地址，DHCP 服务器的 IP 地址为 192.168.0.20，客户端所获得的 IP 地址为 192.168.0.2，子网掩码为 255.255.255.0，获得 IP 地址的时间和租约过期时间。注意这里没有网关和 DNS 的 IP 地址。

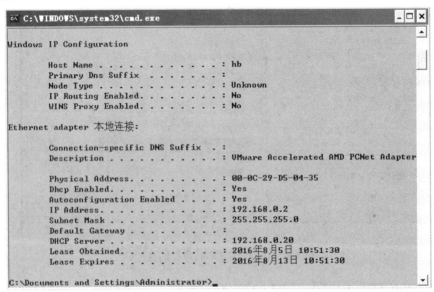

图 4-17　在客户端查看 TCP/IP 的配置情况(1)

(3) 在客户端计算机的控制台窗口，输入"ipconfig /release"命令，手工释放 IP 地址，再运行"ipconfig /all"命令，可以看到 IP 地址已经释放，如图 4-18 所示。

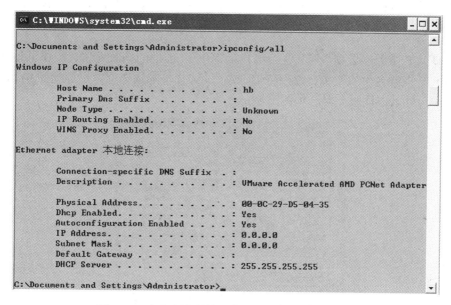

图 4-18　在客户端释放后查看 TCP/IP 的配置情况

（4）此时运行"ipconfig/renew"命令，可以重新向 DHCP 服务器申请 IP 地址，如图 4-19 所示。

图 4-19　客户端重新申请 IP 地址

4.4　设置 DHCP 选项

DHCP 服务器除了能动态分配 IP 地址外，还可以把 TCP/IP 的其他参数如子网掩码、默认网关、DNS 服务器、WINS 服务器等信息自动传给它的客户端。下面分别就服务器选项、作用域选项的配置做简要说明。

4.4.1　服务器选项

设置 DHCP 服务器选项，使其在给客户端提供 IP 地址的同时还可以提供其他的设置。

在 DHCP 控制台中右键单击"服务器选项"，选择"配置选项"出现如图 4-20 所示的对话框。在此可以进行服务器选项的配制。

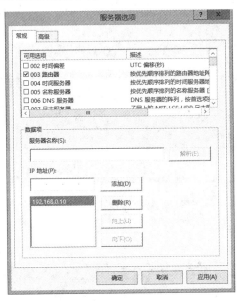

图 4-20　DHCP 服务器选项

在 DHCP 服务器选项中常用到的几个选项是：003 路由器的 IP 地址(一般对应网关)；006DNS 服务器的 IP 地址；015DNS 域名。这里我们配制 003 和 006 选项。003 对应的 IP 地址是 192.168.0.10，006 对应的 IP 地址是 192.168.0.22，其他则按照默认值。

服务器选项配制完成后，在客户端的 DOS 模式下，先运行"ipconfig /renew"，重新向 DHCP 服务器申请 IP 地址，申请成功后，运行"ipconfig /all"命令查看 TCP/IP 配置信息，会发现 DNS 服务器和网关的地址出现，而且就是上一步配置的值，如图 4-21 所示。

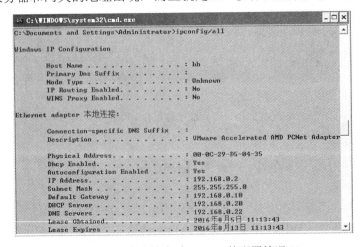

图 4-21　在客户端查看 TCP/IP 的配置情况(2)

4.4.2　作用域选项

配置 DHCP 服务器作用域选项，比较服务器选项和作用域选项的优先级。

(1) 在配置完 DHCP 服务器选项之后，单击 "作用域选项"，会发现作用域选项自动继承服务器选项的设置，如图 4-22 所示。

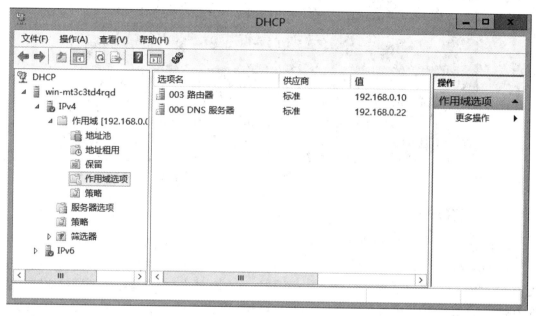

图 4-22　在 DHCP 控制台下查看作用域选项

现在右键单击 "作用域选项"，选择 "配置选项" 在类似图 4-20 的界面中也设置 003、006 选项。设置 003 选项路由器的 IP 地址为 192.168.0.1，006 选项 DNS 服务器的 IP 地址为 192.168.0.8。配置完成后，在图 4-22 的界面中 "006 DNS 服务器" 项的值变成 192.168.0.8。注意：在更改 DNS 选项时，系统会进行 DNS 验证，如图 4-23 所示。无效的 DNS 地址系统会提示，但还是可以配置成功。

图 4-23　DNS 验证

(2) 作用域选项配制完成后，在客户端的控制台窗口下先运行 "ipconfig/renew"，重新向 DHCP 服务器申请 IP 地址，申请成功后，运行 "ipconfig/all" 命令查看 TCP/IP 配置信息，发现 DNS 服务器的 IP 地址改变了，如图 4-24 所示。

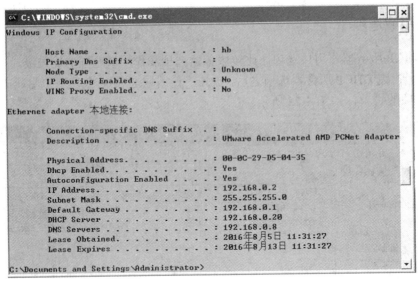

图 4-24   在客户端查看 TCP/IP 的配置情况(3)

4.4.3   配置客户保留

在 DHCP 控制台上右键单击"保留",选择"新建保留",出现如图 4-25 所示的对话框。在"保留名称"栏中给所建的保留输入名称;在"IP 地址"栏中输入要为保留选项分配的 IP 地址;在"MAC 地址"栏输入要保留计算机网卡的 MAC 地址,即硬件地址;其他为默认。注意保留的 IP 地址一定是在作用域中的 IP 地址,但一定又不是排除的 IP 地址,也就是说排除和保留是互斥的。

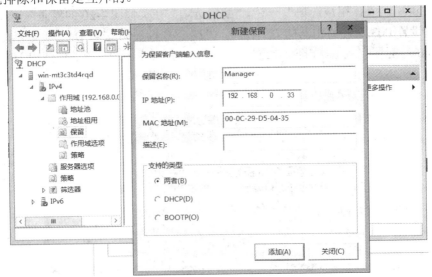

图 4-25   为 DHCP 作用域设置保留地址

保留选项配制完成后,在客户端的控制台窗口下先运行"ipconfig/renew",重新向 DHCP 服务器申请 IP 地址,申请成功后,运行"ipconfig/all"命令查看 TCP/IP 配置信息,发现指定网卡 MAC 地址的计算机 IP 地址变为 192.168.0.33,如图 4-26 所示。

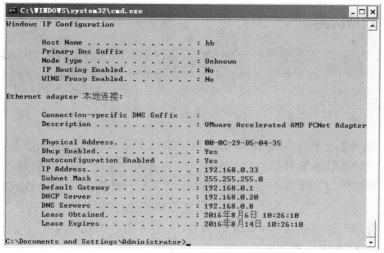

图 4-26　在客户端查看 TCP/IP 的配置情况(4)

4.4.4　DHCP 策略

　　在 Windows Server 2012 的 DHCP 角色服务中，增加了一个新的特性——策略。在实际的需求中，有时候会需要在 DHCP 服务器上建立不同的类，并且依据类指定不同的选项的信息，如默认网关、DNS 服务器。管理员可以在 DHCP 服务器之上轻松地通过策略的定义绑定计算机的 MAC 地址信息，实现我们的目标。具体操作方法如下：

　　在 DHCP 的管理控制台中，选择相应的作用域，选择"策略"，新建"策略"，指定策略的名称和描述。添加策略的条件只此一步，管理员便可以将条件选择为 MAC 地址，如图 4-27 所示。指定策略 IP 地址的范围时，如果不指定将使用作用域的 IP 地址；指定策略的作用域选项时，指定默认网关、DNS 服务器等信息。使用策略相当于可实现一个特殊的作用域，例如让 DHCP 客户端的 MAC 满足前 4 位为 0012 时，则指定特殊的 IP 地址段和分配指定的网关和 DNS 服务器地址，如图 4-27 和图 4-28 所示。

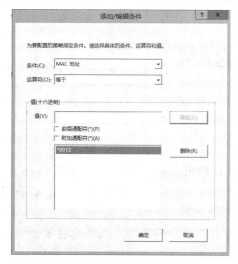

图 4-27　DHCP 策略指定 MAC 前缀

图 4-28　DHCP 策略指定网关和 DNS

4.4.5　IP 作用域的维护

简单地说，IP 作用域就是用户为 DHCP 服务器设置的允许发放的 IP 地址的范围，一个作用域可以是活动的(DHCP 服务器使用它分配地址)，也可以是非活动的(服务器不使用作用域进行地址分配)。

1. 作用域协调

在 DHCP 服务器上作用域内 IP 地址的租用信息会分别存储在 DHCP 数据库文件与注册表数据库内。如果 DHCP 数据库文件与注册表数据库之间发生了信息不一致的现象，例如在注册表数据库中记录了某个 IP 地址已经租给了某台计算机，但是 DHCP 数据库内没有这条记录，则可以利用协调(reconcile)的功能来修正 DHCP 数据库文件。

协调后它会按照注册表数据库内的记录将 IP 地址还给原来租用此 IP 地址的计算机或是暂时将此 IP 地址保留，等到租约到期时再重新出租。

欲协调某个作用域时，右击 DHCP 服务器，选择"协调所有的作用域"选项，在弹出的窗口中单击"验证"按钮，即可协调此服务器内的作用域。协调完成后将显示结果，如果有不一致的 IP 地址，就会显示在协调窗口中，如图 4-29 所示。

图 4-29　作用域协调验证结果

2. 超级作用域

超级作用域是 DHCP 服务器的一种新的管理功能，当 DHCP 服务器上有多个作用域时，可以组成超级作用域，作为单个实体来管理。超级作用域常用于多网配置，所谓多网，是指在同一物理网段上使用多个 DHCP 服务器以管理分离的逻辑 IP 网络。在多网配置中，可以使用 DHCP 超级作用域来组合并激活网络上使用的 IP 地址的单独作用域范围。通过这种方式，DHCP 服务器可为单个物理网络上的客户端激活并提供来自多个作用域的租约。

下面介绍如何新建超级作用域。在 DHCP 控制台中，右键点击指定的 DHCP 服务器，选择快捷菜单中的"新建超级作用域"选项，启动"新建超级作用域向导"；单击"下一步"按钮，弹出"超级作用域名"窗口，输入合适的作用域名；单击"下一步"按钮，弹出如图 4-30 所示的窗口，当前 DHCP 服务器上创建的所有 IP 作用域都将显示在"可用作用域"列表中，单击选择想要加入新建超级作用域的作用域，可以同时选择多个。

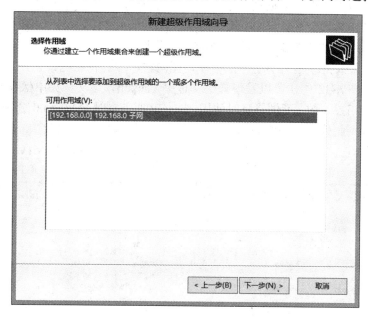

图 4-30　超级作用域设置

当超级作用域创建完成以后，会显示在 DHCP 控制台中，如图 4-31 所示。原有的作用域就像是超级作用域的下一级目录，管理起来非常方便。

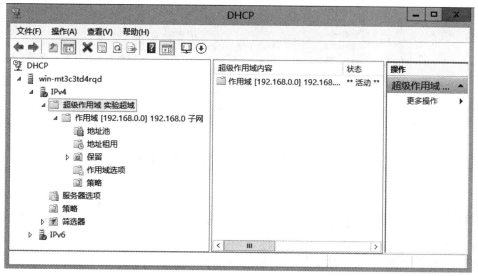

图 4-31　已建好的超级作用域

超级作用域可以解决多网结构中的某种 DHCP 部署问题，比较典型的情况就是当前活动作用域的可用地址几乎已耗尽，而又要向网络添加更多的计算机，此时可使用另一个 IP 网络地址范围以扩展同一物理网段的地址空间。

4.5　DHCP 数据库的维护

DHCP 服务器中的设置数据全部存放在名为 dhcp.mdb 的数据库文件中，在 Windows Server 2012 系统中，该文件位于 Windows\system32\dhcp 文件夹内，如图 4-32 所示。这些文件对 DHCP 服务器的正常工作起着非常重要的作用。

DHCP 服务器数据库是一个动态数据库，在向客户端提供租约或客户端释放租约时它会自动更新。从图 4-32 中还可以发现一个文件夹 backup，该文件夹中保存着 DHCP 数据库及注册表中的相关参数，可供修复时使用。DHCP 服务默认会每隔 60 分钟自动将 DHCP 数据库文件备份到此处。如果要想修改这个时间间隔，可以通过修改 BackupInterval 这个注册表参数实现，它位于注册表项 HKEY_LOCAL_MACHINE\SYSTEM\ CurrentControlSet\ Services\DHCPserver\Parameters 中。

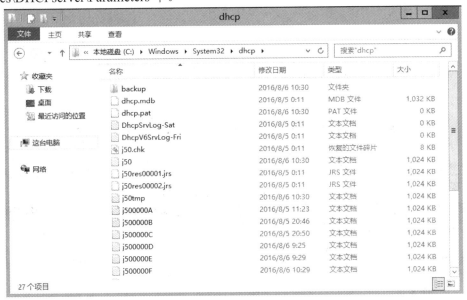

图 4-32　DHCP 数据库文件

4.6　配置 DHCP 中继代理

由于 DHCP 客户端向 DHCP 服务器发送 IP 地址请求不能跨越路由器，因此如果想利用一台 DHCP 服务器给多个物理网段的计算机分配 IP 地址，就要求在没有 DHCP 服务器的网段内创建一个 DHCP 服务器中继代理。具有 DHCP 中继代理功能的计算机可以负责把本网段内的客户端的 IP 地址请求转发给不同网段的 DHCP 服务器。

实际上 DHCP 中继代理程序是一种路由协议，设置中继代理实际上就是把装有 Windows Server 2012 的计算机设置成一个简单的路由器。

4.7　有关 80/20 规则

当在网络中实现 DHCP 服务时，可能会出现由于 DHCP 服务器不可用的情况，这时客户端就不能进行续订或申请 IP 地址，从而使得与网络断开。

为了避免这种情况的发生，在实际工作中可以在一个子网中建立两个 DHCP 服务器。在这两个 DHCP 服务器上分别创建一个作用域，让这两个作用域属于同一个子网。但 IP 地址千万不能交叉，在一个 DHCP 服务器作用域上分配 80% 的 IP 地址，则在另一个 DHCP 服务器作用域上分配 20% 的 IP 地址，这样当一个 DHCP 服务器发生故障时，另一个还可以工作，不至于整个网络瘫痪。80/20 规则是微软所建议的分配比例，用户可以根据实际情况进行调整。

本　章　小　结

本章着重介绍了 DHCP(动态主机分配协议)的工作原理以及在 Windows Server 2012 如何配置 DHCP 服务器、DHCP 客户机和 DHCP 服务器选项的设置。DHCP 是动态管理和分配 IP 地址最好的方式。

习题与思考

1. 什么叫 DHCP，它有哪些作用？
2. 简述 DHCP 的工作原理。
3. DHCP 有哪些工作状态？
4. 安装 DHCP 服务器有哪些基本的要求？
5. DHCP 能为客户端提供哪些参数？
6. ipconfig 命令有什么作用？它有哪些参数？说出每个参数具体的意义。
7. 自己动手配置 DHCP 的服务器选项、作用域选项、用户类选项和保留选项，比较四者的优先级。
8. 自己动手配置 DHCP 的服务器中继代理。
9. 简述 80/20 规则。

实训一　配置 Windows Server 2012 的 DHCP 服务

一、实验原理

DHCP 的全称是动态主机配置协议(Dynamic Host Configuration Protocol)，由 IETF(Internet 网络工程师任务小组)设计，目的就是为了减轻 TCP/IP 网络的规划、管理和维护的负担，解决 IP 地址空间缺乏的问题。运行 DHCP 的服务器把 TCP/IP 网络设置集中起来，动态处理工作站 IP 地址的配置，用 DHCP 租约和预置的 IP 地址相联系。DHCP

租约提供了自动在 TCP/IP 网络上安全地分配和租用 IP 地址的机制，实现 IP 地址的集中式管理，基本上不需要网络管理人员的人为干预。而且，DHCP 本身被设计成 BOOTP(自举协议)的扩展，支持需要网络配置信息的无盘工作站，对需要固定 IP 的系统也提供了相应支持。

DHCP 是基于客户机/服务器模型设计的，DHCP 客户和 DHCP 服务器之间通过收发 DHCP 消息进行通信。

二、实验目的

(1)理解 DHCP 的工作原理。

(2)学会配置 DHCP 服务器。

三、实验内容

(1) 安装 DHCP 服务器。

(2) 配置 DHCP 服务器。

(3) 配置 DHCP 客户端。

(4) 验证 DHCP 的配置。

四、基础知识

(1) DHCP 的工作原理。

(2) DHCP 服务器是提供网络设置参数给 DHCP 客户的 Internet 主机。

(3) DHCP 客户是一个通过 DHCP 来获得网络配置参数的 Internet 主机，通常就是普通用户的工作站。

五、实验环境

装有 Windows Server 2012/XP 操作系统的计算机；有两台以上主机的局域网。

第 5 章　DNS 服务器配置

　　DNS(Domain Name System, 域名系统)是进行域名(domain name)和与之相对应的 IP 地址 (IP address)转换的系统。DNS 中保存了一张域名(domain name)和与之相对应的 IP 地址 (IP address)的表，以解析消息的域名。域名服务器是指保存有该网络中所有主机的域名和对应 IP 地址，并具有将网络域名转换为 IP 地址功能的服务器。本章主要介绍有关域名空间和 DNS 的相关知识，并重点讲解在 Windows Server 2012 环境下配置 DNS 的方法。

5.1　DNS 服务概述

　　众所周知，在网络中唯一能够用来标识计算机身份和定位计算机位置的方式就是 IP 地址，但网络中往往存在许多服务器，如 E-mail 服务器、Web 服务器、FTP 服务器等，记忆这些纯数字的 IP 地址不仅枯燥无味，而且容易出错。通过 DNS 服务器，将这些 IP 地址与形象易记的域名一一对应，用户在访问服务器或网站时使用简单易记的域名即可。

　　通过 DNS 服务，可以使用形象易记的域名代替复杂的 IP 地址来访问网络服务器，使得网络服务的访问更加简单，而且可以完美地实现与 Internet 的融合，对于一个网站的推广发布起到极其重要的作用。而且许多重要网络服务(如 E-mail 服务)的实现，也需要借助于 DNS 服务。因此，DNS 服务可视为网络服务的基础。

5.1.1　域名空间与 zone

　　域名系统(DNS)是一种采用客户/服务器机制，实现名称与 IP 地址转换的系统，是由名字分布数据库组成的。它建立了叫做域名空间的逻辑树结构，是负责分配、改写、查询域名的综合性服务系统。该空间中的每个节点或者域都有唯一的名字。

1. DNS 的域名空间规划

　　要在 Internet 上使用自己的 DNS，用户必须先向 DNS 域名注册颁发机构申请并注册一个二级域名，注册并获得至少一个可在 Internet 上有效使用的 IP 地址。这项业务通常可由 ISP 代理。如果准备使用 Active Directory，则应从 Active Directory 设计着手，并用适当的 DNS 域名空间支持它。

2. DNS 服务器的规划

　　确定网络中需要的 DNS 服务器的数量及其各自的作用，根据通信负载、复制和容错问题，确定在网络上放置 DNS 服务器的位置。为了实现容错，至少应该对每个 DNS 区域使用两台服务器，一个是主服务器，另一个是备份或辅助服务器。在单个子网环境中的小型局域网上仅仅使用一台服务器时，可以配置该服务器扮演区域的主服务器和辅助服务器两种角色。

3. 申请域名

活动目录域名通常是该域的完整 DNS 名称，如"xyz.com"(假设有一个公司名称是 xyz)。同时，为了确保向下兼容，每个域还应当有一个与 Windows Server 2012 以前版本相兼容的名称，如"xyz"。同时，为了将企业网络与 Internet 能够很好地整合在一起的，实现局域网与 Internet 的相互通信，建议向域名服务商(如万网 http://www.net.cn 和新网 http://www.xinnet.com)申请合法的域名，然后再设置相应的域名解析。

4. DNS 域名空间

组成 DNS 系统的核心是 DNS 服务器，它的作用是回答域名服务查询，它允许为私有 TCP/IP 网络和连接公共 Internet 的用户提供并管理 DNS 服务，维护 DNS 名字数据并处理 DNS 客户端主机名的查询。DNS 服务器保存了包含主机名和相应 IP 地址的数据库。例如，如果提供了名字 mycompany.net，DNS 服务器将返回网站所在的 IP 地址。

DNS 是一种看起来与磁盘文件系统的目录结构类似的命名方案，域名也通过使用"."分隔每个分支来标识一个域在逻辑 DNS 层次中相对于其父域的位置。但是，当定位一个文件位置时，是从根目录到子目录再到文件名，如 C：\windows\win.exe；而当定位一个主机名时，是从最终位置到父域再到根域，如 microsoft.com。

图 5-1 显示了顶级域的名字空间及下一级子域之间的树型结构关系，每一个节点以及其下的所有节点叫做一个域。顶级域下可再细分为子域，如图中的 IBM、xyz 为公司名称，它隶属于 com 域。如果公司的网络要连到 Internet，则必须申请域名，如 xyz.com。

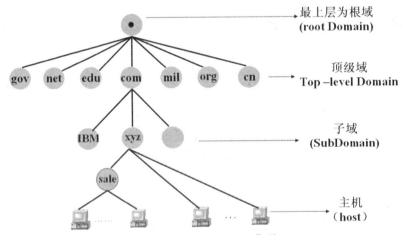

图 5-1　DNS 域名结构

在第二层的子域之下还可以有多层的子域，例如可以在 xyz.com 下再建立子域 sale.xyz.com。注意，当新建一个域到该名字空间时，此域的名称的最后必须附加其父域的名称。图 5-1 中最下面一层是位于 xyz 公司内的主机，例如 Pc1、Pc20 等一般都是用完整的名称代表这些主机，例如 Pc21.xyz.com ，它表示主机 Pc21 是位于商业机构(com)"xyz"内。这个完整的名称也就是所谓的(Fully Qualified Domain Name)FQDN，注意整个名称的字符长度不可超过 256 个字符。在 FQDN "Pc21.xyz.com" 中最左边的部分 "Pc21" 为其主机名称，不过有人习惯上直接将 "Pc21.xyz.com" 称为主机名称。可以使用 hostname 命令来查看计算机的主机名称。

　　根域：代表域名命名空间的根，这里为空。

　　顶级域：顶级域是直接处于根域下面的域，代表一种类型的组织或一些国家。在 Internet 中，顶级域由 InterNIC(Internet Network Information Center)进行管理和维护。常见的顶级域名命名规则见表 5-1。

　　子域：在顶级域或某个子域的下面所创建的域，它一般由各个组织根据自己的要求自行创建和维护。

　　主机：是域名命名空间中的最下面一层，它被称之为完全合格的域名(Fully Qualified Domain Name，FQDN)。

表 5-1　顶 级 域 名

顶 级 域	说　　明
com	商业机构
edu	教育、学术研究单位
gov	官方政府单位
net	网络服务机构
mil	国防军事单位
org	财团法人等非营利机构
其他国家/地区代码	代表其他国家/地区的代码，如 CN 代表中国

　　区域是一个用于存储单个 DNS 域名的数据库，它是域名称空间树状结构的一部分，DNS 服务器是以 zone 为单位来管理域名空间的，zone 中的数据保存在管理它的 DNS 服务器中。当在现有的域中添加子域时，该子域既可以包含在现有的 zone 中，也可以为它创建一个新 zone 或包含在其他的 zone 中。一个 DNS 服务器可以管理一个或多个 zone，一个 zone 也可以由多个 DNS 服务器来管理。

5.1.2　查询模式

　　当 DNS 客户端向 DNS 服务器查询 IP 地址时，或 DNS 服务器向另外一台 DNS 服务器查询 IP 地址时，它有三种查询模式。

1. 递归查询

　　当 DNS 客户端送出查询请求后，DNS 服务器必须告诉 DNS 客户端正确的数据或通知 DNS 客户端找不到其所需的数据。如果 DNS 服务器内没有所需的数据，则 DNS 服务器会代替 DNS 客户端向其他 DNS 服务器进行查询。一般由 DNS 客户端提出的查询请求都是属于 Recursive Query(递归查询)。

2. 循环查询

　　循环查询的工作过程是：当第 1 台 DNS 服务器向第 2 台 DNS 服务器提出查询请示后，如果在第 2 台 DNS 服务器内没有所需要的数据，则它会提供第 3 台 DNS 服务器的 IP 地址给第 1 台 DNS 服务器，让第 1 台 DNS 服务器直接向第 3 台 DNS 服务器进行查询。依此类推，直到找到所需的数据为止。如果到最后一台 DNS 服务器中还没有找到所需的数据，则通知第 1 台 DNS 服务器查询失败。循环查询多用于 DNS 服务器与 DNS 服务器之间的查询方式。

3. 反向查询

反向查询是依据 DNS 客户端提供的 IP 地址来查询它的主机名。由于 DNS 域名空间中域名与 IP 地址之间无法建立直接对应关系，所以必须在 DNS 服务器内创建一个反向查询的区域，该区域名称的最后部分为 in-addr.arpa。由于反向查询会占用大量的系统资源，因而会给网络带来不安全，因此大多数的 DNS 服务器不提供反向查询。

5.1.3　DNS 的数据文件

1. 区域文件

每个区域的数据都是存储在 DNS 服务器内的区域文件内，而这些数据有着不同的数据类型。当在 DNS 中创建一个区域后，其区域文件就被自动创建，其默认的文件名为"zonename.dns"，并且存储在"%systemroot%\system32\dns"文件夹中。例如区域名为"cuit.edu.cn"，则区域文件就是"cuit.edu.cn.dns"。

2. 缓存文件

缓存文件存储着根域内的 DNS 服务器名称与 IP 地址的对照数据，每台 DNS 服务器的缓存文件都是一样的。当安装 DNS 服务器时，缓存文件就会被自动复制到"%systemroot%\system32\dns"文件夹中，其文件名为"cache.dns"。

3. 反向查询区域文件

反向查询可以让 DNS 客户端利用 IP 地址查询其主机名称，不过必须在 DNS 服务器内创建一个反向查询区域，其名称的最后为 in-addr.arpa。举例来说，如果要针对 192.168.0 的网络提供反向查询功能，则这个反向查询的区域文件名称必须是 0.168.192.in-addr.arpa，注意其 IP 地址的网络号部分必须反向书写。

5.2　在 Windows Server 2012 中配置 DNS 服务

如果还没有 DNS 服务器，则请按以下骤进行安装，不过建议先将 DNS 服务器的 IP 地址设为静态的，例如在本章中将 DNS 服务器的 IP 地址设置为 192.168.0.20。

5.2.1　添加 DNS 服务

如果用户的 Windows Server 2012 中还没有安装 DNS 服务，请按以下步骤操作：

(1) 在 Windows Server 2012 计算机上单击"开始"选择"服务器管理器"，在服务器管理器对话框中选择"添加角色和功能"进入角色向导对话框。安装类型选择默认选项"基于角色或基于功能的安装"，连续点击"下一步"按钮进入选择服务器角色对话框，选中

"DNS 服务器"选项，如图 5-2 所示。在弹出的"添加角色和功能向导"窗口中选择"添加功能"按钮，如图 5-3 所示，然后再选择"下一步"进入"选择功能"对话框，单击"下一步"，并点击"安装"按钮，开始安装 DNS 服务。

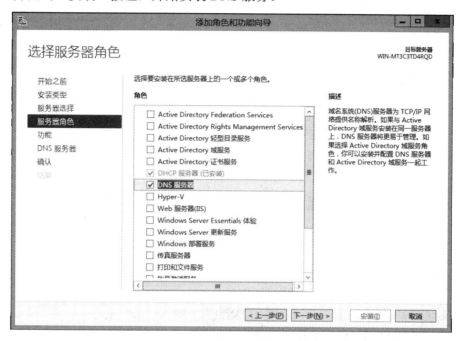

图 5-2　添加 DNS 服务器角色(1)

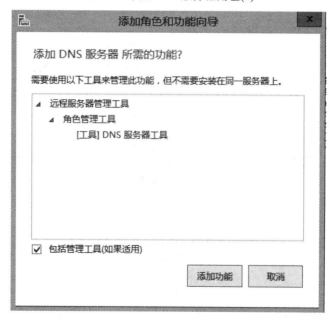

图 5-3　添加 DNS 服务器角色(2)

　　(2) 在 DNS 服务器安装完成后，在"服务器管理器"中会多一个"DNS"选项，用于配置 DNS 服务，如图 5-4 所示。同时，系统会创建一个"%Systemroot%System32\DNS"文件夹，其中存储与 DNS 运行有关的文件，如缓存文件、区域文件等。

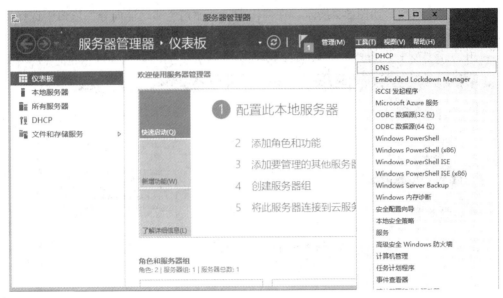

图 5-4 服务器管理器中的 DNS 工具

5.2.2 创建正向查询区域

在安装完 DNS 服务以后，就可以使用 DNS 服务管理器来配置它。一般来说，必须在 DNS 服务器内创建区域与区域文件，以便将位于该区域内的主机数据存储到区域文件中。Windows Server 2012 的 DNS 服务器共支持以下四种区域类型。

1. 主要区域

主要区域是用来存储此区域内所有主机数据的正本。其区域文件采用标准 DNS 规格的一般文本文件。当在 DNS 服务器内创建一个主要区域与区域文件后，这个 DNS 服务器就是这个区域的主要名称服务器。

2. 辅助区域

辅助区域是用来存储此区域内所有主机数据的副本，这份数据是从其主要区域利用区域转送的方式复制过来的，存储此数据的区域文件是采用标准 DNS 规格的一般文本文件，而且是只读、不可修改的。当在 DNS 服务器内创建一个辅助区域后，这个 DNS 服务器就是这个区域的辅助名称服务器。

3. 存根区域

存根区域是只含有名称服务器(NS)起始的授权机构(SOA)和粘连主机(A)记录的区域副本。

4. Active Directory 集成的区域

Active Directory 集成的区域是指将此区域的主机数据存储在域控制器的 Active Directory 内，这份数据会自动复制到其他域控制器内。一般来说，只有在域控制器的 DNS 服务器才可以使用 Active Directory 集成的区域。

首先应该在 DNS 服务器中创建一个标准 DNS 规格的主要区域，而且是提供正向查询服务的区域，操作步骤如下：

(1) 在 Windows Server 2012 计算机上单击"开始"→"服务器管理器"→"DNS"，打开"DNS"管理器窗口。在窗口中单击"DNS 服务器"，然后用鼠标右键单击"正向查找区域"，在弹出的快捷菜单中选择"新建区域"，如图 5-5 所示。

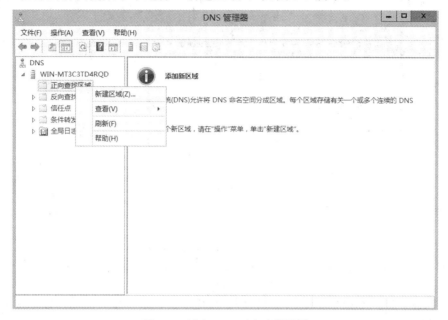

图 5-5　创建 DNS 正向查找区域

(2) 出现"新建区域向导"对话框时，单击"下一步"按钮，系统弹出如图 5-6 所示的对话框。选择"主要区域"，然后单击"下一步"按钮。

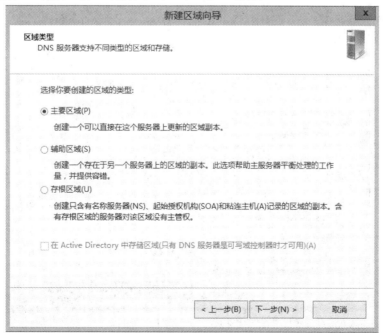

图 5-6　选择新建区域类型

(3) 在出现如图 5-7 所示的对话框中为此区域设置一个区域名称，例如图中的 "XYZ.COM"，然后单击"下一步"按钮。

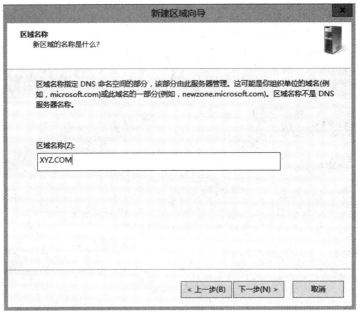

图 5-7 为新建区域命名

(4) 在如图 5-8 所示的区域文件对话框中直接单击"下一步"按钮，以便使用默认的区域文件。

如果要使用现有的区域文件，则先将该文件复制到"%Systemroot\System32\DNS%"文件夹中，然后选择图 5-8 中的"使用此现存文件"选项。

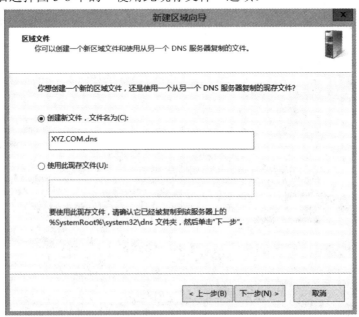

图 5-8 区域文件

(5) 单击"下一步"按钮，进入如图 5-9 所示的对话框。选择"不允许动态更新"，然后单击"下一步"按钮。最后对以上操作的摘要信息进行确认，如果要进行修改，可单击"上一步"按钮。确认无误后，单击"完成"按钮。

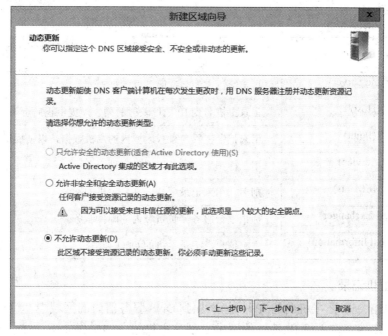

图 5-9　不允许动态更新

(6) 回到 DNS 管理窗口中，图 5-10 中的"XYZ.COM"就是刚才所创建的正向查找区域。

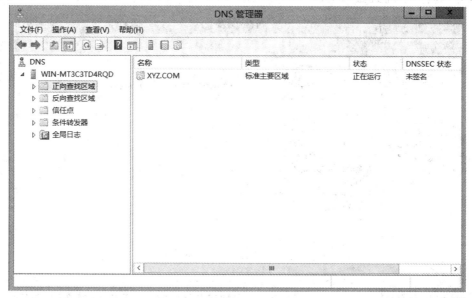

图 5-10　显示创建的正向查找区域

5.2.3　在正向区域中创建记录

DNS 服务支持很多的资源记录类型，用户可以针对个人需要新建资源记录。表 5-2 列出了常用的 DNS 服务支持的资源记录类型。

表 5-2 资 源 记 录

资源记录类型	说 明
SOA(Start of Authority)	用于标识域内哪台是授权服务器，区域数据文件的第一个记录必须是 SOA 记录
NS(Name Server)	指定给特定的名称服务器的列表
A (Host)	记录主机名到 IP 地址映射的列表，提供正向查询
PTR(Point)	用来记录在反向查找区域内的主机数据，以便提供反向查询
SRV(Service)	用于标识哪台服务器提供何种服务
CNAME(Alias)	别名，用来记录区域内某台主机的别名
MX(Mail Exchanger)	标识哪台服务器负责域内的邮件服务
HINFO(Host Information)	主机信息，记录主机的 CPU 类型、操作系统等信息

1. 创建主机记录

将主机的相关记录(主机名与 IP 地址)添加到 DNS 服务器内的区域中，就可以让该 DNS 服务器响应客户端查询主机 IP 地址的请求。创建主机记录的操作如下：

(1) 打开"DNS 服务管理器"，用鼠标右键单击所创建的正向区域，在弹出的快捷菜单中选择"新建主机(A 或 AAA)"命令，如图 5-11 所示。

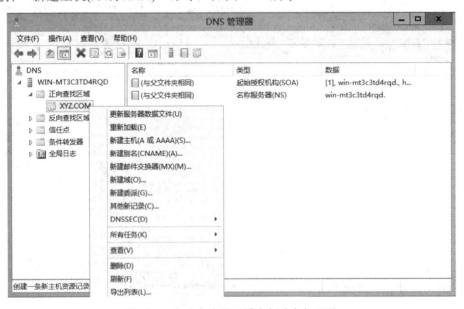

图 5-11 在正向查找区域内创建主机记录

(2) 在系统弹出的对话框中的"名称"文本框里输入主机的名称，在"IP 地址"文本框中输入这台主机对应的 IP 地址，然后单击"添加主机"按钮，如图 5-12 所示。

(3) 重复上面的操作，将其他的主机名与 IP 地址的对应数据依次输入到此区域中，然后单击"完成"按钮回到 DNS 服务器窗口中，可以看到所创建的主机记录已被加到服务器中，如图 5-13 所示。

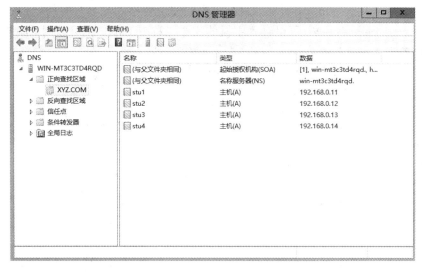

图 5-12　输入主机名称和 IP 地址

图 5-13　显示区域内的主机记录

2. 创建别名记录

别名用于将 DNS 域名映射为另一个主要的或规范的名称。有时一台主机可能担当多个服务器，这时需要给这台主机创建多个别名。例如一台主机既是 Web 服务器，也是 FTP 服务器，这是就要给这台主机创建多个别名，如 Web 服务器和 FTP 服务器分别为 www.xyz.com 和 ftp.xyz.com，而且还要知道该别名是由哪台主机所指派的。

(1) 要创建别名记录，请在 DNS 服务管理器中用鼠标右键单击所创建的正向区域，然后在弹出的菜单中选择"新建别名"命令，如图 5-14 所示。

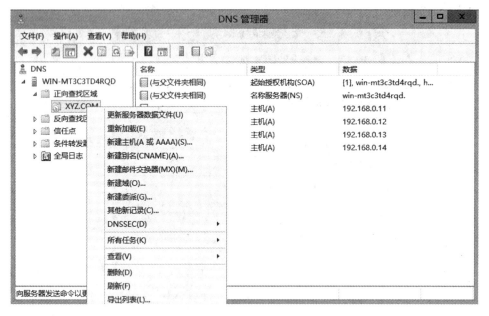

图 5-14   创建别名记录

(2) 系统弹出如图 5-15 所示的对话框，在"别名"文本框中输入代表这台主机特殊功能的名称，如"www"，"ftp"等；在"目标主机的完全合格的域名"中指定别名是要指派正向查找区域中的哪一台主机(可以输入主机的完整名称 FQDN，也可以用"浏览"按钮来选择)，然后单击"确定"按钮。

图 5-15   输入主机别名名称

(3) 回到 DNS 服务管理器窗口中，可以看到我们创建的主机别名记录被添加到服务器中，如图 5-16 所示。

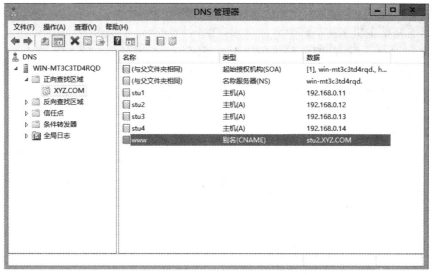

图 5-16　显示创建的主机别名记录

3. 创建邮件交换器记录

邮件交换器(MX)资源记录为电子邮件服务专用，它根据收信人地址后缀来定位邮件服务器，使用服务器知道该邮件将发往何处。也就是说，根据收信人邮件地址中的 DNS 域名，向 DNS 服务器查询邮件交换器资源记录，定位到要接收邮件的邮件服务器。

(1) 在 DNS 服务管理器中用鼠标右键单击所创建的正向查找区域，然后在弹出的快捷菜单中选择"新建邮件交换器"命令，将出现如图 5-17 所示的窗口。

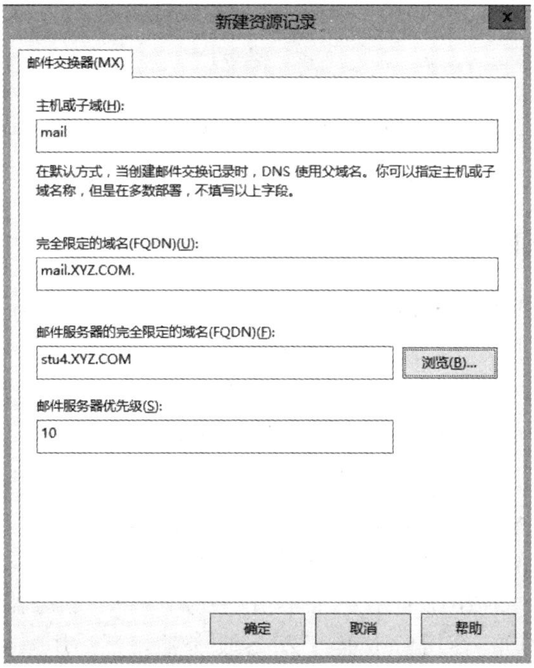

图 5-17　创建邮件交换器记录

(2) 图 5-17 窗口中的"主机或子域"用于输入此邮件交换器所负责的域名，如果没有输入，则使用父域名。"邮件服务器的完全限定的域名(FQDN)"设置用于邮件传送工作的邮件服务器的完整主机名称。这个名称必须在此区域中有一条类型为 A 的资源记录，以便能够找到其 IP 地址。"邮件服务器优先级"主要用于同一区域内多个 MX 资源记录，数字越低优先级越高。也就是说，当其他的邮件服务器要传送邮件到此域的邮件服务器时，它会先选择优先级较高的邮件服务器，如果传送失败，再选择优先级较低的邮件服务器。如果两台或多台邮件服务器的数字相同，则它会从中随机选择一台。

(3) 单击"确定"按钮后，将在 DNS 服务器中添加一条 MX 记录，如图 5-18 所示，它表示负责 mail.XYZ.COM 邮件传送的邮件服务器是主机名为 stu4.XYZ.COM。

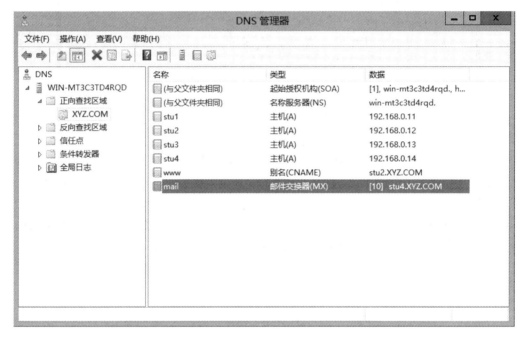

图 5-18　显示创建的邮件交换器记录

5.2.4　创建反向查找区域

反向查找区域可以让 DNS 客户端利用 IP 地址查询其主机名称，例如 DNS 客户端可以查询拥有 192.168.0.1 这个 IP 地址的主机名称。反向查找区域并不是必须的，但是在某些场合可能会用到，例如运行 nslookup 诊断程序时，以及在 IIS 内。

反向查找区域的区域名的前半段必须是其 Network ID 反向书写，而区域名的后半段必须为 in-addr.arpa。举例来说，如果要针对 Network ID 为 192.168.0 的 IP 地址来提供反向查询功能，则此反向查找区域的名称必须是 0.168.192.in-addr.arpa。

在 DNS 服务器中创建反向查找区域的操作如下：

(1) 在 Windows Server 2012 计算机上单击"开始"→"服务器管理器"→"DNS"，打开"DNS 管理器"窗口。在窗口中单击 DNS 服务器，然后用鼠标右键单击"反向查找区域"，在弹出的快捷菜单中选择"新建区域"，如图 5-19 所示。

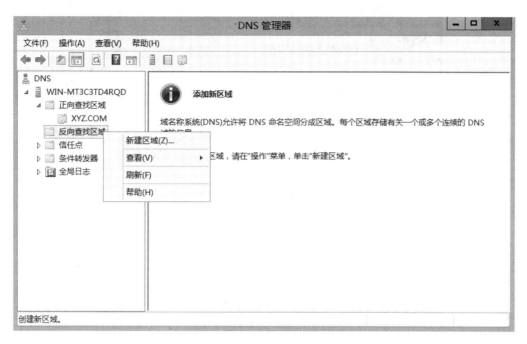

图 5-19　创建 DNS 反向查找区域

(2) 在出现"新建区域向导"对话框时，如图 5-20 所示，选择"主要区域"，然后单击"下一步"按钮。

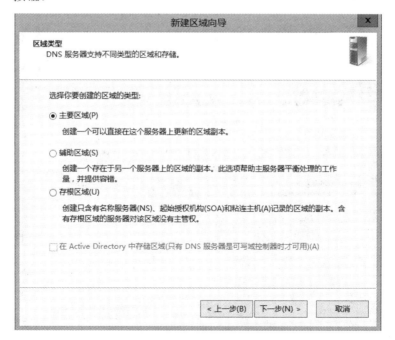

图 5-20　选择新建区域类型

(3) 在反向查找区域名称窗口中，系统弹出如图 5-21 所示的对话框，选择"IPv4 反向查找区域"，然后单击"下一步"按钮。

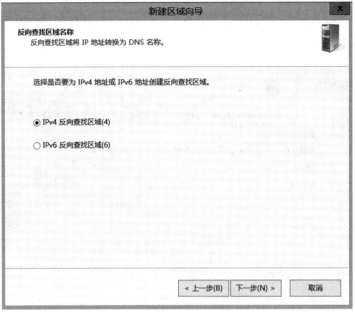

图 5-21　选择 IP 地址类型

(4) 出现如图 5-22 所示的反向查找区域名称对话框时，直接在"网络 ID"处输入此区域所支持的反向查询的 Network ID，它会自动在"反向查找区域名称"中设置其区域名，当然也可以直接在"反向查找区域名称"中输入其区域名，完成后单击"下一步"按钮。

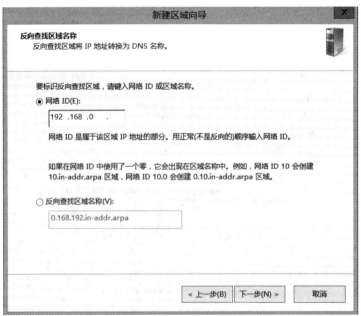

图 5-22　设置反向查找区域

(5) 出现如图 5-23 所示的区域文件对话框时，直接单击"下一步"按钮以便使用默认的区域文件。如果要使用现有的区域文件，则必须先将该文件复制到"%Systemroot%\System32\DNS"文件夹中，然后选择图中的"使用此现存文件"选项。

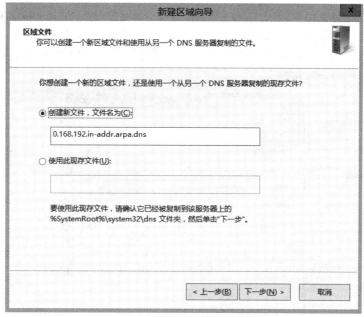

图 5-23　创建反向区域文件

(6) 在动态更新对话框中选择"不允许动态更新"选项，然后单击"下一步"按钮，在完成新建区域向导对话框中单击"完成"按钮，回到 DNS 服务管理器窗口中。如图 5-24 所示，图中的"0.168.192.in-addr.arpa"就是刚才所创建的反向区域。

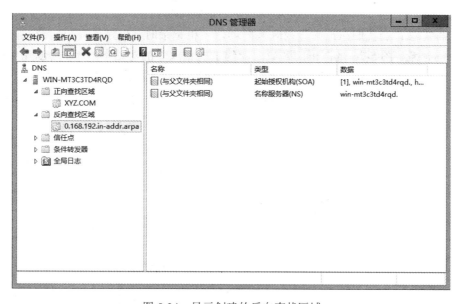

图 5-24　显示创建的反向查找区域

5.2.5　在反向区域中创建记录

反向查找区域内必须有记录数据才能提供反向查询的功能，可以利用以下两种方法来创建反向区域内的记录。

第一种方法：用鼠标右键单击反向查找区域名称(如 0.168.192.in-addr.arpa)，在弹出的快捷菜单中选择"新建指针(PTR)"，然后在如图 5-25 所示的对话框中输入主机的 IP 地址与此主机的完整名称，也可以不用输入而利用"浏览"按钮直接到正向查找区域内选择主机。完成后单击"确定"按钮。

图 5-25　在反向查找区域中创建记录

第二种方法：当我们在正向查找区域内创建主机记录时，可顺便在反向查找区域内创建一条反向记录。图 5-26 是在正向区域内新建主机记录时的对话框，选中"创建相关的指针(PTR)记录"选项，即可在创建主机记录的同时在反向区域内创建记录。注意选择此选项时，相关反向查找区域必须已经存在，例如图 5-26 创建的记录其 IP 地址为 192.168.0.15，则反向区域 0.168.192.in-addr.arpa 必须事先已被创建。

图 5-26　在正向区域中同时创建正反向记录

5.2.6　创建子域

如果将公司内部某一个范围规划为一个区域，这个区域内包含着许多部门，这些部门内的主机数据都是创建在此区域的 DNS 服务器内，那么为了便于管理起见，可以按部门将其划分为数个子域。例如在 XYZ.COM 下，可以按部门划分出 mkt、sales 等。

要在 XYZ.COM 区域中创建子域 mkt 或 sales，其操作步骤如下：

(1) 在 DNS 服务管理器中选择区域 "XYZ.COM"，然后单击鼠标右键，在弹出的快捷菜单中选择 "新建域" 命令，如图 5-27 所示。

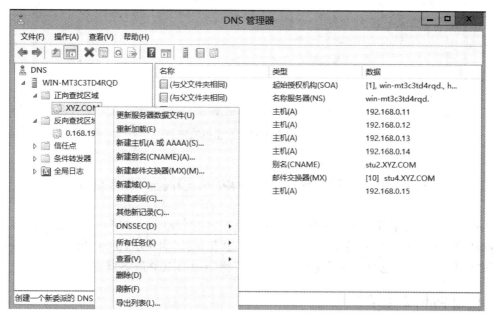

图 5-27　创建子域

(2) 如图 5-28 所示，在弹出的 "新建 DNS 域" 对话框中输入子域的名称，然后单击 "确定" 按钮即可。

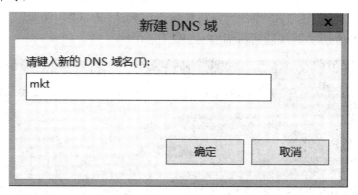

图 5-28　输入子域名称

(3) 回到 DNS 服务管理窗口中，接下来就可以在此子域中添加主机资源记录等数据，方法前面已介绍。如图 5-29 所示，其中 mkt1 主机的 FQDN 就是 mkt1.sales.xyz.com。

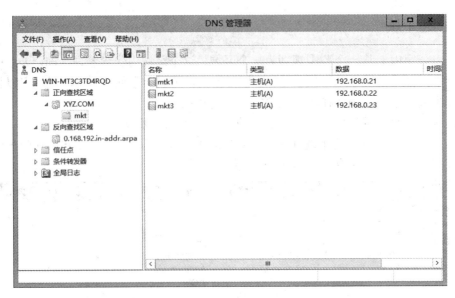

图 5-29 在子域中添加主机记录

5.3 配置 DNS 客户端以及 DNS 服务测试

DNS 客户端的配置只需要在客户机的"Internet 协议(TCP/IP)属性"中将"首选 DNS 服务器"的 IP 地址设置为当前 DNS 服务器的 IP 地址(例如 192.168.0.20)即可。如果在局域网中设置了 DHCP 服务,客户端的 DNS 设置将会由 DHCP 服务器完成配置。

5.3.1 用 Ping 命令验证

当 DNS 服务器和客户端配置好以后,可以使用 Ping 命令来测试 IP 地址和主机名的连接情况。例如,在配置的 DNS 记录中有一台主机名是 stu1.xyz.com,IP 地址是 192.168.0.11,测试结果如图 5-30 所示。通过测试发现,当 Ping stu1.xyz.com 时,其实使用的就是 192.168.0.11 这个地址。图 5-30 中的目标机虽然不可到达,但从图中可以看出,stu1.xyz.com 这个域名已被 DNS 服务器成功解析为 IP:192.168.0.11。

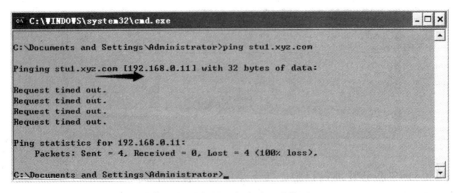

图 5-30 用 Ping 命令验证主机名

5.3.2　用 nslookup 验证

在命令行窗口中运行 nslookup 程序，可以进行测试。

1. 正向查找

输入要查询的主机名，可以通过 DNS 服务器解析出该主机的 IP 地址(必须在正向查找区域中有相应的主机记录)，如图 5-31 所示。输入 stu1.xyz.com，nslookup 程序输出其 IP 地址为 192.168.0.11，输入 stu2.xyz.com，程序输出其 IP 地址为 192.168.0.12。

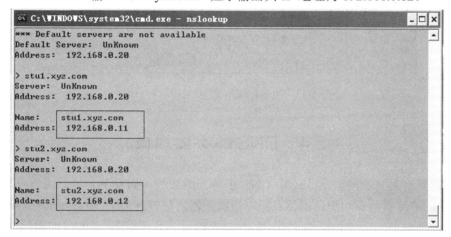

图 5-31　用 nslookup 命令验证正向查询

用 nslookup 命令验证邮件交换记录 MX，如图 5-32 所示。

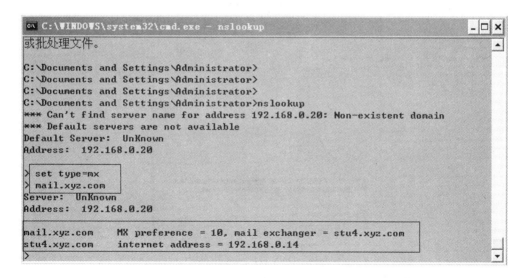

图 5-32　用 nslookup 命令验证邮件交换记录

2. 反向查找

输入要查询的 IP 地址，可以通过 DNS 服务器解析出该主机的名称(必须在反向查找区域中有相应的主机记录)，如图 5-33 所示。输入 192.168.0.13，nslookup 程序输出其主机名为 stu3.xyz.com。

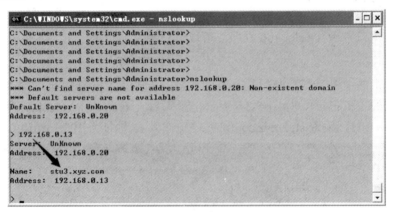

图 5-33　用 nslookup 命令验证反向查询

5.4　DNS 服务器属性

用户可以针对自己的需要，设置 DNS 服务器的属性，如安全、日志或监视等。用户可以通过在 DNS 管理窗口中，鼠标右键单击服务器名称打开 DNS 服务器属性，如图 5-34 所示。

图 5-34　DNS 管理器属性设置

(1)　"接口"选项：用户可以在此输入提供 DNS 服务请示的 IP 地址，默认为所有 IP 地址。

(2)　"转发器"选项：当 DNS 服务器接到 DNS 客户端的请求时，首先尝试从服务器内部的数据库内查找是否有所需要的数据，如果服务器查找到数据库内并无此数据，将转向其他服务器再次进行该操作。

（3）"高级"选项：在高级选项中，用户可以设置名称检查与启动时加载数据的方式、过时记录自动清理等选项。

（4）"根提示"选项：根提示内存储外界 DNS 服务器数据的缓存文件。当 DNS 服务器向外界查询时，将根据根提示内的数据进行查询。如果域内的 DNS 服务器有所变动的话，该缓存文件必须更改。

（5）"调试日志"选项：调试日志是帮助用户了解服务器运行情况的，当用户选择相应的调试项，输入日志存储路径后，服务器会将日志发送到指定路径，用户可以通过该日志了解服务器情况，该选项默认为禁用。

（6）"事件日志"选项：记录 DNS 服务事件，用户可以根据需要选择所记录的事件类型，如错误或错误与警告等，这些事件可以帮助用户了解服务器整体的工作情况，该事件可以在配置 DNS 窗口中直接查看。

（7）"监视"选项：用户可以通过监视选项卡对 DNS 服务器进行测试。测试方式有简单查询与递归查询两种，如果在规定时间内通过，说明配置正确。

5.5　动态更新的设置

当 DNS 客户端的主机名称或 IP 地址更改时，这些更改数据会发送到 DNS 服务器，DNS 服务器随时更新自己的数据库，这个过程叫做动态更新。

用户如果需要设置动态更新，在配置 DNS 窗口中，鼠标右键选择区域，在弹出的菜单中选择"属性"命令。选择安全或非安全的动态更新，如图 5-35 所示。如果用户选择"无"，则必须手动更新。

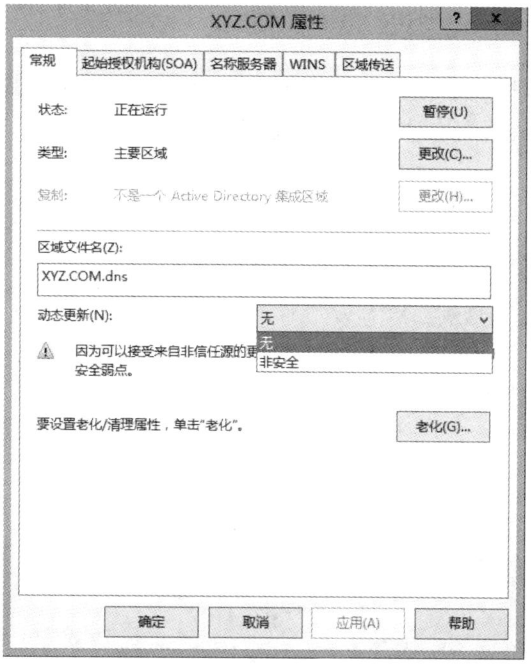

图 5-35　DNS 动态更新设置

本 章 小 结

　　域名解析是互联网上最常用的网络地址转换方式。本章着重介绍了域名空间、DNS 服务器的查询方式和 Windows Server 2012 环境下 DNS 服务器的配置，以及如何在客户端验证 DNS 是否生效。

习题与思考

1. 简述域名空间的命名规则，如何去申请域名。
2. 简述 DNS 服务器的功能，常见的 DNS 查询模式。
3. 配置 DNS 服务器需要做哪些操作？
4. 什么是转发器？为什么要启动转发器？
5. nslookup 命令的功能是什么？

实训二　　配置 Windows 2012 的 DNS 服务器

一、实验原理

　　DNS 是域名系统的缩写，它是嵌套在阶层式域结构中的主机名称解析和网络服务的系统。当用户提出利用计算机的主机名称查询相应的 IP 地址请求的时候，DNS 服务器从其数据库提供所需的数据。

　　DNS 域名称空间：指定了一个用于组织名称的结构化的阶层式域空间。

　　资源记录：当在域名空间中注册或解析名称时，它将 DNS 域名称与指定的资源信息对应起来。

　　DNS 名称服务器：用于保存和回答对资源记录的名称查询。

　　DNS 客户：向服务器提出查询请求，要求服务器查找并将名称解析为查询中指定的资源记录类型。

二、实验目的

(1) 理解 DNS 的工作过程及其原理。

(2) 学会安装 DNS 服务器。

(3) 能够独立配置并管理一个 DNS 服务器。

三、实验内容

(1) 安装 DNS 服务器组件。

(2) DNS 服务器的配置。

(3) 客户端的 DNS 设置。

(4) 验证 DNS 服务器。

四、基础知识

(1) DNS 的解析原理。

(2) 域和主机的概念。

(3) 了解 ARP 和 RARP 协议。

五、实验环境

(1) 装有 Windows Server 2012/XP 操作系统的计算机。

(2) 有两台以上主机的局域网。

第 6 章　IIS 服务器配置

Internet Information Services(IIS，Internet 信息服务管理器)是由微软公司提供的基于运行 Microsoft Windows 操作系统的互联网基本服务。它包括 Web 服务器、FTP 服务器、NNTP 服务器和 SMTP 服务器，分别用于网页浏览、文件传输、新闻服务和邮件发送等方面。它使得在网络(包括互联网和局域网)上发布信息成了一件很容易的事。本章重点讲解在网络服务器中最为常用的两大功能：Web 服务器、FTP 服务器的配置与管理。

6.1　IIS 概述

IIS 是 Internet Information Services 的缩写，意为互联网信息服务，是由微软公司提供的基于运行 Microsoft Windows 的互联网基本服务。最初是 Windows NT 版本的可选包，随后内置在 Windows 2000、Windows XP Professional、Windows Server 2003 和 Windows Server 2012 等版本一起发行，但在 Windows XP Home 版本上并没有 IIS。IIS 是一种 Web(网页)服务组件，其中包括 Web 服务器、FTP 服务器、NNTP 服务器和 SMTP 服务器，基于 MMC 控制台的图形界面，分别用于网页浏览、文件传输、新闻服务和邮件发送等方面。它使得在网络(包括互联网和局域网)上发布信息成了一件很容易的事。利用 IIS，管理员可以配置 IIS 安全、性能和可靠性功能，可添加或删除站点，启动、停止和暂停站点，备份和还原服务器配置，创建虚拟目录以改善内容管理等。

6.1.1　IIS 基本概念

Windows Server 2012 提供了 IIS 8.0，它是一个集成了 IIS、ASP.NET、Windows Communication Foundation 的统一 Web 平台。IIS 8.0 中的关键功能和改进之处包括：

- 统一的 Web 平台，为管理员和开发人员提供了一个一致的 Web 解决方案。
- 增强了安全性和自定义服务器以减少攻击面的功能。
- 简化了诊断和故障排除功能，以帮助解决问题。
- CPU 节流已经得到更新且包括额外的节流选项。
- 集成了动态 IP 地址限制功能。
- 集成了 FTP 尝试登录限制功能。
- 在 NUMA 上的多核扩展。

IIS 管理器是一个综合性的 Internet 信息服务器，不仅提供 WWW 服务，还提供 FTP 服务和 IIS 管理服务等，可以实现发布信息、传输文件、支持用户通信和更新这些服务所依赖的数据存储等功能。

常用功能主要包括以下几种:

(1) 万维网发布服务(WWW 服务)。客户端可以通过 HTTP 请求连接到在 IIS 中运行的网站,WWW 服务向客户端用户提供 Web 发布。

(2) 文件传输协议服务(FTP 服务)。IIS 7.0 通过 FTP 服务提供对管理和处理文件的完全支持,FTP 服务使用传输控制协议(TCP)确保数据传输的准确性。

(3) IIS 管理服务。IIS 管理服务管理 IIS 配置数据库,并为 WWW 服务、FTP 服务更新 Windows 注册表。配置数据库是保存 IIS 配置数据的数据存储。IIS 管理服务对其他应用程序公开配置数据库,这些应用程序包括 IIS 核心组件、在 IIS 上建立的应用程序以及独立于 IIS 的第三方应用程序(如管理或监视工具)。

6.1.2　安装 IIS 8.0

在安装 Windows Server 2012 时,系统默认并没有自动安装 IIS。如果系统没有 IIS,则需按以下步骤进行安装,不过建议先将 Web 服务器的 IP 地址设为静态的。例如在本章中以服务器名 www.thinker.com、Web 服务器的 IP 地址 192.168.0. .1 为例进行介绍。

(1) 单击"开始"→"服务器管理器",在服务器管理器对话框中选取"仪表板",点击"添加角色与功能"进入添加角色和功能向导对话框,单击"下一步"按钮进入选择安装类型对话框,选择基于角色或基于功能的安装,如图 6-1 所示。

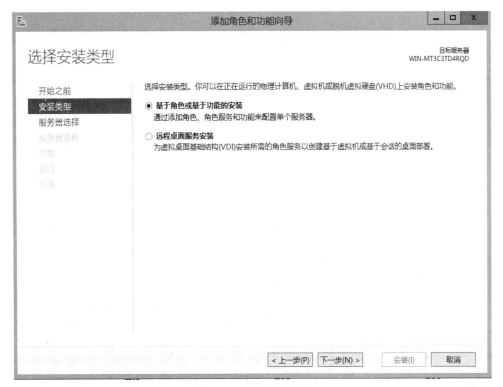

图 6-1　选择安装类型

(2) 单击"下一步"按钮进入服务器选择对话框,选中"www.thinker.com"服务器,如图 6-2 所示。

图 6-2 选择服务器

(3) 单击"下一步"按钮进入服务器角色选择对话框，选择"Web 服务器(IIS)"，弹出添加 Web 服务器(IIS)所需的功能对话框，点击"添加功能"，完成选中"Web 服务器(IIS)"选项，如图 6-3 所示。

图 6-3 服务器角色选择

(4) 单击"下一步"按钮进入功能选中对话框对话框，选择要安装在该服务器上的一个或多个功能。点击"下一步"可以查看 Web 服务器的简要介绍。单击"下一步"打开 Web 服务器的角色服务组件对话框。一般采用默认的选择即可，如果有特殊要求则可以根据实际情况进行选择。

(5) 单击"下一步"按钮查看 Web 服务器安装的详细信息，确认之后点击"安装"按键即可安装 Web 服务器。

(6) IIS 安装完成以后，依次点击"开始"→"管理工具"→"Internet 信息服务(IIS) 管理器"，显示 Internet 信息服务(IIS)管理器窗口，如图 6-4 所示，此时即可配置和管理 Web 服务器了。

图 6-4　Internet 信息服务管理器

安装完 IIS 以后还必须进行测试，以检测网站是否安装正常。在局域网中的一台计算机 上，通过 IE 浏览器打开使用以下几个地址来测试：DNS 域名网址为 http://www.thinker.com/； IP 地址为 http://192.168.0.1。如果 IIS 安装成功，则会在 IE 浏览器中弹出如图 6-5 所示的 网页。如果没有显示出该网页，请检查 IIS 是否出现问题，或重新启动 IIS 服务等，也可 以删除 IIS 并重新安装。

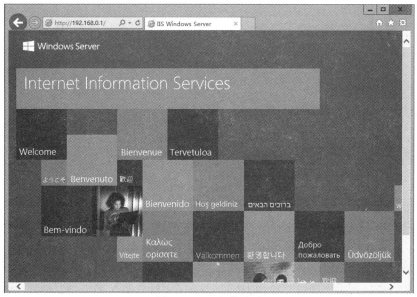

图 6-5　IIS 安装成功

6.2　Web 服务器配置

当 IIS 安装完成以后，对网站的配置与管理工作是必不可少的，如设置网站属性、IP 地址、指定主目录、默认文档等。

6.2.1　建立 Web 站点

Web 服务管理中一个基本的任务是添加 Web 站点。IIS 8.0 为站点的添加提供了非常便捷的途径，在创建过程中，只需在"添加网站"对话框中设置 Web 站点的相关参数即可。具体过程如下：

(1) 在 Windows Server 2012 计算机上单击"开始"→"程序"→"管理工具"→"Internet 信息服务(IIS)管理器"，打开如图 6-4 所示的 Internet 信息服务(IIS)管理器窗口，在窗口中用鼠标右键点击"网站"，在弹出的快捷菜单中选择"添加网站"命令，弹出如图 6-6 所示的添加网站对话框。

图 6-6　添加网站对话框

(2) 在添加网站对话框中设置 Web 站点的相关参数，如 IIS 服务器管理器中使用的网站名称可设置为 My Web，Web 站点的主目录可以选取主页所在的目录或者是采用 Windows Server 2012 默认的路径，Web 站点的 IP 地址和端口号可以直接在"IP 地址"下拉列表中选取系统默认的 IP 地址。

(3) 设置完成后点击"确定"按钮返回到 Internet 信息服务器窗口，选择"网站"选项之后可以在中间区域查看到多出了一个新建的"My Web"站点。双击 My Web 网站，系统打开如图 6-7 所示的网站功能视图。

图 6-7　My Web 站点的功能视图

至此，Web 站点已经初步建立起来，在控制台根节点下可以看到已经创建的站点 "My Web"，通过 IE 浏览器就可以访问已经建立的 Web 站点。

6.2.2　建立虚拟目录

在 Internet 上浏览网页时，经常会遇到一个网站下面有许多子目录的情况，这就是虚拟目录。虚拟目录只是一个文件夹，并不真正位于 IIS 宿主文件夹内(默认为 C:\InetPub\wwwroot)，但在访问 Web 站点的用户看来，则如同位于 IIS 服务的宿主文件夹一样。

1. 虚拟目录的意义

虚拟目录具有以下重要意义：

(1) 便于扩展。随着时间的增长，网站内容也会越来越多，而磁盘的有效空间却有减不增，最终硬盘空间被消耗殆尽。这时，就需要安装新的硬盘以扩展磁盘空间，并把原来的文件都移到新增的磁盘中，然后再重新指定网站文件夹。而事实上，如果不移动原来的文件，而以新增磁盘作为该网站的一部分，就可以在不停机的情况下实现磁盘的扩展，此时就需要借助于虚拟目录来实现了。虚拟目录可以与原有网站文件不在同一个文件夹、同一个磁盘，甚至可以不在同一个计算机上。但在用户访问网站时，还觉得像在同一个文件夹中一样。

(2) 增删灵活。虚拟目录可以根据需要随时添加到虚拟 Web 网站，或者从网站中移除，因此它具有非常大的灵活性。同时，在添加或移除虚拟目录时，不会对 Web 网站的运行造成任何影响。

(3) 易于配置。虚拟目录使用与宿主网站相同的 IP 地址、端口号和主机头名，因此不会与其标识产生冲突。同时，在创建虚拟目录时，将自动继承宿主网站的配置，并且对宿主网站配置时，也将直接传递至虚拟目录。因此，Web 网站(包括虚拟目录)的配置更加简单。

2. 创建虚拟目录

现在来创建一个名为 wlfw 的虚拟目录，其路径为本地磁盘中的"C：\wlfw"文件夹。其创建的具体过程如下：

(1) 点击图 6-7 中的"查看虚拟目录"链接，打开 My Web 网站的虚拟目录的查看界面，如图 6-8 所示。

图 6-8　虚拟目录查看界面

(2) 点击图 6-8 中的"添加虚拟目录"弹出虚拟目录添加对话框，如图 6-9 所示。

图 6-9　添加虚拟目录对话框

(3) 在"别名"文本框中设置该虚拟目录的别名，用户用该别名来连接虚拟目录。需要注意的是，该别名在网站中必须唯一，不能与其他虚拟目录重名；在"物理路径"文本框中输入该虚拟目录的文件夹路径，或单击"浏览"按钮进行选择。

(4) 单击"确定"按钮，虚拟目录创建完成，如图 6-10 所示。

图 6-10　虚拟目录 wlfw

虚拟目录的创建过程和网站的创建过程有些类似，但不需要指定 IP 地址和 TCP 端口，只需设置虚拟目录别名和网站内容目录。

3．设置虚拟目录

虚拟目录作为网站的组成部分，其基本属性与虚拟网站的属性类似。在 IIS 管理器中，展开"网站"树型目录，选择要设置的虚拟目录，系统打开虚拟目录管理界面。

在这里即可设置并修改该虚拟目录的各种配置，其设置信息与网站类似，只是少了 IP 地址、网站性能等配置信息，可参见后面所述的配置站点属性部分的内容，这里不再重复。

6.2.3　配置站点属性

1．设置网站基本属性

网站的基本属性包括网站名称、IP 地址、端口等信息。在 IIS 管理器窗口中，展开左侧的目录树，单击"网站"下面的"My Web"网站，系统打开如图 6-11 所示的 My Web 网站的管理界面。

图 6-11　My Web 网站的功能视图

(1) 网站名称实际上是设置网站站点的标识，便于网络管理员进行区分。默认值名称为"默认 Web 站点"。如果要修改已建立网站的名称，右键单击要更名的网站，在弹出的快捷菜单中选择重命名即可修改网站名称。

(2) "IP 地址"是指定该 Web 站点访问用的 IP 地址。服务器可能会拥有多个 IP 地址，默认可使用该服务器绑定的任何一个 IP 地址访问 Web 网站。例如，当该服务器拥有 3 个 IP 地址 192.168.0.1、172.16.0.1 和 10.0.0.1 时，用户利用其中的任何一个 IP 地址都可以访问该 Web 服务器。默认值为"全部未分配"，即所有地址均可访问。

(3) "端口"是指定 Web 服务的 TCP 端口。默认端口为 80，也可以更改为其他任意唯一的 TCP 端口号。当使用默认端口号时，客户端访问时直接使用 IP 地址或域名即可访问；而当端口号更改后，客户端必须知道端口号才能连接到该 Web 服务器。

(4) 如果 Web 网站中的信息非常敏感，为防止中途被人截获，就可采用 SSL 加密方式，它利用"公用密钥"的加密技术，保证会话密钥在传输过程中不被截取。SSL 默认端口号为 443，同样，如果改变该端口号，客户端访问该服务器就必须事先知道该端口。当使用

SLL 加密方式时，用户需要通过"https://域名或 IP 地址：端口号"方式访问 Web 服务器，如"https://192.168.0.1:1454"。

如果要修改已建网站的 IP 地址和端口号，点击图 6-11 中的"绑定"链接，打开如图 6-12 所示的网站绑定对话框。单击图 6-12 中的"编辑"按钮，打开如图 6-13 所示的编辑网站绑定对话框，即可完成 IP 地址、端口号等信息的设置。

图 6-12 网站绑定对话框

图 6-13 编辑网站绑定对话框

(5) 连接超时用来设置服务器断开未活动用户的时间(以秒为单位，默认值为 120 秒)。如果客户端在连续的一段时间内没有与服务器发生活动，就会被服务器强行断开，以确保 HTTP 协议在关闭连接失败时可以关闭所有连接。

(6) 最大带宽。设置最大带宽值，在控制 IIS 服务器向用户开放的网络带宽值的同时，也可能降低服务器的响应速度。但是，当用户对 IIS 服务器的请求增多时，如果通信带宽超出设定值，请求就会被延迟，而此时网络上的实际带宽可能还有冗余。

(7) 最大并发连接数。限制网站的同时连接数量能够保留一定的带宽，以用做其他服务。如果连接数量达到指定的最大值，以后所有的连接尝试都会返回一个错误信息，连接被断开。限制连接还可以保留内存，并防止试图用大量客户端请求造成 Web 服务器负载的恶意攻击。选择"连接限制为"单选项，并在右侧文本框中设置所允许的同时连接最大数量。

如果要修改已建网站的相关连接限制，点击图 6-11 中的"高级设置"链接，打开如图 6-14 所示的高级设置对话框。编辑连接超时、最大带宽和最大并发连接数栏的内容即可完成相关连接限制。

图 6-14　高级设置对话框

2. 设置主目录与默认文档

任何一个网站都需要有主目录作为默认目录，当客户端请求链接时，就会将主目录中的网页等内容显示给用户。默认文档用来设置网站或虚拟目录中默认的显示页。

1) 设置主目录

(1) 设置主目录的路径。主目录是指保存 Web 网站的文件夹，当用户访问该网站时，Web 服务器会自动将该文件夹中的默认网页显示给客户端用户。

默认的 Web 主目录为 "%SystemDrive%\inetpub\wwwroot" 文件夹。但在实际应用中通常不采用该默认文件夹。这是因为将数据文件和操作系统放在同一磁盘分区中，会出现失去安全保障、系统不能干净安装等问题，并且当保存大量的音视频文件时，可能造成磁盘或分区的空间不足。所以，最好将作为数据文件的 Web 主目录保存在其他硬盘或非系统分区中。

如果要修改已建网站的主目录信息，则点击图 6-11 中的"基本设置"链接，打开如图 6-15 所示的编辑网站对话框，修改"物理路径"文本框中的内容，即可完成网站主目录的修改。

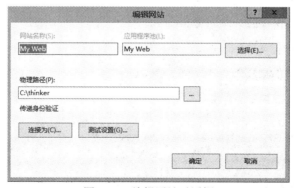

图 6-15　编辑网站对话框

(2) 设置主目录访问权限。对于主目录，可以设置 Web 用户访问时的权限，其设置方法如下：点击图 6-11 中的"编辑权限"链接，打开如图 6-16 所示的主目录属性的对话框。关于文件夹的权限的设置，在前面的 Windows 2012 Server 基础中就有介绍，在此不再累述。

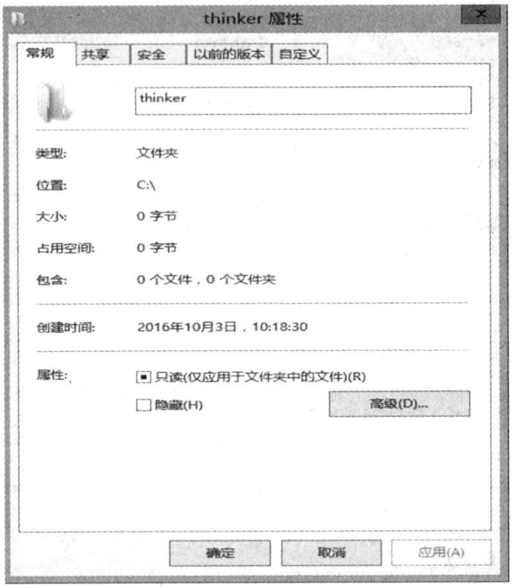

图 6-16　主目录属性对话框

2) 设置默认文档

通常情况下，Web 网站都需要至少一个默认文档，当在 IE 浏览器中使用 IP 地址或域名访问时，Web 服务器会将默认文档回应给浏览器，并显示其内容。

利用 IIS 搭建 Web 网站时，默认文档的文件名有 5 种，分别为 Default.htm、Default.asp、Index.htm、IISstart.htm 和 Default.aspx，这也是一般网站中最常用的主页名。当然，也可以由用户自定义默认网页文件。在访问时，系统会自动按顺序由上至下依次查找与之相对应的文件名，如果找不到，就会提示"HTTP 错误信息"，如图 6-17 所示。

图 6-17　HTTP 错误信息

如果要设置或修改已建网站的默认文档,点击图 6-11 图形化模块界面中的"默认文档"图标,打开如图 6-18 所示的默认文档页;然后点击"添加"链接,打开如图 6-19 所示的添加默认文档对话框;而后输入默认文档的名称,点击"确定"按钮即可完成默认文档的添加。添加后的默认文档可以选取之后单击右部的"上移"或者"下移"链接来调整文档的排列次序。

图 6-18   默认文档页

图 6-19   添加默认文档对话框

3) 设置用户验证

在许多网站中,大部分的 WWW 访问都是匿名的,客户端请求时不需要使用用户名和密码,只有这样才可以使所有用户都能访问该网站。但对安全要求高的网站则要对用户进行身份验证。

在图 6-11 的图形化模块界面中双击"身份验证"图标,即可打开如图 6-20 所示的身份验证页。IIS 8.0 提供匿名身份验证、基本身份验证、摘要式身份验证、Windows 身份验证和 ASP.NET 模拟等多种身份验证方法,一般在禁止匿名访问时,才使用其他验证方法。本书简单介绍匿名身份验证和基本身份验证访问方式,其他身份验证方式请参照 IIS8.0 身份验证帮助文档。

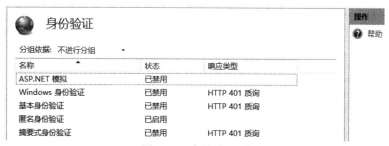

图 6-20   身份验证页

(1) 启用匿名访问。通常情况下,绝大多数 Web 网站都允许匿名访问,即 Web 客户无须输入用户名和密码，即可访问 Web 网站。默认情况下，匿名身份验证在 IIS 8.0 中处于启用状态。匿名访问其实也是需要身份验证的，称为匿名验证。当客户访问 Web 站点时，使用匿名访问账号自动登录。默认情况下，IUSR 账户包含在用户组 Guests 中。该组具有安全限制，由 NTFS 权限强制使用，指出了访问级别和可用于公共用户的内容类型。当允许匿名访问时，就向用户返回网页页面；如果禁止匿名访问，IIS 将尝试使用其他验证方法。对于一般的、非敏感的企业信息发布，建议采用匿名访问方式。

Internet 信息服务(IIS)使用匿名账户匿名访问的过程如下：

① 在安装过程中，将匿名账户添加到运行 IIS 的计算机上的 Guests 组中。

② 在收到请求时，IIS 在运行任何代码之前先模拟匿名账户，因为 IIS 知道该账户的用户名和密码。

③ 在将页面返回到客户端之前，IIS 检查 NTFS 文件和目录权限，查看是否允许匿名账户访问该文件。

④ 如果允许访问，则访问进程(也称为"授权")完成并给用户提供这些资源。

⑤ 如果不允许访问，IIS 将尝试使用其他验证方法。如果没有做出任何选择，IIS 则向浏览器返回"HTTP403 访问被拒绝"错误消息。

匿名身份验证的操作包括禁用、启用和编辑。禁用就是关闭匿名身份验证；启用为打开匿名身份验证；点击编辑显示编辑匿名身份验证凭据对话框，可以在其中设置匿名用户将用于连接到站点的安全主体。选择图 6-20 中的匿名身份验证即可完成相关操作。

(2) 基本身份验证。在网络上传输弱加密的密码，通常在客户端与服务器之间的连接是安全连接时，才能使用基本身份验证。基本身份验证是 HTTP 规范的一部分并被大多数浏览器支持，但是由于用户名和密码是弱加密的，因此可能存在安全性风险。若欲以基本验证方式确认用户身份，则用于基本验证的 Windows 用户必须具有本地登录用户权限，因为基本验证将模仿为一个本地用户(即实际登录到服务器的用户)。

使用基本身份验证对客户端进行身份验证的过程如下：

① Internet Explorer Web 浏览器显示一个窗口，以使用户输入先前分配的 Windows 账户用户名和密码(也称为"凭据")。

② Web 浏览器试图使用用户凭据与服务器建立连接。

③ 如果用户凭据被拒绝，则 Internet Explorer 显示一个身份验证窗口以重新输入用户凭据。Internet Explorer 允许用户进行三次连接尝试，尝试三次之后连接就会失败并向用户报告错误。

④ 如果 Web 服务器证实用户名和密码与有效 Microsoft Windows 用户账户相符，则建立连接。

基本身份验证的操作包括禁用、启用和编辑。禁用就是关闭基本身份验证；启用为打开基本身份验证；点击编辑显示编辑基本身份验证设置对话框，可以在其中设置默认的域和领域。选择图 6-20 中的基本身份验证即可完成相关操作。

4) HTTP 响应标头

在图 6-11 的图形化模块界面中双击"HTTP 响应标头"图标，即可打开如图 6-21 所示的 HTTP 响应标头页。使用"HTTP 响应头"功能页，可以管理包含有关请求页面的信息的名称和值对列表以及配置常用的 HTTP 头。

图 6-21　HTTP 响应标头页

点击设置常用标头，打开如图 6-22 所示的设置常用 HTTP 响应头对话框。

图 6-22　设置常用 HTTP 响应头对话框

勾选"使 Web 内容过期"复选框，可设置失效时间。对时间敏感的资料中可能包括日期，如专门报价或事件公告，则会容易引起失效。浏览器将当前日期与失效日期进行比较，确定是显示高速缓存页还是从服务器请求更新过的页面。在这里，"立即"表示网页一经下载就过期，浏览器每次请求都会重新下载网页；"之后"表示设置相对于当前时刻的时间；"时间"则表示设置到期的具体时间。

5)　MIME 类型

在图 6-11 中的图形化模块界面中双击"MIME 类型"图标，即可打开 MIME 类型页，使用 MIME 类型功能页，可以管理多用途 Internet 邮件扩展(MIME)类型列表，以便能够识别可从 Web 服务器向浏览器或邮件客户端提供的内容的类型。

6.2.4　建立基于主机头的多虚拟主机站点

使用主机头创建的域名也称二级域名。现在，以 Web 服务器上利用主机头创建 book.thinker.com 和 bbs.thinker.com 两个网站为例进行介绍，其 IP 地址均为 192.168.0.1。

(1) 为了让用户能够通过 Internet 找到 book.thinker.com 和 bbs.thinker.com 网站的 IP 地址，需将其 IP 地址注册到 DNS 服务器。在 DNS 服务器中，新建两个主机，分别为"book"和"bbs"，IP 地址均为 192.168.0.1。

(2) 分别用 6.2.1 中介绍的方法添加两个网站。当设置 IP 地址、端口和此网站的主机名时，主机名的文本框中分别输入新建网站的域名，如"book.thinker.com"或"bbs.thinker.com"，如图 6-23 和图 6-24 所示。

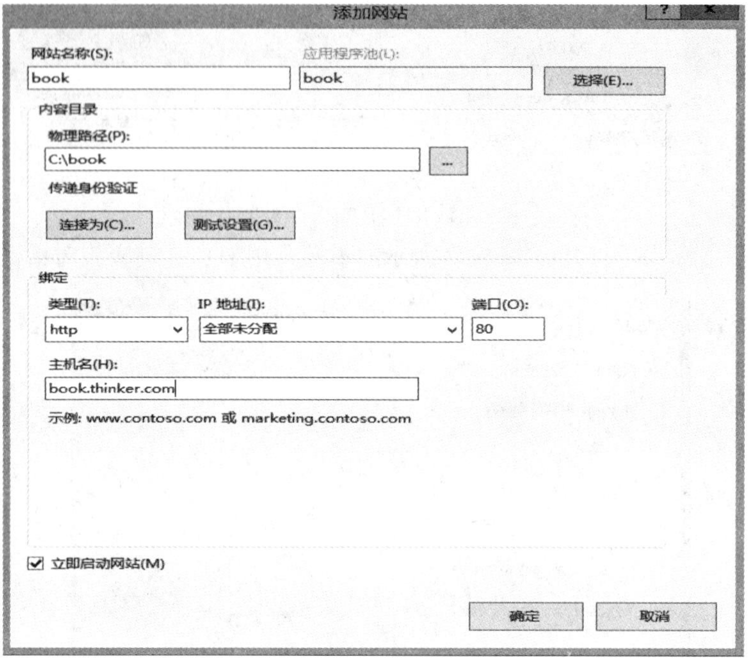

图 6-23 "book.thinker.com" 网站

图 6-24 "bbs.thinker.com" 网站

(3) 如果要修改网站的主机名，点击图 6-11 中的"绑定"链接，打开如图 6-12 所示的网站绑定对话框；然后单击"编辑"按钮，打开如图 6-13 所示的编辑网站绑定对话框，即可完成 IP 地址、端口号和主机名等信息的修改。

使用主机名来搭建多个具有不同域名的 Web 网站，与利用不同 IP 地址建立虚拟主机的方式相比，这种方案更为经济实用，可以充分利用有限的 IP 地址资源，来为更多的客户提供虚拟主机服务。

6.2.5　建立基于端口的多虚拟主机站点

IP 地址资源越来越紧张，有时需要在 Web 服务器上架设多个网站，但计算机却只有一个 IP 地址，那么使用不同的端口号也可以达到架设多个网站的目的。

其实，用户访问所有的网站都需要使用相应的 TCP 端口。不过，Web 服务器默认的 TCP 端口为 80，在用户访问时不需要输入。但如果网站的 TCP 端口不为 80，在输入网址时就必须添加端口号，而且用户在上网时也会经常遇到必须使用端口号才能访问的网站。利用 Web 服务的这个特点，可以架设多个网站，每个网站均使用不同的端口号，这种方式创建的网站，其域名或 IP 地址部分完全相同，仅端口号不同。

例如，Web 服务器中原来的网站为 bbs.thinker.com，使用的 IP 地址为 192.168.0.1，现在要再架设一个网站，IP 地址仍使用 192.168.0.1，此时可在添加网站的对话框中，将新网站的 TCP 端口设为其他端口(如 8080)，如图 6-25 所示。这样，用户在访问该网站时，就可以使用网址 http://bbs. thinker. com:8080 或 http://192.168.0.1:8080 来访问了。

图 6-25　设置端口号

6.2.6　建立基于 IP 的多虚拟主机站点

如果要在一台 Web 服务器上创建多个网站，为了使每个网站域名都能对应于独立的 IP 地址，一般都使用多 IP 地址来实现，这种方案称为 IP 虚拟主机技术，也是比较传统的解决方案。当然，为了使用户在浏览器中可使用不同的域名来访问不同的 Web 网站，必须将主机名及其对应的 IP 地址添加到域名解析系统(DNS)。如果使用此方法在 Internet 上维护多个网站，也需要通过 InterNIC 注册域名。

Windows Server 2012 系统支持在一台服务器上安装多块网卡，并且一块网卡还可以绑定多个 IP 地址。将这些 IP 分配给不同的虚拟网站，就可以达到一台服务器多个 IP 地址来架设多个 Web 网站的目的。例如，要在一台服务器上创建两个网站：192.168.0.2 和 192.168.1.2，需要在服务器网卡中添加这两个地址。

(1) 从"控制面板"中打开"网络连接"窗口，右键单击要添加 IP 地址的网卡的本地连接，选择快捷菜单中的"属性"项；在"Internet 协议(TCP / IP)属性"窗口中，单击"高级"按钮，显示"高级 TCP / IP 设置"窗口；单击"添加"按钮将这两个 IP 地址添加到"IP 地址"列表框中，如图 6-26 所示。

图 6-26　添加网卡地址

(2) 分别用 6.2.1 中介绍的方法添加两个网站。当设置 IP 地址、端口和此网站的主机名时，IP 地址的下拉列表中分别选取新建网站的 IP 地址，分别为 192.168.0.2 和 192.168.1.2。

(3) 当这两个网站创建完成以后，再分别为两个网站进行配置，如指定默认文档等。这样，在一台 Web 服务器上就可以创建多个网站了。

6.2.7　在 IE 浏览器中测试 WWW 站点

1．WWW 站点的访问

WWW 站点一旦建立好后，就可以借助 Web 浏览器访问 Web 网站，实现对网站的访问测试。

匿名访问时的格式：http://服务器地址。

登录到 Web 网站以后，首先打开的是该网站的门户，也就是主目录中的默认文档。通过 IE 浏览器就可以访问已经建立的 Web 站点，并检验各种显示效果。

2．虚拟目录的访问

当利用 Web 浏览器连接至 Web 网站时，所显示的网页并不会显示虚拟目录中的网页，因此，如果想显示虚拟目录中的网页，必须改变到虚拟目录。

如果使用 Web 浏览器方式访问 Web 网站，可在地址栏中输入地址的时候，直接在后面添加虚拟目录的名称，必须改变到虚拟目录，格式为：http://服务器地址/虚拟目录名称/网页文件，这样就可以直接访问到 WWW 服务器虚拟目录中的网页文件。

6.3　FTP 服务器配置

FTP(File Transfer Protocol，文件传输协议)用于实现客户端与服务端之间的文件传输。尽管 Web 服务也可以提供文件下载服务，但是由于 FTP 服务的效率更高，对权限的控制更为严格，因此仍然被广泛应用于为 Internet/Intranet 客户提供的文件下载服务，同时也是最为安全的 Web 网站内容更新手段。

6.3.1　建立 FTP 站点

1. FTP 组件的安装

(1) 单击"开始"→"管理工具"，选择"服务器管理器"，在服务器管理器对话框中选取"角色"，点击"添加角色"进入角色向导对话框，单击"下一步"按钮进入选择服务器角色对话框，选中"Web 服务器(IIS)"选项，如图 6-3 所示。

(2) 展开"Web 服务器(IIS)"节点，继续展开"FTP 服务器"节点，选择"FTP 服务器"复选框和"FTP 服务"复选框，如图 6-27 所示。

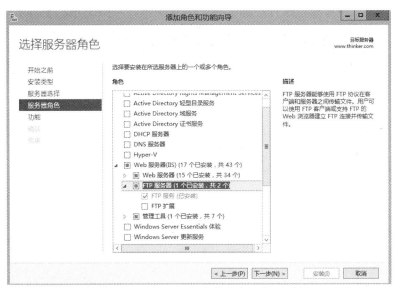

图 6-27　选择 Web 服务的角色服务对话框

(3) 点击"下一步"按钮后，在出现的"选择功能"页上单击"下一步"按钮，之后在"确认安装选择"页上单击"安装"按钮即可安装 FTP 服务。

FTP 安装完成后，在"管理工具"→"Internet 信息服务(IIS)"中打开"Internet 信息服务(IIS)"窗口，展开"网站"节点，即可完成 FTP 站点的管理。在 Windows Server 2012

中，将 FTP 站点和 Web 站点的管理进行了统一，均属于 Internet 信息服务(IIS)8.0 管理器
中的"网站"管理。

2．建立 FTP 站点

FTP 服务在安装完成后要添加 FTP 站点，需按照如下步骤操作：

(1) 打开"IIS 管理器"，在"连接"窗格中分别展开服务器节点和"网站"节点，如
图 6-4 所示。

(2) 在"操作"窗格中单击"添加 FTP 站点"以打开添加 FTP 站点向导。

(3) 在"站点信息"页面上的"FTP 站点名称"文本框中输入 ftp1，作为 FTP 站点键
入的唯一标识名称；在"物理路径"文本框中键入物理路径"C:\ftp1"或单击浏览按钮("...")
来查找内容目录的物理路径(C:\ftp1)，如图 6-28 所示。

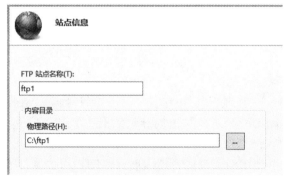

图 6-28　FTP 站点信息页面

(4) 单击"下一步"按钮以打开绑定和 SSL 设置页面，如图 6-29 所示。

图 6-29　FTP 绑定和 SSL 设置页面

如果不想绑定 IP 地址，让其处于"全部未分配"状态即可；如果要"绑定"IP 地址，
则在"IP 地址"列表中，选择或键入 IP 地址即可。在"端口"文本框中键入端口号，默
认为 21。如果希望在单个 IP 地址上托管多个 FTP 站点，则可以在"虚拟主机"文本框中

键入主机名，例如键入 ftp1.thinker.com，此操作为可选项。如果希望手动启动 FTP 站点，则清除"自动启动 FTP 站点"框，选择"无 SSL"。

(5) 单击"下一步"按钮以打开身份验证和授权信息页面，如图 6-30 所示。在"身份验证"下选择"匿名"复选框，使用匿名访问的方式；从"授权"下的"允许访问"列表中，选择"匿名用户"；从"权限"下选择"读取"复选框；单击"完成"按钮即可完成简单的 FTP 站点的创建。该 ftp1 站点只能匿名访问，匿名用户对该站点具有读取权限，Windows 账户不能访问该站点。

图 6-30   FTP 身份验证和授权信息页面

6.3.2   建立虚拟目录

使用虚拟目录可以在服务器硬盘创建多个物理目录，或者引用其他计算机上的主目录，从而为不同上传或下载服务的用户提供不同的目录，并且可以为不同的目录分别设置不同的权限，如只读、写入等。使用 FTP 虚拟目录时，由于用户不会知晓文件的具体保存位置，从而使得文件存储更加安全。

1. 虚拟目录的创建

在新创建的 ftp1 站点中创建一个名为 Test 的虚拟目录。在 Internet 信息服务(IIS)管理器窗口左侧的目录树中展开"网站"项，右键单击欲创建虚拟目录的 FTP 站点，选择快捷菜单中的"新建"→"虚拟目录"，显示虚拟目录添加对话框，如图 6-31 所示。

(1) 设置虚拟目录别名，也就是该虚拟目录的名称。该别名既用于区别其他虚拟目录，又直接用于为客户提供访问服务。FTP 客户端对该虚拟目录的访问，正是通过该别名实现的。别名应当使用英文字母，并且应当具有一定的意义，从而便于记忆和识别。该别名将显示在"FTP 站点"相应的虚拟站点中。

(2) 设置虚拟目录的物理路径。该文件夹既可以位于本地硬盘，也可以是远程计算机的共享文件夹。远程共享文件夹的引用格式为"\\计算机名 \ 共享名"。例如，当欲引用计算机"Sev2012"中的"ShareDir"文件夹时，应输入"\\Sev2012\ShareDir"。当使用远程主机中的共享文件夹时，需输入授权访问的用户名和密码。

(3) 打开"连接为"对话框，从该对话框中可以选择如何连接到在"物理路径"文本框中键入的路径。默认情况下，"应用程序用户(通过身份验证)"处于选定状态。

(4) 打开"测试设置"对话框，从该对话框中可以查看测试结果列表以评估路径设置是否有效。

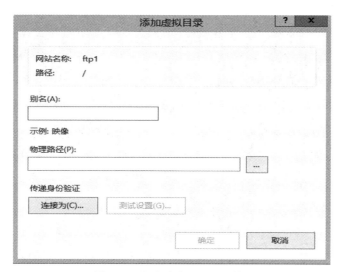

图 6-31　添加虚拟目录对话框

2. 虚拟目录的配置与管理

选择虚拟目录 Test，显示如图 6-32 所示的虚拟目录主页面。在操作窗格中，"浏览"为(在 Windows 资源管理器中)打开映射到选定虚拟目录的物理目录；"编辑权限"为打开映射到选定虚拟目录的物理目录的 Windows 属性对话框进行虚拟目录的权限设置；"基本设置"为打开编辑虚拟目录对话框，可以在其中编辑创建选定虚拟目录时指定的设置。

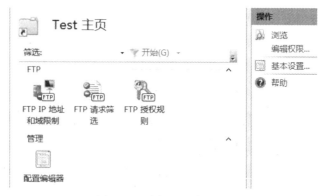

图 6-32　虚拟目录主页面

在功能视图中，可以完成虚拟目录的 IP 地址和域限制、请求筛选和授权规则等功能的设置。该设置和 FTP 站点的相关属性设置非常类似，在此不再累述，可参照 6.3.3 节中的相关介绍。

6.3.3　配置站点属性

选择新建的 ftp1 站点，显示如图 6-33 所示的 ftp1 主页面。

图 6-33　ftp1 主页面

1.　设置 IP 地址和端口

在刚刚安装好 FTP 服务以后，默认状态下 IP 地址为"全部未分配"方式，即 FTP 服务与计算机中所有的 IP 地址绑定在一起，默认的 TCP 端口为 21。这种状态下，FTP 客户端用户可以使用该服务器中绑定的任何 IP 地址及默认端口进行访问，而且允许来自任何 IP 地址的计算机进行匿名访问，显然这种方式是不安全的。为了安全起见，网络管理员需要设置相应的 IP 地址和端口。

在"操作"窗格中，单击"绑定..."打开网站绑定对话框，双击要编辑的网站，弹出如图 6-34 所示的编辑网站绑定对话框。

图 6-34　编辑网站绑定对话框

在 FTP 站点标识选项区域中，需要设置以下三个项目：

(1) IP 地址。如果该主机绑定有多个 IP 地址，那么可以在"IP 地址"下拉列表中为该 FTP 站点指定一个 IP 地址。这样，客户端用户只能通过这一个 IP 地址访问该 FTP 服务器。

默认状态下，FTP 网站会采用"全部未分配"方式，响应所有没有指定到其他站点的 IP 地址的访问。如果安装有多个虚拟 FTP 站点，而且每个站点都有自己的域名时，应当为每个站点都分配一个独立的 IP 地址。

(2) 端口。FTP 服务的默认 TCP 端口为 21。需要注意的是，必须为 FTP 服务器指定一个端口号，"TCP 端口"文本框不能置空。当然，在指定 FTP 服务端口时，应当避免使用常用服务的 TCP 端口。

(3) 主机名。在 IIS 8.0 中，FTP 中也提供了主机名选项，如果希望在单个 IP 地址上托管多个 FTP 站点，则可以在"主机名"文本框中键入主机名。

2．设置主目录

FTP 服务的主目录是指映射为 FTP 根目录的文件夹，FTP 站点中的所有文件全部保存在该文件夹中。同时，当 FTP 客户访问该 FTP 站点时，也只有该文件夹(即主目录)中的内容可见，并且作为该 FTP 站点的根目录。

1) 设置主目录文件夹

点击图 6-33"操作"窗格中的"基本设置…"，弹出如图 6-35 所示的编辑网站对话框，可以更改 FTP 站点的主目录。

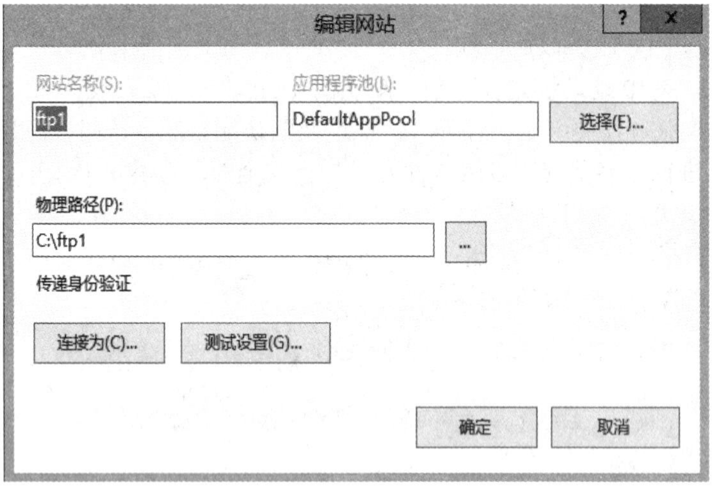

图 6-35　编辑网站对话框

FTP 站点主目录的位置可以指定到本地计算机中的其他文件夹，甚至是另一台计算机上的共享文件夹。

本台计算机上的目录：在使用本地硬盘中的文件夹时，应输入完整路径，例如"D:\ftproot\files"。另外，网站主目录既可以是某个文件夹，也可以是某个磁盘或卷集。推荐以该方式指定 Web 服务器的主目录。

另一台计算机上的共享位置：必须使用统一命名约定(Universal Naming Convention，

UNC)服务器和共享名，即"\\服务器名\共享名"。注意，一般不推荐使用这种方式定位主目录。因为使用该方式后，用户通过 FTP 客户端访问网站时就要求输入访问该计算机所需的用户名和密码，不仅会使访问变得更加复杂，而且当以重要用户身份(如 Administrator 或 System)登录时，还会给网络安全带来潜在的危害。

2) 设置主目录权限

在 FTP 站点中设置访问权限的同时，还必须在 Windows 资源管理器中为 FTP 根目录设置 NTFS 文件夹权限。原因很简单，NTFS 权限优先于 FTP 站点权限。点击图 6-33 "操作"窗格中的"编辑权限…"即可完成主目录权限的设置。由于该权限编辑就是设置主目录 NTFS 文件夹的权限，故该部分的操作可参考本书 3.6.1 节的相关内容。

3. 配置 FTP IP 地址和域限制

通过对 FTP IP 地址的限制，可以只允许或拒绝某些特定范围内的计算机访问该 FTP 站点，从而可以在很大程度上避免来自外界的恶意攻击，并且将授权用户限制在某一个范围。将 IP 地址限制与用户认证访问结合在一起，将进一步提高 FTP 站点访问的安全性。特别是对于企业内部的 FTP 站点而言，采用 IP 地址限制的方式，是非常简单而有效的。

双击图 6-33 中的"FTP IP 地址和域限制"即可打开如图 6-36 所示的 FTP IP 地址和域限制页面。FTP IP 地址和域限制可以为特定 IP 地址、IP 地址范围和域名定义和管理允许或拒绝访问内容的规则。若要根据域名配置限制，必须先启用域名限制，方法是在任务列表中单击"编辑功能设置"，然后设置"启用域名限制"选项。

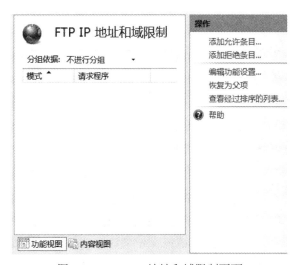

图 6-36　FTP IP 地址和域限制页面

在功能视图中，"模式"表示显示规则的类型，值可以是"允许"或"拒绝"。"模式"值表明设计该规则是为了允许对内容的访问，还是拒绝对它的访问；"请求程序"是显示在添加允许限制规则和添加拒绝限制规则对话框中定义的特定 IP 地址、IP 地址范围或域名。可以专门允许或拒绝请求程序访问内容。

在"操作"窗格中，包括添加允许条目、添加拒绝条目、编辑功能设置、恢复为父项、查看经过排序的列表等。

(1) 添加允许条目。打开添加允许限制规则对话框，可以从该对话框中为特定 IP 地址、

IP 地址范围或 DNS 域名定义允许访问内容的规则。

(2) 添加拒绝条目。打开添加拒绝限制规则对话框，可以从该对话框中为特定 IP 地址、IP 地址范围或 DNS 域名定义拒绝访问内容的规则。

(3) 编辑功能设置。打开编辑 IP 和域限制设置对话框，从该对话框中可以配置应用于整个 IP 和域名限制功能的设置。

(4) 恢复为父项。恢复功能以从父配置中继承设置。此操作将为此功能删除本地配置设置(包括列表中的项目)。此操作在服务器级别不可用。

(5) 查看经过排序的列表。按配置的顺序显示列表。如果选择经过排序的列表格式，则只能在列表中将项目上移和下移。"操作"窗格中的其他操作将不会出现，直至选择未经排序的列表格式为止。

4．配置 FTP SSL 设置

双击图 6-33 中的"FTP SSL 设置"即可打开如图 6-37 所示的 FTP SSL 设置页面。FTP SSL 设置可以管理对 FTP 服务器与客户端之间的控制通道和数据通道传输的加密。

图 6-37 FTP SSL 设置页面

在功能视图中显示了 FTP SSL 的相关设置内容，包括 SSL 证书和 SSL 策略。

(1) SSL 证书：指定要用于 SSL 的 SSL 证书。选择 SSL 证书将对特定的 FTP 站点或 FTP 服务器启用 SSL。若要禁用 SSL，请从下拉列表中选择"未选定"。

(2) SSL 策略：包括允许 SSL 连接、需要 SSL 连接和自定义。

· 允许 SSL 连接：选择此设置后，如果选择 SSL 证书，则允许对控制通道和数据通道进行数据加密。

· 需要 SSL 连接：选择此设置后，如果选择 SSL 证书，则要求必须对控制通道和数据通道进行数据加密。

· 自定义：选择此设置后，如果选择 SSL 证书，将自定义对控制通道和数据通道各自的数据加密要求。该选项将启用"高级"按钮；单击"高级"将显示高级 SSL 策略对话框，如图 6-38 所示。

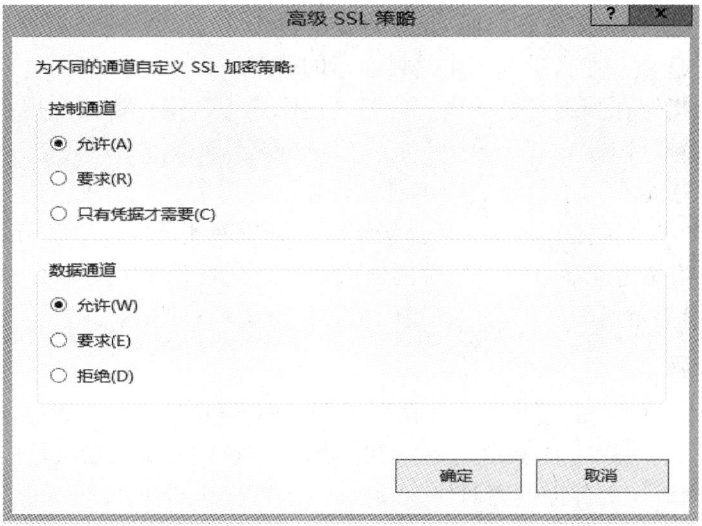

图 6-38 高级 SSL 策略对话框

对于"控制通道"可以有 3 个选择:"允许"表示对控制通道进行数据加密,通过此选项,客户端可以选择对控制通道是否使用 SSL;"要求"表示必须对控制通道进行数据加密,此选项将致使所有客户端对控制通道上的所有活动都使用 SSL;"只有凭据才需要"指定仅当传输用户凭据时才必须对控制通道进行数据加密,选择此选项将致使所有客户端在传输用户凭据时,都对控制通道使用 SSL,用户凭据传输完毕后,允许客户端选择是否继续对控制通道使用 SSL。"数据通道"包括的 3 个选项和"控制通道"的含义完全类似,在此不再赘述。

5. 配置目录浏览

双击图 6-33 中的"FTP 目录浏览"即可打开如图 6-39 所示的 FTP 目录浏览页面。使用 FTP 目录浏览可以修改用于在 FTP 服务器上浏览目录的内容设置。配置目录浏览时,所有目录都使用相同的设置。

图 6-39 FTP 目录浏览页面

FTP 目录浏览包括目录列表样式和目录列表选项的设置。

(1) 目录列表样式:指定列出目录的内容时要使用的格式。其中,MS-DOS 为使用

MS-DOS 格式显示文件和文件夹，而 Unix 为使用 Unix 格式显示文件和文件夹。

(2) 目录列表选项：在目录列表中需要显示的信息。

- 虚拟目录指定在列出目录的内容时是否显示虚拟目录。如果启用，则显示虚拟目录；否则，隐藏虚拟目录。

- 可用字节指定在列出目录的内容时是否显示可用字节。所列出的可用字节反映磁盘的剩余大小，如果启用磁盘级或文件夹级配额，则反映剩余的可用字节。

- 四位数年份指定在显示每个文件的上次修改日期时要使用的年份格式。如果启用，则使用四位数年份显示日期；否则，使用两位数年份显示日期。

6. FTP 请求筛选

双击图 6-33 中的"FTP 请求筛选"即可打开如图 6-40 所示的 FTP 请求筛选页面。使用 FTP 请求筛选功能可以为 FTP 站点定义请求筛选设置。FTP 请求筛选是一种允许 Internet 服务提供商和应用程序服务提供商对协议和内容行为进行限制的安全功能。例如，使用"文件扩展名"选项卡可以指定允许或拒绝的文件扩展名列表。

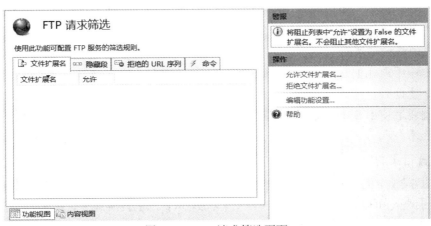

图 6-40　FTP 请求筛选页面

FTP 请求筛选功能可以配置 FTP 服务的筛选规则包括：文件扩展名、隐藏段、拒绝的 URL 序列和命令。

(1) 文件扩展名：使用 FTP 文件扩展名可定义 FTP 服务对其允许或拒绝访问的文件扩展名的列表。通过配置特定文件扩展名，Web 服务器管理员可以自定义 FTP 服务允许或拒绝的文件扩展名，从而增强服务器上的安全性。例如，如果拒绝 *.exe 和 *.com 文件的访问，则可以阻止 Internet 客户端将可执行文件上载到 Web 服务器。

(2) 隐藏段：使用 FTP 隐藏段可以定义 FTP 服务对其拒绝访问且不会显示在目录列表中的 URL 段的列表。例如，若要阻止对 Web 应用程序的 Bin 目录的访问，可以添加 Bin 目录作为 FTP 站点的隐藏段。当 FTP 客户端登录你的 FTP 站点时，Bin 文件夹不会显示在目录列表中。如果 FTP 客户端尝试更改到 Bin 文件夹，则 FTP 服务会向 FTP 客户端返回拒绝访问错误消息。

(3) 拒绝的 URL 序列：使用 FTP 拒绝的 URL 序列可定义 FTP 服务对其拒绝访问的 URL 序列的列表。例如，若要阻止对 Web 应用程序的 Bin 目录的访问，可以添加 Bin 目录作为 FTP 站点的拒绝 URL 序列。当 FTP 客户端登录你的 FTP 站点时，Bin 文件夹会显示在目录列表中；但是，如果 FTP 客户端尝试更改到 Bin 文件夹，FTP 服务会向 FTP 客户端返回拒绝访问错误消息。

(4) 命令：指定使用 FTP 命令可定义 FTP 服务对其允许或拒绝访问的命令的列表。通过配置特定命令，Web 服务器管理员可以自定义 FTP 服务允许的 FTP 命令的列表，从而加强服务器上的安全性。例如，如果拒绝 FTP SYST 命令的访问，则可以阻止 Internet 客户端确定服务器的操作系统。

7. 配置 FTP 身份验证

如果只是想设置简单的 FTP 站点，则按照 6.3.1 节的内容就可创建匿名访问 FTP 站点，但 FTP 站点中往往存储着非常重要的文件或应用程序，甚至是 Web 网站的全部内容，所以 FTP 站点的访问安全显得尤其重要。对于一些比较特殊的 FTP 站点，必须进行用户身份验证。

双击图 6-33 中的"FTP 身份验证"即可打开如图 6-41 所示的 FTP 身份验证页面。使用 FTP 身份验证可以配置 FTP 客户端用来获取内容访问权限的身份验证方法。管理员可以按名称、状态或类型对该列表进行排序，或者通过单击相应的列标题来键入。默认情况下不会启用任何身份验证方法。有两种类型的身份验证方法：内置和自定义。

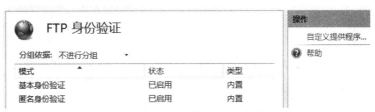

图 6-41　FTP 身份验证页面

1) 内置身份验证方法

内置身份验证方法是 FTP 服务器的组成部分。这些身份验证方法可以被启用或禁用，但无法从 FTP 服务器中删除，如匿名身份验证和基本身份验证。

(1) 匿名身份验证：通过提供匿名用户名和密码，允许任何用户访问任何公共内容。默认情况下，匿名身份验证处于禁用状态。如果希望 FTP 站点的所有客户端都能够查看其内容时，请启用匿名身份验证。

(2) 基本身份验证：要求用户提供有效的 Windows 用户名和密码以获取内容的访问权限。用户账户可以对于 FTP 服务器是本地账户或是域账户。基本身份验证在网络上传输未加密的密码。如果希望 FTP 站点的客户端可以通过 Windows 用户账户查看其内容时，请启用基本身份验证，但客户端与服务器之间最好使用 SSL 连接。

2) 自定义身份验证方法

自定义身份验证方法通过一个可安装组件来实现。这些身份验证方法可以被启用或禁用，也可添加到 FTP 服务器中或从中删除，如 ASP.NET 身份验证和 IIS 管理器身份验证等。

(1) ASP.NET 身份验证：要求用户提供有效的 .NET 用户名和密码以获取内容的访问权限。.NET 账户可以来自于你的 Web 内容共享的 ASP.NET 用户数据库，或来自单独的

ASP.NET 用户数据库。ASP.NET 身份验证需要配置一个提供程序，可能还要配置一个连接字符串，以便访问 ASP.NET 用户数据库。

(2) IIS 管理器身份验证：要求用户提供有效的 IIS 管理器用户名和密码以获取内容的访问权限。IIS 管理器身份验证需要安装 IIS 管理服务并将该服务配置为使用 Windows 凭据和 IIS 管理器凭据。使用 IIS 管理器身份验证时，IIS 管理服务不必运行。IIS 管理器身份验证在网络上传输未加密的密码。因此，最好在客户端与服务器之间使用 SSL 连接时，才启用 IIS 管理器身份验证。

8. 配置 FTP 授权规则

仅在 FTP 身份验证中启用了基本身份验证，此时 Windows 账户还不能访问 FTP 站点，还需要给 FTP 配置账户以及账户的权限，故需要完成 FTP 授权。

双击图 6-33 中的"FTP 授权规则"即可打开如图 6-42 所示的 FTP 授权规则页面。使用 FTP 授权规则可以管理"允许"或"拒绝"规则的列表，这些规则控制对内容的访问。这些规则显示在一个列表中，可以改变它们的顺序来对一些用户授予访问权限，同时对另一些用户拒绝访问权限。此外，使用 FTP 授权规则还可以查看有关其他规则的信息，如模式、用户、角色或权限。

图 6-42　FTP 授权规则页面

FTP 授权规则功能包括添加允许规则、添加拒绝规则、编辑功能设置等操作。添加允许规则、添加拒绝规则、编辑允许规则和编辑拒绝规则的设置非常类似，在此只介绍添加允许规则。

点击"添加允许规则…"，打开添加允许授权规则对话框，如图 6-43 所示。其中包括两部分配置内容：允许访问此内容和权限。

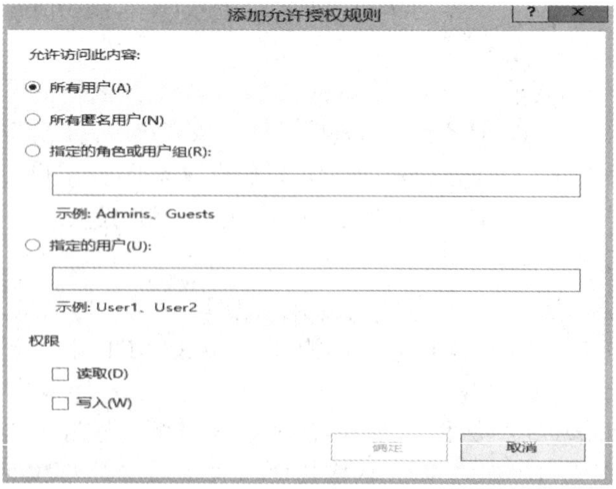

图 6-43　添加允许授权规则对话框

所有用户：选择此选项以便为匿名用户和经过身份验证的用户管理内容访问权限。确保将此规则置于任何授予内容访问权限的规则之下。如果此规则位于规则列表的顶部，则将允许所有用户访问内容。

所有匿名用户：选择此选项可为没有经过身份验证的用户管理内容访问权限。如果使用此规则，则匿名用户都可以访问内容。

指定的角色或用户组：选择此选项以便为特定的 Microsoft Windows 角色或用户组管理内容访问权限。如果使用此规则，则指定角色和组的所有成员都必须具有有效的基本或自定义身份验证用户账户和密码，才能进行身份验证。

指定的用户：选择此选项以便为特定用户账户管理内容访问权限。如果使用此选项，则所有用户都必须具有有效的基本或自定义身份验证用户账户和密码，才能进行身份验证。

读取：允许用户查看或下载存储在主目录或虚拟目录中的文件。如果只允许用户下载文件，建议只选择该复选框。

写入：允许用户向服务器中已启用的目录上传文件。除非该站点允许所有登录用户上传文件才可以选中该复选框，否则应当取消该复选框，而只启用"读取"权限。另外，创建虚拟目录或虚拟网站时，只对特权用户开放写入权限。

在 FTP 站点中设置访问权限的同时，还必须在 Windows 资源管理器中为 FTP 根目录设置 NTFS 文件夹权限。原因很简单，NTFS 权限优先于 FTP 站点权限。有关 NTFS 文件夹权限设置的相关内容，用户可参见本书的相关内容。

9．设置欢迎和退出消息

在 FTP 站点设置欢迎和提示消息后，当用户连接或退出该 FTP 站点时，将显示相应的欢迎和告别信息。对于企业网站而言，这既是一种自我宣传的机会，也显得更有人情味，对客户提供了更多的人文关怀。

双击图 6-33 中的"FTP 消息"，弹出如图 6-44 所示的 FTP 消息对话框，可以设置"横幅"、"欢迎使用"、"退出"、"最大连接数"消息和指定消息行为。

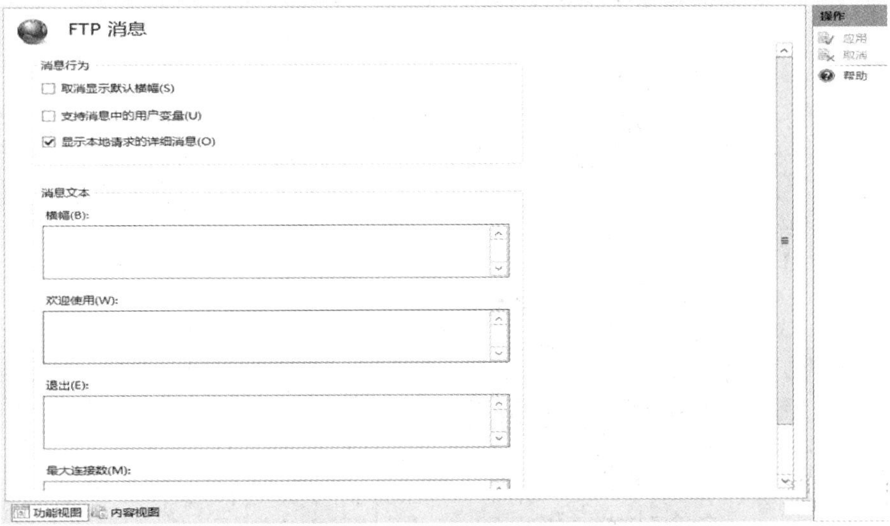

图 6-44　FTP 消息对话框

（1）横幅：指定当 FTP 客户端首次连接到 FTP 服务器时，FTP 服务器所显示的消息。通常用于设置该 FTP 站点的名称和用途。

（2）欢迎使用：当 FTP 客户端已登录到 FTP 服务器时，将显示此消息。欢迎信息通常包含下列信息：向用户致意、使用该 FTP 站点时应当注意的问题、站点所有者或管理者信息及联络方式、站点中各文件夹的简要描述或索引页的文件名、镜像站点名字和位置、上载或下载文件的规则说明等。

（3）退出：当 FTP 客户端从 FTP 服务器注销时，将显示此消息。通常为表达欢迎用户再次光临，向用户表示感谢之类的内容。

（4）最大连接数：当客户端试图连接到 FTP 服务器，但 FTP 服务已达到允许的最大客户端连接数，从而导致连接失败时将显示此消息。

（5）取消显示默认横幅：如果启用"取消显示默认横幅"，并且在"横幅"中未指定横幅消息，则当 FTP 客户端连接到你的服务器时，FTP 服务器将显示空的横幅。

（6）支持消息中的用户变量：指定是否在 FTP 消息中显示一组特定的用户变量。如果启用，则在 FTP 消息中显示用户变量；否则，将按输入的原样显示所有消息文本。

（7）显示本地请求的详细消息：指定当 FTP 客户端正在服务器自身上连接 FTP 服务器时，是否显示详细错误消息。如果启用，则仅向本地主机显示详细错误消息；否则，不显示详细错误消息。

10．FTP 站点默认设置

在 IIS 8.0 中，如果希望新的 FTP 站点使用不同的默认值时，可以通过更改 FTP 站点默认值实现。新更改的默认值不会覆盖现有站点。如果想修改现有站点的相关属性值只能手动修改。

在"连接"窗格中，单击"网站"节点，在"操作"窗格中，单击"FTP 站点默认值…"，弹出如图 6-45 所示的 FTP 站点默认值对话框。其每个参数的具体含义参照表 6-1。

图 6-45　编辑网站对话框

表 6-1　FTP 站点默认值

设置类别	设置名称	说　明
常规	允许 UTF-8	指定是否使用 UTF8 编码，默认值为 true
	自动启动	如果为 true，则 FTP 站点在创建时或 FTP 服务启动时启动，默认值为 true
连接	控制通道超时	指定连接因不活动而超时的超时值(以秒为单位)
	数据通道超时	指定数据通道因不活动而超时的超时值(以秒为单位)
	禁用套接字池	指定对于由 IP 地址区分而非由端口号或主机名区分的站点是否使用套接字池
	最大连接数	指定同时连接到服务器的最大连接数
	达到最大连接数时重置	指定当发送最大连接数响应时是否断开 FTP 会话
	服务器侦听积压工作	指定可排队的未处理套接字的数目
	未经身份验证的超时	指定建立新连接与身份验证成功之间的超时值(以秒为单位)
凭据缓存	已启用	指定是否为 FTP 服务启用凭据缓存
	刷新间隔	指定存储在缓存中的凭据的缓存生存期(以秒为单位)
文件处理	允许在上载时读取文件	指定将文件传输到服务器时，是否可以读取这些文件
	允许重命名时进行替换	指定重命名文件时，这些文件是否可以覆盖其他文件
	保留部分上载	指定是否保留已部分上载的文件

6.3.4　建立多 FTP 站点

在一台主机上，也可以创建多个虚拟 FTP 站点。例如，如果在一台服务器上同时提供 Web 服务和 FTP 服务，那么，就应当架设两个 FTP 站点，一个用于 Web 站点的内容更新，另一个为客户提供文件下载服务。对于中小企业而言，这是一种很常见的应用方式。

1. 虚拟站点的作用

虚拟 FTP 站点可以拥有自己的 IP 地址和主目录，可以单独进行配置和管理，可以独立启动、暂停和停止，并且能够建立虚拟目录。利用虚拟 FTP 站点可以分离敏感信息，或者分离不同作用的数据，从而提高数据的安全性，并便于数据的管理。

2. 虚拟站点的创建

在创建虚拟站点之前，需要做好以下两个方面的准备工作：

(1) 设置多个 IP 地址或主机名。在 IIS 8.0 中，可以基于 IP 地址、主机名和端口创建多个虚拟站点。若使用默认的端口号访问虚拟 FTP 站点，就必须为主机指定多个 IP 地址或域名，使每个 FTP 站点都拥有一个 IP 地址或主机名。

(2) 创建或指定主目录。每个虚拟 FTP 站点都拥有自己的主目录，因此在创建虚拟 FTP 站点之前，必须先为其创建或指定主目录文件夹，并根据需要设置相应的访问权限，以实现更好的访问安全。

FTP 虚拟站点的创建和 6.3.1 小节中的 FTP 站点的创建完全相同，在此不再赘述。需要注意的是：如果新建的 FTP 站点和现有的 FTP 站点使用同一个 IP 地址，则必须选不同的端口号或主机名；如果新建的 FTP 站点和现有的 FTP 站点使用同一个端口号，则必须选不同的 IP 地址或主机名。

(3) 虚拟站点的配置与管理。虚拟 FTP 站点的配置和管理方式与默认 FTP 站点完全相同，可参阅 6.3.3 中 FTP 站点配置的相关内容。

6.3.5　在 IE 浏览器中测试 FTP 站点

1. FTP 站点的访问

Web 浏览器除了可以访问 Web 网站外，还可以用来访问 FTP 服务器。

匿名访问时的格式为：ftp://服务器地址。

Windows 账户访问 FTP 服务器的格式为：ftp://用户名：密码@FTP 服务器地址。

登录到 FTP 网站以后，就可以像访问本地文件夹一样使用了。如果要下载文件，可以先复制一个文件，然后粘贴即可；若要上传文件，可以先从本地文件夹中复制一个文件，然后在 FTP 站点文件夹中粘贴，即可自动上传到 FTP 服务器。如果具有写入权限，还可以重命名、新建或删除文件或文件夹等。

2. 虚拟目录的访问

当利用 FTP 客户端连接至 FTP 站点时，所列出的文件夹中并不会显示虚拟目录，因此如果想显示虚拟目录，必须切换到虚拟目录。

如果使用 Web 浏览器方式访问 FTP 服务器，可在地址栏中输入地址的时候，直接在后面添加上虚拟目录的名称，即可访问 FTP 站点的虚拟目录。格式为：ftp://服务器地址/虚拟目录名称，这样就可以直接连接到 FTP 服务器的虚拟目录中了。

6.3.6　采用 FTP 命令和工具测试 FTP 站点

1. FTP 站点的访问

大多数访问 FTP 网站的用户都会使用 FTP 软件，因为 FTP 软件不仅使用方便，而且和 Web 浏览器相比，它的功能更加强大，如能断点续传等，这是浏览器所不具有的。比较常用的 FTP 客户软件有 CuteFTP、FlashFXP、LeapFTP 等。

2. 虚拟目录的访问

如果使用 FlashFXP 等 FTP 软件连接 FTP 网站，可以在建立连接时，在"远程路径"文本框中输入虚拟目录的名称；如果已经连接到了 FTP 网站，要切换到 FTP 目录，可以在文件列表框中右键单击并选择快捷菜单中的"更改文件夹"选项，在"文件夹名称"文本框中输入要切换到的虚拟目录名称。

本 章 小 结

本章主要介绍了 Windows Server 2012 下 IIS 管理器(Internet 信息服务管理器)的配置方法。重点介绍了 IIS 最常用的两大功能：Web 服务器和 FTP 服务器的配置与管理。

习题与思考

1. 什么是 Internet 信息服务器？
2. 管理和修改 Web 站点的配置可以通过哪些标签项来完成？
3. 如何设置连接、宽带和进程？这样做有什么好处？
4. 什么是虚拟服务器和虚拟目录？提供这些服务有什么好处？
5. 简要介绍 IIS 提供的 FTP 服务。
6. 管理 FTP 站点包括哪些主要内容？

实训三　配置 Windows Server 2012 的 IIS 服务器

一、实验原理

IIS 是目前使用很广泛的服务器之一，配置 IIS 服务器可以采用图形界面的方式。

在这个实验中，通过设置 IIS 服务器提供服务的端口，创建虚拟目录和子站点以及设置目录访问权限来了解 IIS 服务器的配置和使用。

二、实验目的

(1) 学会安装 IIS 服务器组件。

(2) 能通过 IIS 配置 WWW 服务。

(3) 能通过 IIS 配置 FTP 服务。

(4) 学会查看 IIS 服务器日志文件。

三、实验内容

(1) 添加 IIS 服务器组件。

(2) 配制一个简单的 WWW 服务器。

(3) 配置一个 FTP 服务器。

(4) 验证服务配置是否成功。

四、基础知识

(1) 了解 IIS 目录结构。

(2) 能够运用 IIS 服务管理器。

(3) 熟悉 WWW 服务和 FTP 服务。

五、实验环境

(1) 装有 Windows Server 2012 操作系统的计算机。

(2) 如果系统中没有安装 IIS 服务器组件，需要先安装 IIS 组件。

第 7 章　路由和 VPN 服务

　　路由器(Router) 是一种连接多个网络或网段的网络设备，它能将不同网络或网段之间的数据信息进行交换，从而构成一个更大的网络。通常路由是由专门的硬件设备提供的功能，而 Windows Server 2012 的路由功能也可以提供类似硬件的功能，让不同网络之间能够互相通信。虚拟专用网(VPN)是通过一个公用网络(通常是因特网)建立一个临时的、安全的连接，是一条穿过混乱的公用网络的安全、稳定的隧道。VPN 的核心就是在利用公共网络建立虚拟私有网。

　　本章主要介绍 Windows Server 2012 中的远程和路由访问功能的配置。

7.1　路　由　基　础

　　我们知道，具有相同网络号的主机处于同一网络内组成了一个个局域网。局域网与局域网之间的连接必须通过路由器。本章将介绍有关路由的一些基本概念，以及基于 Windows Server 2012 的软路由。

　　路由器是能够进行数据包转发的设备。路由器有两种：

　　(1) 硬件路由器：是专门设计用于路由的设备，不能运行应用程序，如 Cisco 公司的 1600、2500 系列路由器。

　　(2) 软件路由器：又称多宿主计算机(Multihomed Computer)或多宿主路由器，它可以看成是带有两个以上网卡(或有两个以上 IP 地址)的服务器。

　　软件路由器的作用与硬件路由器类似，但其可控制性更强，可以对网络之间的访问进行控制，例如可以设置允许哪些 IP 地址访问等。

　　Windows Server 2012 就可以作为软件路由器。Windows Server 2012 的路由和远程访问服务是一个全功能的软件路由器、一个开放式路由和互联网络平台。它为局域网(LAN)和广域网(WAN)环境中的商务活动、使用安全虚拟专用网络(VPN)连接的 Internet 的商务活动提供路由选择服务。

　　以图 7-1 为例，图中甲、乙、丙三个网络是利用两个 Windows Server 2012 构成的路由器来连接的，当甲网络内的计算机 A 欲与丙网络内的计算机 C 沟通时，计算机 A 会将信息传送到路由器 A，然后路由器 A 会将其转送到路由器 B，最后再由路由器 B 负责将其传送给丙网络内的计算机 C。

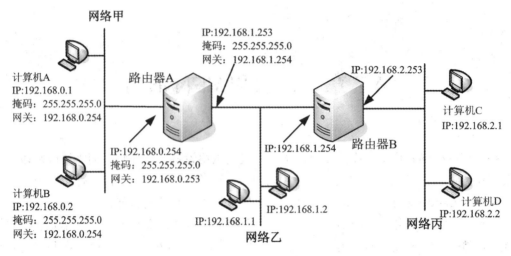

图 7-1　路由实例

7.1.1　路由选择

路由选择有着多种不同的策略，它们包括最短通路路由选择、固定通路路由选择和饱和路由选择等。

1. 最短通路路由选择

最短通路路由选择法是选用一条代价最少的通路，将分组数据从源地址送往目的地址。几乎在现有的公用和商业网络中实现的每一个最短通路算法都是 Dijkstra 和 Ford&Fulkerson 提出的最短通路算法的一个变种。Ford&Fulkerson 算法是一种分布式算法，仅需要关于直接相邻的节点的信息，而 Dijkstra 算法在路由决定点需要全部的网络拓扑知识。在最短通路路由选择中，网络中的路由决定点维持路由表，该表包含到达各个目的地的最短通路的长度以及沿着该通路的下一个节点，当网络中的交通条件改变时，以前知道是最短的一条通路，现在它可能不再是最短通路了。因此，关于当前资源状态的更新报文被送往路由决定点，以保持其中的信息能反映当前的情况，使这些路由决定点能够用这些限制条件做出最佳决定。一般说来，由于传输这些报文需要一定的时间，所以路由决定是接近最佳而非真正的最佳。当网络中出现故障时，路由表中的信息要等到更新信息到来时才会作出修改，这样路由表的回路问题就不可避免了。

2. 固定通路路由选择

在固定通路路由选择中，在中心点确定一组路由表，分发到网络中的每个节点。在任一时间，路由表对于连接任何两个设备仅定义一条通路。当交通状况或网络拓扑有显著变化时，控制点计算新的路由表更新接受这种变化影响的所有节点的表。如果网络是稳定的，这种方案可以优化产生好的结果。

3. 饱和路由选择

饱和路由选择是为了在电路交换网络中运行而开发的一个呼叫建立过程。在收到一个新的连接请求时，一个节点把该请求广播给它的所有邻居。类似的，当收到该请求的第一个拷贝时，中间节点把该请求报文转发给它的除了该报文来源的链路以外的所有链路。这个过程在每个节点重复进行，直到到达目的地节点为止。

饱和路由选择的主要优点是它的简单性、灵活性和可靠性，因为它的性能不受网络拓扑改变的影响。它的主要缺点是节点必须处理和传送大量的控制报文。

应当注意，路由选择是一个非常复杂的问题。因为路由选择是网络中的所有节点协同工作的结果，当网络中节点发生故障或网络阻塞时，网络路由信息很难得到更新。因此，路由选择问题还与流量控制(即动态分配网络资源)、路由更新协议等有关。

7.1.2　路由表

在互联网中进行路由选择要使用路由器，它平等地对待每一个网络。不论局域网的组成是大还是小，对路由器来说都只是一个网络。路由器只是根据所收到的数据报上的目的主机地址选择一个合适的路由器，进而将数据报传送到下一个路由器。最后的路由器负责将数据报传送到本地局域网接收。

路由器将分组在某个网络中走过的通路(由进入网络开始到离开网络为止)从逻辑上看成是一个路由单位，并将此路由单位称为一个路由段(hop)，或简称为段。若一节点通过一个网络与另一个节点连接，则说此两个节点相隔一个路由段。这里，一个路由器到本网络中的某个主机的路由段数为零。

至于每一个网络中的路由段由哪几条链路构成，路由器并不知道。所以，它只能计算各条通路所包含的路由段数，但对不同的网络，可以将其路由段乘以一个加权系数，用加权后的路由段数来衡量通路的长短。由此可见，采用路由段数最小的路由并非一定是理想的。

路由器进行路由选择时经常要查找路由表。路由表是一系列称为路由的项，其中包含有关网际网络的网络 ID 位置信息。路由表包含了一个数据库，该数据库存储了路由器如何在网络中寻径的信息。其每一行包含了网络地址、距离和下一个接收包的路由器地址。路由器将到来的网络地址与本表比较，就可以决定将包转发到哪里。在 Windows 控制台窗口输入"route print"命令，可以看到本机路由表的内容，如图 7-2 所示。

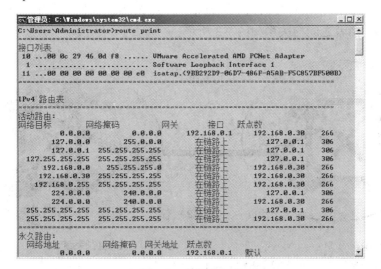

图 7-2　本机路由表

路由表由五列组成，每一列的意义如下：
- Network Destination(网络目标)：目标主机所属的网络地址。
- Netmask(网络掩码)：用来划分 IP 地址的网络 ID 和主机 ID。
- Gateway(网关)：本地主机将 IP 数据包转发到其他网络时所经过的 IP 地址。可以是本地网络适配器的 IP 地址或是同一网段内的路由器的 IP 地址。
- Interface(接口)：本地主机在网络种转发数据包时所使用的 IP 地址。
- Metric(跃点数)：路由器经过的路由器数。若没有指定开销，则使用 1。

如此，路由器便可以知道到某网络的主机的信息应该从哪个端口发出去。

另外，永久路由(Persistent routes)表示此处的路由路径并不会因为关机而关闭，它存储在注册表中，每次系统重新启动时都会自动设置此路径。

为了避免路由器中的路由表过于庞大，可以在网络中设置一个默认路由，这样设定那些在路由表中找不到的网络，从此路由端口转发出去，把寻址的任务交给下一个路由器。这对用一个路由器和 Internet 连接的小型局域网非常方便，不用负担太多的路由选择任务。路由表中的信息可以手动输入，也可以通过路由协议来自动生成。

7.1.3　路由协议

在搞清楚具体路由协议之前，我们先明确两个概念：路由协议与被路由的协议。

(1) 路由协议：通过提供共享路由选择信息的机制，将路由选择协议的消息在路由器之间传送。路由选择协议允许路由器与其他路由器通信交换信息，来维护和修改路由表，如 RIP 协议。

(2) 被路由的协议：是任何在网络层地址中提供了足够的信息的网络协议，该网络协议允许将数据包从一个主机转发到以地址方案为基础的另一个主机，如 IP 协议。

路由器是依靠其路由表进行选路的，所以下面将介绍一些重要的网络选路协议。不同的网络选路协议适合不同的网络配置。目前存在很多的选路协议，但基本上可以分为两大类：外部网关协议(Exterior Gateway Protocol，EGP)和内部网关协议(Interior Gateway Protocol，IGP)，两者之间的关系如图 7-3 所示。

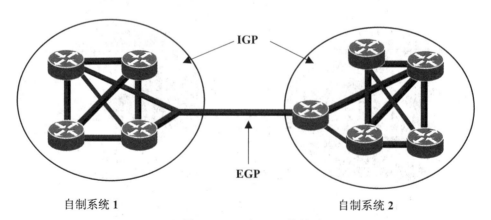

图 7-3　IGP 与 EGP 的关系

1. 外部网关协议(EGP)

EGP 是外部网关协议,是一种向量距离协议,主要用于各本地系统和主干网之间传送路由信息。它为邻接路由器提供了关于独立系统内部的通信流量信息。

EGP 的主要功能有:外部邻站的获取;邻站可达性测试;选路信息更新。

交换路由信息的两个路由器称之为邻站。

EGP 的最广泛应用是在 Internet 上。在 1990—1991 年,出现了一种叫边界网关协议 BGP(Border Gateway Protocol)的 TCP/IP 标准。BGP 设计得比原来的 EGP 更加灵活有效,改进了 EGP。BGP 是自制系统(AS)间的路由协议,它的主要功能是同其他的 BGP 系统之间交换网络可达信息。以无类域间路由(CIDR)为基础,BGP 已经发展到支持路由信息的聚合和削减。

2. 内部网关协议(IGP)

IGP 是内部网关协议,是在一个本地系统内部使用的选路协议,它描述了独立系统 (Autonomous System,AS)之间的通信流量。IGP 由本地系统独立地进行选择,而与在互连网中的其他本地系统选择何种路由协议无关。

IGP 按照交换信息的方法可进一步划分为距离向量路由协议(distance-vector routing protocol)和链路状态路由协议(1ink-state routing protocol)。

(1) 选路信息协议(RIP,Routing Information Protocol)就是基于距离向量的选路协议,只与直接连接到网络中的路由器交换信息。接着,每个路由器都将信息转发到直接连接的路由器。这样,信息就在网络中逐步、逐个的路由器中传播。RIP 允许一个通路最多只能由 15 个路由段组成,路由段数为 16 即相当于不可达,所以 RIP 只适用于小型网络。

距离向量路由协议的主要优点在于简单,路由器只通过广播与直接连接的邻居通信;缺点有很多,包括饱和时间太长、常常出现循环路由之类的问题、通信开销大。

(2) 内部网关路由协议(IGRP,Interior Gateway Routing Protocol)是由 CICSO 公司开发的一种距离向量路由协议。同 RIP 相比,IGRP 将网络的带宽、时延、可靠性和负载等因素综合起来,提供一种混合的选路度量。这种方式可以更真实地反映网络的路径特性,避免了 RIP 中出现的问题。IGRP 也有跳数的概念,但它的最大跳数是 255,所以它可以应用在大规模的网络中。

(3) 另一种更现代的交换路由信息的方法是链接状态路由协议。它使每个路由器都与网络中的其他路由器交换路由表;能够在发生变化时马上交换信息,从而减少饱和时间。开放最短通路优先(OSPF,Open Shortest Path First)是一种公开发表的链路状态向量协议,是任何人都可以使用的免费协议。OSPF 用 IP 数据报传送(其首部的协议字段值为 89),并且数据报很短,减少了路由信息的通信量。

OSPF 协议有两个要点:一是每个路由器不断地测试所有相邻路由器的状态;二是周期性地向所有其他路由器广播链路的状态。如此,链路状态报文只包括到相邻路由器的连通状态,因而报文的大小与网络数无关。当网络很大时,OSPF 协议要比 RIP 协议好得多。

7.2　配置 Windows Server 2012 软路由器

7.2.1　配置 Windows Server 2012 路由服务

(1) Windows Server 2012 是通过路由及远程访问服务来提供路由器的功能。路由和远程访问服务的添加在服务器管理中由"选择服务器角色"中选择添加"远程访问"，如图 7-4 所示，点击"下一步"按钮，在"选择角色服务"窗口中，勾选"DirectAccess 和 VPN(RAS)"和"路由"选项，如图 7-5 所示，连续点击"下一步"按钮并最终完成安装。在 Windows Server 2012 计算机上单击"开始"→"服务器管理器"选择"工具"中的"路由和远程访问"，打开路由和远程访问控制台，如图 7-6 所示。

图 7-4　添加远程访问服务

图 7-5　添加路由服务

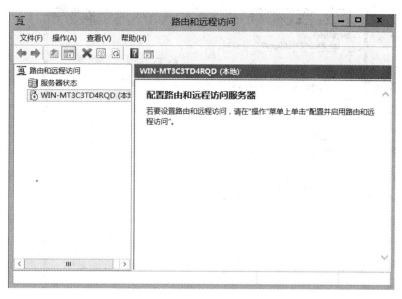

图 7-6　路由和远程访问控制台

(2) 在图 7-6 中右键单击服务器，选择"配置并启用路由和远程访问"，根据向导配置路由和远程访问，可以对路由和远程访问分别选择配置，这里选择"两个专用网络之间的安全连接"，如图 7-7 所示，然后单击"下一步"按钮。

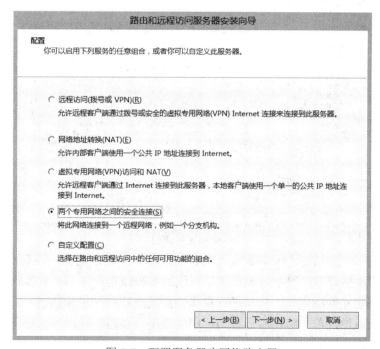

图 7-7　配置服务器为网络路由器

(3) 在出现的请求拨号连接窗口中选择"否"，这里不使用拨号连接网络，如图 7-8 所示，然后单击"下一步"按钮，在出现的对话框中单击"完成"按钮，系统将会出现一个正在启动路由和远程访问对话框，等待数秒钟后，路由和远程访问配置成功。

图 7-8 不使用拨号连接

(4) 配置完成后，出现路由和远程访问对话框即可以进行相应的管理，如图 7-9 所示。

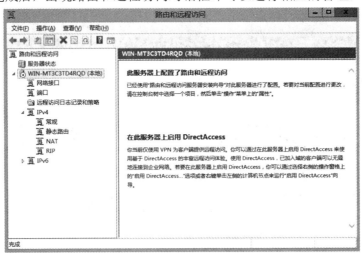

图 7-9 路由和远程访问对话框

Windows Server 2012 远程访问路由器将已安装的网络设备当作一系列路由接口、设备和端口来看。路由接口是转发单播或多播数据包的物理或逻辑接口。设备代表创建物理或逻辑点到点连接的硬件或软件。端口是支持单个点到点连接的通信信道。

(1) 路由接口(通过单击路由和远程访问中的"路由接口"可以浏览已安装和配置的路由接口)。

Windows Server 2012 路由器使用一个路由接口来转发单播 IP、IPX 或 AppleTalk 数据包以及多播 IP 数据包。有三种类型的路由接口：

LAN 接口：LAN 接口是物理接口，它通常代表使用诸如以太网或令牌环之类的局域网技术的局域连接。LAN 接口反映已安装的网卡。已安装的 WAN 适配器有时表示为 LAN

接口。例如，某些"帧中继"适配器为每个配置的虚电路创建独立的逻辑 LAN 接口。LAN 接口总是活动的并且通常不需要用身份验证过程激活。

请求拨号接口：请求拨号接口是代表点对点连接的逻辑接口。点对点连接基于物理连接，例如在使用调制解调器的模拟电话线上连接的两个路由器；或基于逻辑连接，例如在使用 Internet 虚拟专用网络连接上连接的两个路由器。请求拨号连接是请求型(仅在需要时建立点对点连接)或是持续型(建立点对点连接然后保持已连接状态)。请求拨号接口通常需要身份验证过程连接。请求拨号接口所需的设备是设备上的一个端口。

IP 中的 IP 隧道接口：IP 中的 IP 隧道接口是代表已建立隧道的点对点连接的逻辑接口。IP 中的 IP 隧道接口不需要身份验证过程连接。

(2) 设备(通过查看路由和远程访问中的"端口"属性可以浏览已安装的设备)。

设备是提供请求拨号和远程访问连接以用于建立点对点连接的端口的硬件或软件。设备可以是物理设备(例如调制解调器)或虚拟设备(例如虚拟专用网络(VPN)协议)。设备可以支持单个端口，例如一个调制解调器；或者支持多个端口，例如可以终止 64 个不同的模拟电话呼叫的调制解调器池。虚拟多个端口设备的范例是点对点隧道协议(PPTP)或第二层隧道协议(L2TP)。这些隧道协议中的每一个都支持多个 VPN 连接。

(3) 端口(单击路由和远程访问中的"端口"可以浏览已安装的端口)。

端口是支持单个点对点连接的设备隧道。对于单端口设备(例如调制解调器)，设备和端口是不能区分的。对于多端口设备，端口是设备的一个部分，通过它可以进行一个单独的点对点通信。例如，主要的速度接口(PRI)ISDN 适配器支持两个称为 B 通道的独立通道，ISDN 适配器是设备，每个 B 通道都是端口，因为单个的点对点连接可在每个 B 通道上进行。

7.2.2　配置静态路由

作为路由器的计算机应该有两个网络接口(网卡)，每个接口都配置一个 IP 地址(在不同的网段)。如果只有一个网络接口，也可以在网络接口上绑定两个 IP 地址来实现路由的功能。绑定两个 IP 地址的具体实现如图 7-10 所示。

具有路由功能的计算机也成为多宿主计算机(MultiHomed Computer)或多宿主路由器。

下面以一个具体的例子来讲解静态路由的配置。在如图 7-11 所示的结构中，服务器 B、C 是启用路由功能的 Windows Server 2012，图中计算机的 IP 地址采用 CIDR(无类域间路由)表示法。24 表示子网掩码中 1 的个数。10.0.0.1/24 即为 IP 地址 10.0.0.1，子网掩码 255.255.255.0。

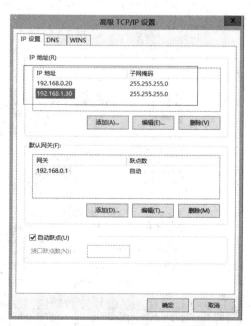

图 7-10　一个网络接口绑定多个 IP 地址

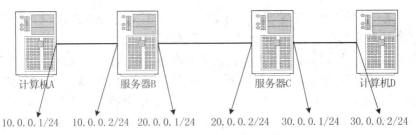

图 7-11 静态路由实验结构图

(1) 按照图 7-11 所示，分别在四台计算机上设置如图所示的 IP 地址和子网掩码。注意：计算机 A 的网关设置为 10.0.0.2，计算机 D 的网关设置为 30.0.0.1。在每台计算机上的控制台窗口下输入 ipconfig /all 命令可以看到每台计算机的具体配置，如图 7-12 所示，图中显示的是服务器 B 的具体配置。

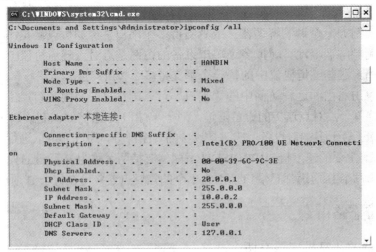

图 7-12 查看服务器 B 的网络设置

(2) 此时在计算机 A 与计算机 D 上发起连接。在控制台窗口下输入 ping 30.0.0.2 命令，出现如图 7-13 所示的画面，说明数据包不能到达计算机 D，也就是说服务器 B 不能转发数据包。

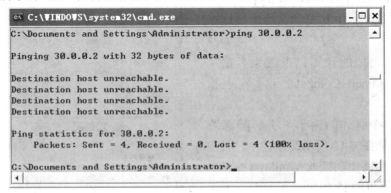

图 7-13 在计算机 A 上用 Ping 命令检查与计算机 D 是否连通

(3) 为了能够使服务器转发数据包，必须在服务器 B 上添加静态路由。在服务器 B 上打开路由和远程访问控制台，选择 "IPv4"，单击 "静态路由"，选择 "新建静态路由"，弹出静态路由对话框，如图 7-14 所示。注意，图中的接口指定第一张网卡，即 IP 设置为 10 网段的网卡;"目标"一栏填的是目标地址所在的网络 ID;在"网络掩码"处填的是目标地址的网络掩码;在"网关"处输入的是到达目标网络所经过的网关接口。也可以在服务器 B 上的控制台窗口中输入"route add 30.0.0.0 mask 255.255.255.0 20.0.0.2"效果也是一样的。

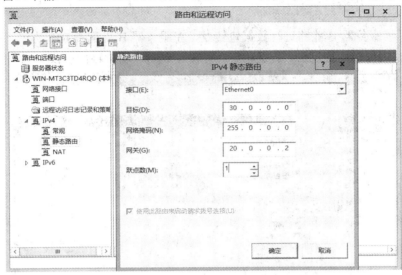

图 7-14 在服务器 B 上设置静态路由

(4) 用同样的方法在服务器 C 上也添加一条静态路由,如图 7-15 所示。

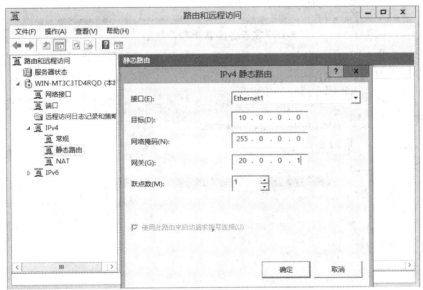

图 7-15 在服务器 C 上设置静态路由

(5) 按"确定"按钮完成设置后,在计算机 A 的控制台窗口中输入 ping 30.0.0.2 命令。显示连接成功,表明服务器 B 和服务器 C 对数据包进行转发。在控制台窗口中可以看到 TTL = 126,而 Ping 本地子网中的主机时 TTL = 128,说明本连接的数据包经过了两个路由器的转发。

(6) 最后在计算机 A 上的控制台窗口中输入 tracert 30.0.0.2 命令,可以查看数据包从源地址到达目标地址的过程中所经过的路由器的信息。

7.2.3　配置动态路由

继续使用前面的例子来说明如何配置动态路由，实验的结构图和计算机的配置如图 7-11 所示。

(1) 为了使服务器 B 能够进行数据包转发，在服务器 B 上配置 RIP 协议。在服务器 B 上打开路由和远程访问控制台，右键单击"常规"，选择"新增路由协议"，如图 7-16 所示。

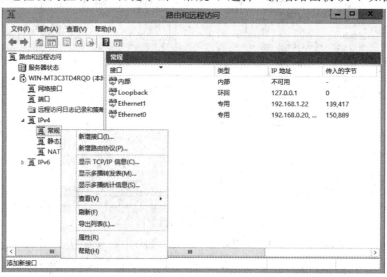

图 7-16　在服务器 B 上新增路由协议

(2) 出现如图 7-17 所示的对话框，列表中显示 Windows Server 2012 支持的路由选择协议的类型，这里选择"RIP Version 2 for Internet Protocol"单击"确定"按钮。

图 7-17　添加 RIP V2 路由协议

(3) 返回路由和远程访问控制台，发现 RIP 协议已经添加。接下来要设置 RIP 协议所使用的网络接口。在控制台下右键单击"RIP"，选择"新增接口"，如图 7-18 所示。在出现的对话框中 RIP 协议使用的接口即本地连接。

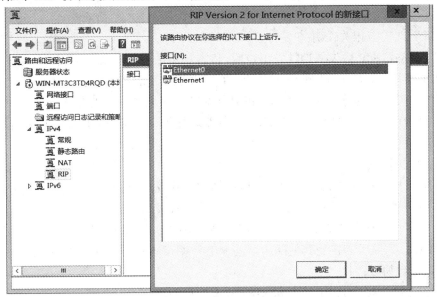

图 7-18　为 RIP 协议添加接口

(4) 此时系统出现如图 7-19 所示的对话框，在本对话框可以设置"常规"选项卡中的操作模式、传出和传入数据包协议及路由开销设置。

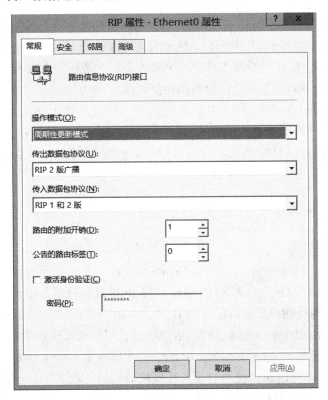

图 7-19　设置 RIP 属性对话框

在"安全"选项卡中可以设置路由器接受的范围。在"邻居"选项卡中可以设置路由器和其他路由器的通信方式。在"高级"选项卡中可以设置 RIP 广播的周期间隔等选项。

"常规"选项卡相关说明：

① 操作模式。RIP 协议周期性发出声明，将自己路由表中的条目复制给其他的路由器。自动-静态更新模式，只有当其他路由器请求时才发送路由表；周期性更新模式，通过在"高级"选项卡中设置发送路由表的周期，可以使 RIP 路由器周期性地发送声明。

RIP2 是 RIP1 的改进版本。在 RIP2 中主要增加了一个认证域，以防止黑客攻击，并且 RIP2 支持多播。

传出数据包协议：

RIP1 版广播：将 RIP 版本 1 的声明以广播的形式发送出去。

RIP2 版广播：将 RIP 版本 2 的声明以广播的形式发送出去。

RIP2 版多点传送：将 RIP 版本 2 的声明以多播的形式发送出去。

静态 RIP：只监听和接受其他路由器的 RIP 声明，本身不向外发送声明。

传入数据包协议：

RIP1 和 2 版：接受 RIP1 版本和 RIP2 版本的声明。

RIP1 版：只接受 RIP1 版本的声明。

RIP2 版：只接受 RIP2 版本的声明。

② 路由的附加开销。指路由中继段的个数。

③ 激活身份验证。激活身份验证后将发送 RIP 声明是包含所设置的密码，所有与此接口相连的路由器也要使用同样的密码，否则就不能够进行正常的路由交换。

(5) 其他各选项卡按默认的方式设置，单击"确定"按钮完成设置。在计算机 A 的控制台窗口中输入 ping 30.0.0.2 命令，检查路由是否配置成功。

注意：在 Windows Server 2012 中还支持另外一种动态路由协议 OSPF。它是基于链路状态的路由协议，综合考虑从源主机到目标主机之间的各种情况，最终选择一条最优路径。OSPF 的优点就是效率高，网络开销小，但配置起来非常复杂，一般用于大型的网络中。

7.2.4　配置 NAT 服务

1. NAT 的工作过程

网络地址转换 NAT(Network Address Translator)是一种 IP 路由协议，它能在转发数据包时，在内部和外部计算机之间转换 IP 地址。将 IP 地址翻译成数据包的 TCP 或 UDP 端口号，并把专用 IP 地址翻译成外部的公用 IP 地址。由于可以在内部使用未经注册的 IP 地址，而在与外部网络(如 Internet)通信时，这些内部使用的未经注册的 IP 地址被翻译成少量的经过注册的 IP 地址，从而可以降低 IP 地址的注册成本。NAT 也对外部网络隐藏网络内部使用的 IP 地址，从而保护网络免受未经授权的访问。对于 Internet 来说，可见的 IP 地址就是运行 NAT 的计算机的 IP 地址。

NAT 的工作全过程如图 7-20 所示。

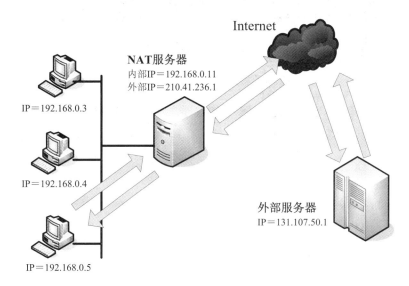

图 7-20　NAT 工作过程

(1) 客户端发送访问外部服务器的请求到 NAT 服务器。

(2) NAT 服务器更改源数据包报头，再把这个经过修改的数据包发送到 Internet。

(3) 外部服务器返回数据包给 NAT 服务器。

(4) NAT 服务器把数据包的报头再次修改，发送回原客户机(NAT 服务器存有客户机的地址映射)。

Windows Server 2012 的 NAT 路由协议具有如下优点：

(1) 利用 NAT，多个用户能够共享一条 Internet 连接，通过拨号上网或本地网络访问 Internet。

(2) 如果在网络上没有其他服务器提供 DHCP 服务，则 NAT 可以提供这些服务。

(3) 利用 NAT，企业内部网络上的任何依附 IP 的设备都能够与 Internet 上的计算机通信，而不需要其他任何附加的客户机软件。

2．配置 NAT 服务

(1) 要使用 NAT，一般要使用两块网卡，一块连接 Internet，另一块连接内部网。地址转发就是在外网和内网之间来进行。当 Windows Server 2012 服务器配置并启动了路由和远程访问服务以后，NAT 服务默认已经安装好了，如图 7-9 所示。如果没有安装的话，可以手动来添加。

(2) 右键单击"NAT"，然后单击"新增接口"，在 Network Address Translation(NAT) 的新接口对话框中选择要添加的接口，然后单击"确定"按钮就会出现属性窗口，如图 7-21 所示。如果该接口是连接到 Internet 的网卡，则在网络地址转换对话框中，单击"公用接口连接到 Internet"并选中"在此接口上启用 NAT"复选框。

如果该接口是连接到内网的网卡，则在网络地址转换对话框中，单击"专用接口连接到专用网络"。

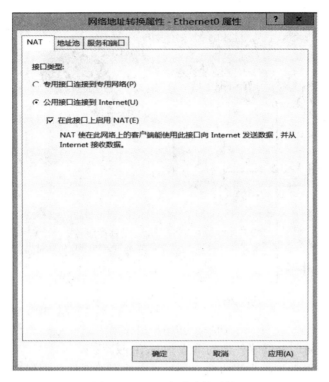

图 7-21   NAT 本地连接属性

(3) 对于连接到 Internet 的网卡接口，在"地址池"选项卡上单击"添加"按钮，并执行下列操作之一，如图 7-22 所示。

图 7-22   配置接口 IP 地址范围

如果使用以 IP 地址和子网掩码表示的 IP 地址范围，则在"起始地址"中键入起始 IP 地址，然后在"掩码"中键入子网掩码；如果使用不能以 IP 地址和子网掩码表示的 IP 地址范围，则在"起始地址"中键入起始 IP 地址，然后在"结束地址"中键入结束 IP 地址。

对于连接到内网的网卡接口，不需要设置地址池。

NAT 服务器还可以代表 NAT 客户端执行域名系统(DNS)查询。路由和远程访问 NAT 服务器对包括在客户端请求中的 Internet 主机名进行解析，然后将该 IP 地址转发给客户端。具体配置操作如下：

(1) 在路由和远程访问管理器中，选择"IPv4"，右键单击"NAT"，然后单击"属性"，在"地址分配"选项卡上选中"使用 DHCP 分配器自动分配 IP 地址"复选框，如图 7-23 所示。要为专用网络上的 DHCP 客户端进行分配，需在"IP 地址"和"掩码"中配置 IP 地址的范围。要排除避免分配给专用网络上 DHCP 客户端的地址，则需单击"排除"，再单击"添加"按钮，然后配置地址。

(2) 要进行 DNS 服务器的主机名称解析，需在"名称解析"选项卡上选中"使用域名系统(DNS)的客户端"复选框，如图 7-24 所示。

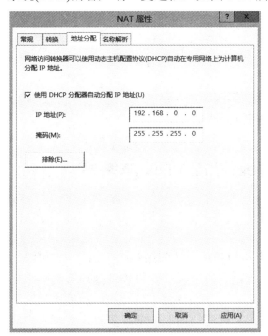

图 7-23　使用 DHCP 分配地址

图 7-24　设置名称解析

如果专用网络上的主机希望通过 NAT 来发送 DNS 域名查询，需选中"当名称需要解析时连接到公用网络"复选框，然后在"请求拨号接口"中单击合适的请求拨号接口的名称。

完成这些基本配置步骤之后，内部网络客户端就可以访问 Internet 上的服务器了。

3. 使用 NAT 的客户机的配置

要想让网络中的客户机使用 NAT 来访问网络，必须设置网络客户机的网络属性，将客户机 "Internet 协议(TCP/IP)"属性中的"默认网关"设置成 NAT 服务器的内网地址(例如 192.168.0.11，假定 NAT 服务器的内网 IP 是 192.168.0.11)。

如果客户机是从动态主机配置协议(DHCP)服务器接收其 IP 地址的，则需单击"高级"→"IP 设置"选项卡→网关下的"添加"按钮，键入 NAT 服务器的内部 IP 地址，单击"添加"按钮，最后再单击"确定"按钮，如图 7-25 所示。

图 7-25　　NAT 客户机网关设置

7.3　配置 Windows Server 2012 VPN 服务器

7.3.1　VPN 基础

Windows Server 2012 服务器远程访问是整个路由和远程访问服务的一部分，它可将远程工作或移动工作的用户连接到组织网络上。远程用户可以像计算机物理地连接到网络上一样工作。用户运行远程访问软件，并初始化到远程访问服务器上的连接。远程访问服务器，即运行 Windows Server 2012 服务程序和路由和远程访问服务的计算机，直到用户或网络管理员终止它时一直在验证用户和服务会话。通过远程访问连接，可以启用通常可用于连接到 LAN 用户(包括文件和打印共享、Web 服务器访问以及消息传递)的所有服务。

远程访问客户机使用标准工具来访问资源。例如，在运行 Windows Server 2012 的计算机上，客户机可以使用 Windows 资源管理器连接到驱动器和打印机上。连接是持续的，在远程会话期间，用户不需要重新连接到网络资源上。因为对于驱动器标识字母和常规命名习惯(UNC)所命名的名字远程访问都支持，所以大多数商业和自定义应用程序不需要修改就可以使用。

1. 运行 Windows Server 2012 的远程访问服务器提供两种不同的远程访问连接

(1) 拨号网络：通过使用远程通信提供商(例如模拟电话、ISDN 或 X.25)提供的服务，远程客户机使用非永久的拨号连接到远程访问服务器的物理端口上，这时使用的网络就是拨号网络。拨号网络的最佳范例是，拨号网络客户机使用拨号网络拨打远程访问服务器某个端口的电话号码。模拟电话线上或 ISDN 的拨号网络是拨号网络客户机和拨号网络服务器之间的直接的物理连接。可以加密在连接上传送的数据，但是这不是必须的。

(2) 虚拟专用网络(VPN)：虚拟专用网络是穿越专用网络的安全的点对点连接，或像 Internet 一样的公共网络的产物。虚拟专用网络客户机使用特定的称为隧道协议的基于 TCP/IP 的协议，来对虚拟专用网络服务器的虚拟端口进行依次虚拟呼叫。虚拟专用网络的最佳范例是，虚拟网络客户机使用虚拟专用网络连接到与 Internet 相连的远程访问服务器上。远程访问服务器应答虚拟呼叫，验证呼叫方身份，并在虚拟专用网络客户机和企业网络之间传送数据。与拨号网络相比，虚拟专用网络总是虚拟专用网络客户机和虚拟专用网络服务器之间逻辑的、非直接的连接。

要模拟点对点链路，应压缩或包装数据，并加上一个提供路由信息的报头，该报头使数据能够通过共享或公用网络到达其终点。要模拟专用链路，为保密起见应加密数据。不用密钥，从共享或者公共网络截取的数据包是很难解密的。封装和加密专用数据之处的连接是虚拟专用网络(VPN)连接。

图 7-26 显示的是 VPN 连接的逻辑等价图。

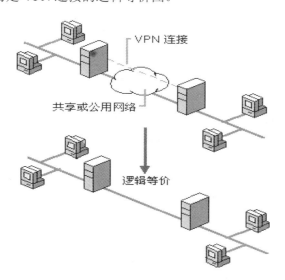

图 7-26　VPN 逻辑等价图

VPN可以让用户在家里或者旅途中使用VPN连接建立到组织服务器的远程访问连接，方法是使用公共网络(例如 Internet)提供的基础结构。从用户的角度来讲，VPN 是一种在计算机(VPN 用户)与团体服务器(VPN 服务器)之间的点对点连接解决方案。从逻辑上看数据是通过专门的专用链接发送的。

例如：在单位有个内网地址为 192.168.0.0 的网络，通过专门的服务器连接到 Internet，如果想要在家里通过 ADSL 接入 Internet 来访问 192.168.0.2 这台计算机的话，就必须使用 VPN。需要在单位 192.168.0.2 的这台机器上设置好 VPN 服务，在家中通过 VPN 客户端访问单位这台机器，建立连接后，这两台机器通信时就像在局域网中一样。比如要在 192.168.1.10 这台电脑中下载 192.168.0.2 这台机器的文件(假设该机已设好 FTP 服务)，可以直接在浏览器中键入 ftp://192.168.0.2 下载文件。虽然是通过 Internet 进行通信，但整个过程都是加密的，就像是在 Internet 中穿过了一条只有两台机器才能通过的隧道，这就是

VPN(Virtual Private Networks)虚拟专用网。

2．VPN 连接的属性

通过 IPSec 使用 PPTP 和 L2TP 的 VPN 连接有下列属性：

1) 封装

通过 VPN 技术将用提供路由信息的数据头加密数据，它允许数据经过网际网络传输。

2) 身份验证

VPN 连接的身份验证采用三种不同的方式：

(1) 通过 PPP 身份验证的用户级别身份验证。 如果要建立 VPN 连接，VPN 服务器将使用点对点协议(PPP)的用户级身份验证方法来验证试图使用该连接的 VPN 客户的身份，并验证该 VPN 客户是否有适当的访问权限。如果使用了互相身份验证，VPN 客户也验证 VPN 服务器的身份，这样可以防止伪装的 VPN 服务器。

(2) 使用 ISAKMP 进行的机器级身份验证。如果要建立 IPSec 安全关联，VPN 客户端和 VPN 服务器将使用机器证书同 Internet 安全关联、密钥管理协议(ISAKMP)以及 Oakley 密钥生成协议。

(3) 数据验证和完整性。要验证 VPN 连接上发送的数据从连接的另一端开始并且在传送过程中没有更改，则数据包含基于只有发件人和收件人才知道加密关键字的加密检验和。数据验证和完整性仅对 IPSec 连接上的 L2TP 适用。

3) 数据加密

为确保数据在通过共享或公用传输网络时的保密性，数据应该由发送者加密而由接收者解密。加密和解密过程依赖于发送方和接收方均使用共同的加密密钥。

在传输网络中从 VPN 连接发送所截取的数据包，对于没有共同的加密密钥的人是无法理解的。密钥的长度是一个重要的安全参数，可以使用计算技术来确定加密关键字。因此，使用最大可能的密钥大小以确保数据的保密性非常重要。

3．VPN 隧道协议

1) 点对点隧道协议

点对点隧道协议(PPTP)是在 Windows NT 4.0 中首先支持的实际的工业标准隧道协议，PPTP 是点对点协议(PPP)的扩展，增强了 PPP 的身份验证、压缩和加密机制。

PPTP 与路由和远程访问服务程序一起安装。默认情况下，为五个 PPTP 端口配置 PPTP。通过使用路由和远程访问向导，可以为远程访问和请求拨号路由连接启用 PPTP 端口。PPTP 和 Microsoft 点对点加密(MPPE)提供了对专用数据封装和加密的主要 VPN 服务。

2) 第二层隧道协议

第二层隧道协议(L2TP)是即将成为工业标准的基于 RFC 的隧道协议。不同于 PPTP，Windows 2000 中的 L2TP 不利用 Microsoft 点对点加密(MPPE)来加密 PPP。L2TP 依赖于加密服务的网际协议安全(IPSec)。L2TP 和 IPSec 的组合被称为基于 IPSec 的 L2TP。结果是基于 L2TP 的虚拟专用网络连接的是 L2TP 和 IPSec 的组合。

L2TP 与路由和远程访问服务程序一起安装。默认情况下，为 5 个 L2TP 端口配置 L2TP。通过使用路由和远程访问向导，可以为传入的远程访问和请求拨号路由连接启用 L2TP 端口。基于 IPSec 的 L2TP 提供专用数据的封装和加密的主要 VPN 服务。

7.3.2 VPN 服务器配置

(1) 启动 VPN 服务器和启动路由和远程访问一样，只是在图 7-7 中选择"远程访问(拨号或 VPN)"，其他则按照它向导中的默认值就可以把 Windows Server 2012 配置成 VPN 服务器了。如果已经配置过其他的路由远程访问服务，可在图 7-6 中先禁止现有的路由和远程访问，然后再选择"配置并启用路由和远程访问"重新配置。在图 7-7 中选择"远程访问(拨号或 VPN)"，然后选中 VPN 服务，点击"下一步"选中"VPN"复选框，然后选择"下一步"在 VPN 连接对话框中选择将连接到 Internet 的网络接口(见图 7-27)，然后选择"下一步"，在 IP 地址分配对话框中选择"来自一个指定的地址范围"(见图 7-28)，选择"下一步"，在随后出现的对话框中输入 VPN 用户拨入后分配的地址范围，然后一路默认都选择"下一步"直到最后完成。Windows Server 2012 系统会自动启动路由和 VPN 服务。

图 7-27　设置 VPN 网络接口

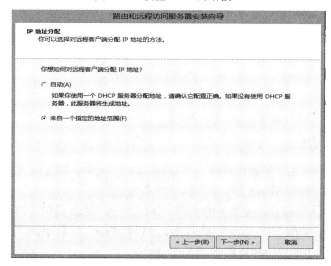

图 7-28　设置 VPN 地址范围

(2) 服务器启动后，要在服务器所在的机器上单击"开始"→"管理工具"选择"计算机管理"，打开计算机管理控制台。在"本地用户和组"中创建 VPN 专用的用户账号 VPNuser，并设置该用户的属性，单击"拨入"选项卡，选中"网络访问权限"中的"允许访问"，如图 7-29 所示，其他设置成默认值。如果要设置该拨入用户登录 VPN 服务器以后分配固定的 IP 地址，可以在本属性对话框中设置"分配静态 IP 地址"复选框为有效，并在弹出的对话框中设置静态 IP 地址，此地址将为此用户保留。

图 7-29 设置 VPN 用户的属性

7.3.2 建立 VPN 客户连接

(1) 在客户端计算机桌面上右键单击"网上邻居"，选择"属性"打开网络和拨号连接对话框，然后选择"创建一个新的连接"，出现如图 7-30 所示的新建连接向导对话框，选择"连接到我的工作场所的网络"。

(2) 单击"下一步"按钮，选择"虚拟专用网络连接"，然后单击"下一步"按钮。在弹出的对话框中输入 VPN 服务器的主机名比如 My Office，然后单击"下一步"按钮，在 VPN 服务器选择页面中输入 VPN 服务器的 IP 地址，如图 7-31 所示(注意，要想在 Internet 上使用 VPN，那么这个地址就应该是 Internet 上的合法 IP 地址)。

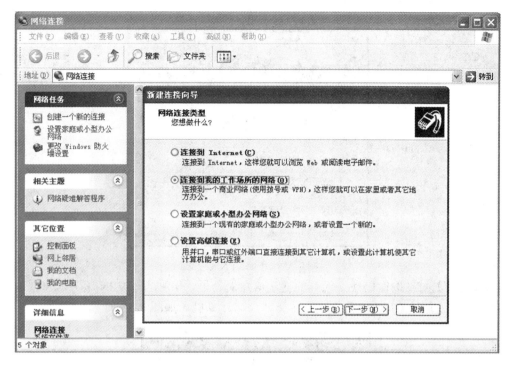

图 7-30　选择网络连接方式

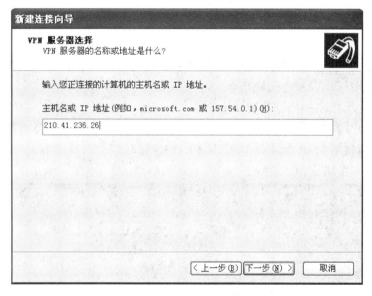

图 7-31　输入 VPN 服务器 IP 地址

(3) 接下来，按照向导设置的默认值一步一步地完成连接配置。配置完成后，在客户端打开网络连接对话框，双击"My Office"，出现如图 7-32 所示的对话框，要求输入用户名和密码。此处的用户名和密码，就是前面在 VPN 服务器上创建的用户名和密码。如果选中"为下面用户保存用户名和密码"前的方框，则下一次不必输入密码，但是最好不要这样做，否则其他非授权用户也能连接到 VPN 服务器，这样给安全造成隐患。

图 7-32 登录 VPN 服务器

(4) 单击"连接"按钮出现一系列的提示信息对话框，分别是与 VPN 服务器建立连接、核对用户名和密码、在 VPN 服务器上注册客户端计算机，如图 7-33 所示。

图 7-33 在网络上注册客户机

(5) 注册成功后会显示"VPN 连接"已经建立。此时在屏幕的右下角会多出一个网络已连接的计算机图标，表示连接成功。

(6) 此时，在客户端的控制台窗口中，输入 ipconfig/all 命令会出现如图 7-34 所示的画面，可以看出客户端本地的 IP 地址为 210.41.236.40。而 VPN 服务器自动为客户端分配的用于 VPN 连接所使用的 IP 地址为 169.254.63.119。这时客户端就接上 VPN 服务器所在的网络，就可以共享网络资源了。

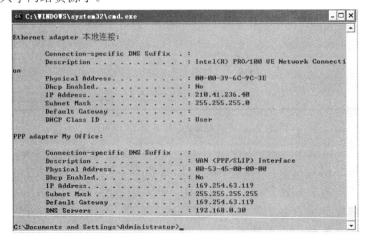

图 7-34 查看 VPN 连接配置信息

（7）此时返回 VPN 服务器的路由和远程访问控制台，可以看到有一个远程访问客户端正连接在服务器上，如图 7-35 所示。

就此，简单的远程访问连接就完成了，读者可以自己对 VPN 服务器的属性进一步设置，例如可以添加访问策略、设置回拨选项等。

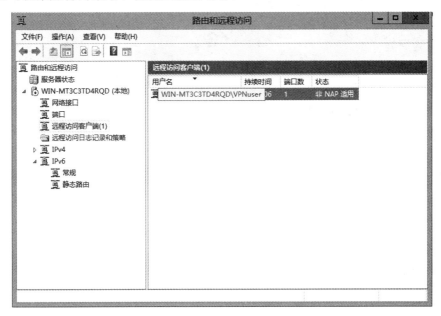

图 7-35　在 VPN 服务器上查看客户端连接信息

本 章 小 结

本章着重介绍了路由的工作原理和常见的路由选择方式、路由协议，以及在 Windows Server 2012 下如何配置静态路由和动态路由；如何使用 NAT 来完成内网和外网之间的地址转换；以及如何用 VPN 来建立一个安全可靠的远程访问方式。

习题与思考

1. 路由一般有几种策略？简述各个策略的具体内容。

2.　Windows Server 2012 做路由时，路由表中有哪几项？各项的意义如何？

3. 说说路由协议与被路由协议的区别。

4. 哪些路由协议是基于距离矢量的，哪些又是基于链路状态的？说说每个协议的原理？

5. 用 OSPF 路由协议自己动手配置如图 7-11 所示的路由协议。

6. 在图 7-11 中，如果在服务器 B 和服务器 C 中间还有服务器 E 的话，要实现计算机 A 到计算机 D 的通信，应该怎样做？

7. 如何配置 NAT？

8. 什么是 VPN？简述 VPN 的工作原理以及它实现了什么功能。

9. 自己动手实现 VPN 服务。

实训四　Windows Server 2012 的路由和远程访问

一、实验原理

NAT(Network Address Translation)网络地址转换，其功能是将内部自行定义的非法 IP 地址转换为 Internet 网上可识别的合法 IP 地址。NAT 设备通过维护一个状态表，用来把非法的 IP 地址映射到合法的 IP 地址上去。

二、实验目的

(1) 理解 NAT 的工作过程及其原理。

(2) 学会安装 NAT 服务器。

(3) 能够独立配置并管理一个 NAT 服务器。

三、实验内容

(1) NAT 服务器的配置。

(2) 客户端的 DNS 设置。

(3) 验证 DNS 服务器。

四、基础知识

(1) NAT 的工作原理。

(2) 静态 NAT 和动态 NAT 的概念。

(3) NAT 与代理服务器的区别。

五、实验环境

(1) 装有 Windows Server 2012/XP 操作系统的计算机。

(2) 有两台以上主机的局域网并有一个合法的 Internet 网 IP 地址。

第三部分
Linux 平台下的服务配置

第 8 章　Linux 基础

本章首先介绍了 Linux 作为开源的应用情况，以及 Linux 自身的一些特点。重点介绍了 Linux 基础中的命令操作，针对文件、目录等的权限操作，详细介绍了这些命令及权限操作的功能选项；重点介绍了关于用户和组的管理，用户和组的相关文件、管理命令。最后介绍了 Linux 作为一种网络操作系统，网络连接操作是一个关键，举例详解了网络环境配置。

8.1　Linux 简介

8.1.1　Linux 概述

简单地说，Linux 是一套免费使用和自由传播的类 Unix 操作系统，它主要用于基于 Intel x86 系列 CPU 的计算机上。这个系统是由世界各地的成千上万的程序员设计和实现的。其目的是建立不受任何商品化软件的版权制约、全世界都能自由使用的 Unix 兼容产品。

Linux 的出现，最早开始于一位名叫 Linus Torvalds 的计算机业余爱好者，在 1991 年，当时他是芬兰赫尔辛基大学的学生，他的目的是想设计一个代替 Minix(是由一位名叫 Andrew Tannebaum 的计算机教授编写的一个操作系统教学程序，是 Unix 的袖珍版本)的操作系统，这个操作系统可用于 386、486 或奔腾处理器的个人计算机上，并且具有 Unix 操作系统的全部功能，由此开始了 Linux 雏形的设计。

Linux 以它的高效性和灵活性著称，它能够在 PC 计算机上实现几乎全部的 Unix 特性，具有多任务、多用户的网络操作系统能力。Linux 是在 GNU 公共许可权限下免费获得的，是一个符合 POSIX 标准的操作系统。Linux 操作系统软件包不仅包括完整的 Linux 操作系统，而且还包括了文本编辑器、高级语言编译器等应用软件。它还包括带有多个窗口管理器的 X-Windows 图形用户界面，如同我们使用微软 Windows 一样，允许我们使用窗口、图标和菜单对系统进行操作。当然，Linux 的主要目的不是以窗口方式展示给用户，而是主要体现在它的功能上，即作为专用网络服务器，比如 CentOS。但是现在，也有桌面系统较好的 Linux，比如 Debian、Ubuntu、Fedora 等，都是 Linux 程序开发者喜爱的开发环境。

Linux 之所以受到广大计算机爱好者的喜爱，主要原因有两个：一是它属于自由软件，遵循 GPL，用户不用支付任何费用就可以获得它和它的源代码，并且可以根据自己的需要对它进行必要的修改，无偿地对它进行使用，无约束地继续传播；另一个原因是，它具有

Unix 的全部功能，任何使用 Unix 操作系统或想要学习 Unix 操作系统的人都可以从 Linux 中获益。当然，现在 Linux 系统的功能已经非常强大了，能够支持更多的硬件驱动，内核功能更加强大。

8.1.2　Linux 的特点

针对具体的发行商，其 Linux 的特点有一定差异，所有的 Linux，可以从以下方面去理解和掌握。

1．支持多用户和多任务

目前，Linux 操作系统能支持 32 位、64 位。Linux 和 Unix 系统一样，是真正的多任务系统。它允许多个用户同时在一个系统上运行多道程序，允许多个用户从相同或不同的虚拟终端上同时使用同一台计算机，是一个真正的多用户系统。

2．支持多种硬件平台

支持各种 CPU，包括 Intel(含 atom 处理器)、AMD、ARM、Mips、PowerPC 等；还支持多核 CPU，支持多核多线程处理。

3．具有良好的兼容性

现在，Linux 已成为具有全部 Unix 特征、遵从 POSIX 标准的操作系统。Linux 系统上使用的命令多数都与 Unix 命令一致。

4．具有良好的性能和安全性

在相同的硬件环境下，Linux 可以像其他优秀的操作系统那样运行，提供各种高性能的网络服务，可以作为中小型 ISP 或商务服务器工作平台。Linux 系统自身也包含了大量网络管理、网络应用服务等方面的工具，用户可利用它建立起高效和稳定的路由防火墙、工作站、企业网服务器和商业服务器。Linux 采取了许多的安全措施，包括对读、写进行权限控制、设有带保护的子系统、审计跟踪、核心授权等，这为网络多用户环境下的用户提供了必要的安全保障。Linux 还包括了大量系统管理软件、网络分析软件、网络安全软件等，大大提高了系统的性能、可管理性和安全性。并且，由于 Linux 源码是公开的，所以可消除系统中是否有"后门"的疑惑。这对于关键部门、关键应用来说是至关重要的。

5．具有多种用户界面

Linux 具有 Shell、GNOME、KDE 等用户界面。

6．自由软件

任何人或机构、组织只要遵守 GPL 条款，就可以自由使用 Linux 源程序，并可通过 Internet 自由地传播和使用自己的共享文档。这样，Linux 系统就更加完整、更加稳定、更加安全，也促使更多的、基于 Linux 系统的商业兴旺发达。

7．支持多种文件系统

在 Linux 系统中，只有一个根目录，根目录下的某些子目录数据可以放在不同的分区上，每个分区都是一个文件系统，通过 mount 和 umount 命令进行安装和卸载文件系统。Linux 最重要的特征之一就是支持多种文件系统，这样使它更加灵活，并可以和许多其他种操作系统共存。特别是 Linux 2.4 内核正式推出后，出现了大量新的文件系统，其中包括日志文件系统 ext3、ext4、ReiserFS、XFSJFS 和其他文件系统。Linux 系统核心可以支持十多种文件系统类型：JFS、 ReiserFS、ext、ext2、ext3、ext4、ISO9660、XFS、Minx、MSDOS、UMSDOS、VFAT、NTFS、HPFS、NFS、SMB、SysV、PROC 等。

8.1.3　基于 Linux 的网络应用

由于 Linux 的内核源码开放以及本身强大的网络功能，使其在网络文件共享(Samba)、网络文件系统(NFS)、DNS 服务、DHCP 服务、Web 服务(Apache)、FTP 服务(vsFTP)、邮件服务、媒体服务、路由防火墙等方面得到了广泛的应用。

除以上常见的网络服务外，目前在基于 Linux 系统下，还可以建立 VoIP 服务器，为网络终端用户提供 VoIP 的语音服务，即网络电话服务。该应用服务使用方便，任何人都可以轻松地在 Linux 下安装 Dahdi 和 Asterisk，或 Freepbx、Elastix、FreeSwitch 等应用程序，或者下载源码进行编译和安装，实现免费的网络电话交换服务系统。

8.2　Linux 系统的常用操作命令

8.2.1　文件列表、所有权和访问权

1．列出文件清单的命令 ls

ls 命令是列出一个目录中全部文件。

常用选项说明如下：

-a 列出目录下的所有文件，包括以“.”开头的隐含文件。

-b 将目录像文件一样显示，而不是显示其目录下的文件。

-c 列出文件的详细信息，包括权限、所属用户和组、文件大小等。

2．改变文件所有权限的命令 chown

该命令是把文件所有者改变成其他用户拥有文件的所有权限。有一个选项为 -R，表示递归地修改目录以及目录下的所有文件，如：

```
chown  -R  ftp  /var/ftp/pub/icoming
```

如果没有选项 R，就只是修改指定的文件或加有通配符号的一些文件的所有权。

3．改变文件所属的用户组的命令 chgrp

该命令是改变一个文件的所属组名。它与 chown 相似。也有-R 选项，含义相同。如：

```
chgrp  -R  ftp  /var/ftp/pub/incoming
```

4．改变文件访问权限模式的命令 chmod

该命令设置访问权的数值，如表 8-1 所示。

表 8-1　权限与数字的说明

字母	访问权限	八进制值
r	读	4
w	写	2
x	执行	1

chmod 命令的参数含义如表 8-2 所示。

表 8-2　字符参数说明

操作对象	操作符	许可权限	说　　明
u g o	+ – =	r w x s t	+　增加指定权限 —　取消指定权限 =　增加许可权限并删除未指定的许可权限

对于文件的权限，可分成三类：文件所有者(u)、文件所属组(g)和其他用户(o)。通过命令 ls -l 可以查看文件的访问权限。

如果要修改文件的权限为其他用户没有任何权限，则操作如下：

chmod　o-rwx　/var/ftp/pub/test.txt

如果要修改目录 upload 的权限为只有所有者有读、写和执行权限，则操作如下：

chmod　700　　/var/ftp/pub/upload　或 chmod　u = rwx, go =　/var/ftp/pub/upload

如果要修改所属组和其他用户对目录 upload 及目录下的所有文件均没有任何权限，则所有者的权限保留，操作如下：

chmod　-R　go =　/var/ftp/pub/upload/

5. 修改对象(文件)的安全上下文：chcon

在 Linux 下开启 Selinux 后，chcon 完成了 Selinux 对文件和目录的安全控制，也就是将每个文件的安全环境变更至指定环境，比如用户、角色、类型、安全级别。使用--reference 选项时，把指定文件的安全环境设置为与参考文件相同。

命令格式如下：

chcon [选项]... 环境 文件

chcon [选项]... [-u 用户] [-r 角色] [-l 范围] [-t 类型] 文件

chcon [选项]... --reference = 参考文件 文件

常用选项说明如下：

-h, --no-dereference 影响符号连接而非引用的文件。

--reference = 参考文件　使用指定参考文件的安全环境，而非指定值。

-R, --recursive 递归处理所有的文件及子目录。

-v, --verbose　为处理的所有文件显示诊断信息。

-u, --user = 用户　设置指定用户的目标安全环境。

-r, --role = 角色　设置指定角色的目标安全环境。

-t, --type = 类型　设置指定类型的目标安全环境。

-l, --range = 范围　设置指定范围的目标安全环境。

操作例子如下：

把ftp共享给匿名用户的操作为

　　　chcon -R -t public_content_t /var/ftp

设置目录具有上传权限的操作为

　　　chcon -t public_content_rw_t /var/ftp/incoming

8.2.2　文件管理和操作

下面主要介绍对文件和目录进行管理的基本命令。

1．拷贝文件命令 cp

该命令可以通过选项扩充它的基本命令功能。

常用选项说明如下：

-f　删除已存在的目标文件(强制覆盖)。

-r　递归拷贝整个目录及目录下的所有文件。

-v　显示拷贝操作过程。

如果要把/root/rpm 整个目录一同拷贝到/var/ftp/pub 下，则操作如下：

```
cp  -rv  /root/rpm  /var/ftp/pub
```

2．移动文件和对文件更名命令 mv

mv 命令可以用来把一个文件或者目录移动到其他地方，也可以对文件进行更名。

常用选项说明：-f　强制覆盖已有文件。如：

```
mv  -f  file1  file2
```

此命令行表示将文件 file1 改名成 file2，如果 file2 存在将重新写 file2，即覆盖原 file2 文件。

```
mv  file1  file2  temp
```

此命令行表示将文件 file1 和 file2 移动到目录 temp 中去，而文件名不变化。

3．建立文件的链接命令 ln

该命令创建硬链接和软链接文件。

常用选项：-s　表示建立符号链接文件。如：

```
ln  -s  /boot/grub  /etc/grub
```

此命令行将在 /boot/grub 目录建立一个符号链接文件名 /etc/grub，以后访问 /etc/grub 就如同访问/boot/grub 目录。

```
ln  /etc/lilo.conf  /root/lilo.conf
```

此命令行将建立的是硬链接，文件链接数将增加 1。

4．创建目录命令 mkdir

mkdir 命令功能是为用户建立一个或若干个目录。

常用选项说明如下：

-p　如果中间目录不存在，则建立中间目录。

-m　mode　指定目录的访问权限为 mode，不受 umask 的限定。如：

```
mkdir  -p  -m  700  rpm/doc
```

上行命令表示如果目录 rpm 不存在就创建 rpm，然后再创建 doc 目录，权限限定为 700，就是只有用户本身具有权限。

5．删除文件和目录命令 rm 和 rmdir

rmdir 只能删除空目录，如果目录不空将会出错，不能删除。如果目录不空，可以使用 rm 命令执行。rm 命令的选项含义是：-f 和-i 与前面的相同，-r 表示递归地删除整个目录。如：

```
rm  -rv  rpm
```

6．文件归档或解包命令 tar

tar 命令在 Linux 中用的地方比较多，可以将很多的文件进行归档，方便管理和作为备份。也有 Linux 的一些升级包或程序软件采用 tar 格式，方便用户编译操作等。

常用选项说明如下：

-c 创建 tar 的备份文件。

-x 从 tarfile 上选取文件(扩展)。

-t 列出 tar 文件包内的文件信息。

-v 详细报告 tar 处理的文件信息。

-z 采用 gzip 压缩或解压。

-f 指定其后的参数为 tar 格式的文件名。

如：

```
tar  cvf  ftp.tar   /var/ftp
```

此命令行表示把/var/ftp 目录下的所有文件归档为一个文件 ftp.tar。

```
tar  cvzf  ftp.tar.gz   /var/ftp
```

此命令行表示在归档文件的时候进行压缩。

```
tar  xvzf  ftp.tar.gz
```

此命令行表示把归档压缩的文件恢复到当前工作目录下。

7．查找命令相关保存的位置命令 whereis

该命令搜索用户的路径并给出命令的名称和它所在的目录、源文件，以及该命令的在线手册页。

8.2.3　挂载和拆卸文件系统

Linux 系统的文件系统是可以装卸的。通过 mount 可以把一个文件系统"挂载"到一个指定的目录；通过 umount 可以把一个文件系统"拆卸"下来。一般说来 mount 操作是由系统管理员执行的。硬盘分区通过挂载之后，通过目录来访问文件系统的数据。

在 Linux 系统中，/etc/fstab 文件是一个 mount 命令可以利用的配置文件，在系统引导过程中，这个清单被读出，其中包含各个文件系统是否被自动安装到系统上。如图 8-1 所示。

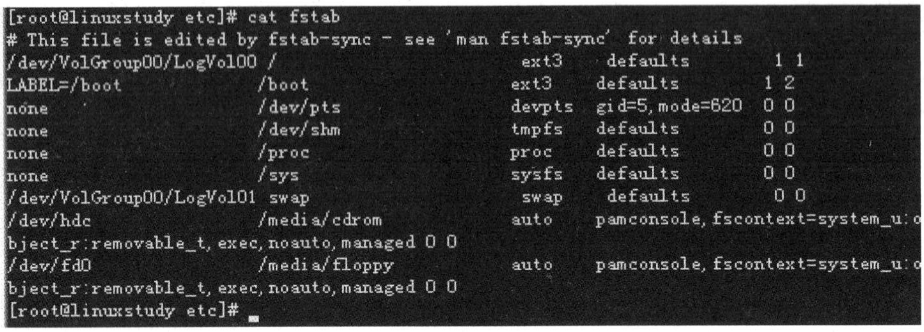

```
[root@linuxstudy etc]# cat fstab
# This file is edited by fstab-sync - see 'man fstab-sync' for details
/dev/VolGroup00/LogVol00   /                ext3    defaults        1 1
LABEL=/boot                /boot            ext3    defaults        1 2
none                       /dev/pts         devpts  gid=5,mode=620  0 0
none                       /dev/shm         tmpfs   defaults        0 0
none                       /proc            proc    defaults        0 0
none                       /sys             sysfs   defaults        0 0
/dev/VolGroup00/LogVol01   swap             swap    defaults        0 0
/dev/hdc                   /media/cdrom     auto    pamconsole,fscontext=system_u:o
bject_r:removable_t,exec,noauto,managed 0 0
/dev/fd0                   /media/floppy    auto    pamconsole,fscontext=system_u:o
bject_r:removable_t,exec,noauto,managed 0 0
[root@linuxstudy etc]#
```

图 8-1   /etc/fstab 文件内容

(1) mount 挂载文件系统的例子：

mount   /dev/cdrom   /media/cdrom

此命令行将光盘插入光驱后，将 cdrom 挂载到本地 /media/cdrom 目录下。

(2) umount 拆卸文件系统的例子：

umount   /media/cdrom   或   umount   /dev/cdrom

此命令行卸载光驱文件系统，此时可以弹出光盘。

8.2.4   其他命令

1. man 命令

该命令用于查看某些命令、某些配置文件的使用帮助说明。使用命令格式为

man 程序名/配置文件名

2. 改变用户身份命令 su

当以某普通用户的身份登录系统之后，如果需要采用另外一个用户的身份登录，可以不必退出当前界面，而是使用 su 命令就可以切换身份。特别对于管理员在远程终端配置管理服务的时候，就很有用，其原因是：由于超级用户一般不能在 telnet 终端直接登录到系统当中，所以需要先经过普通用户的身份进入，然后再采用 su   root 命令切换成超级用户。

8.3   用户和组管理

8.3.1   与用户和组信息相关的文件

在管理系统用户和组的时候必须知道存储用户相关信息的文件，如表 8-3 所示。

表 8-3　相关信息说明

文　件	说　　明
/etc/passwd	维护用户账号信息
/etc/shadow	维护用户口令有关的信息
/etc/group	维护组信息
/etc/gshadow	维护组加密形式的口令
/etc/default/useradd	创建用户缺省信息
/etc/skel	创建新用户时需拷贝的缺省文件所存放的位置
/etc/login.defs	包含全系统设置，在创建新用户与组时使用

8.3.2　命令方式管理用户和组

可以通过这几种命令管理用户和组：useradd、userdel、usermod、groupadd、groupdel 和 groupmod。

1. useradd 命令

该命令允许超级用户添加一个新用户到系统中，使用方式如下：

```
useradd   [-c comment] [-d home_dir] [-e expire_date] [-f inactive_time] [-g initial_group] [-G
group[, ...]]   [-m [-k skeleton_dir] | -M] [-p passwd]   [-s shell] [-u uid [ -o]] [-n] [-r]   login

useradd -D [-g default_group] [-b default_home]
         [-f default_inactive] [-e default_expire_date]   [-s default_shell]
```

该命令无 -D 选项，用于添加新用户。而带有 -D 选项的表示 useradd 命令用来显示当前缺省值或更新命令的缺省值。该命令中的选项功能如表 8-4 所示。

表 8-4　选项参数说明

选　项	说　　明
-c　comment	用户的注释，注释字符串要用引号括上
-d　home_dir	用户的属主目录(注册目录)如/home/stu01，变量为 HOME
-e　expire_date	账号有效日期，格式为 MM/DD/YY，如 -e 12/08/04
-f　nactive_time	口令到期后账号被永远禁止的天数，值是 0 为到期禁止，值是 -1 为不永久，缺省值
-g　nitial_group	用户的缺省初始组
-G　group[, ...]	用户的辅助组，表示用户还可以属于其他用户组
-m	缺省情况表示系统自动创建用户登录目录
-M	表示告诉系统不要创建登录目录
-n	关闭系统把建立一个与新用户名相同的新用户组作为用户添加的行为
-r	创建系统账号
-u uid	指定用户的 id 号
-s shell	指定用户采用的 shell 命令解释器

比如创建一个用户 stu01，初始组为 students，辅助组为 teacher 和 users，操作如下：

useradd –c "Student No 1" -g students -G teacher, users stu01

添加好一个账号后，需要修改密码，使用命令 passwd 完成，如图 8-2 所示。

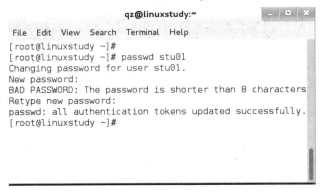

图 8-2 修改密码

2．userdel 命令

该命令表示删除已经存在的账号，它有一个选项"-r"，表示删除用户注册目录及其 passwd、shadow 和 group 文件中的信息。如：

userdel –r stu01

3．usermod 命令

该命令修改系统中现有某用户的属性，多数选项与 useradd 相同。完整的命令行格式如下：

usermod [-c comment] [-d home_dir [-m]] [-e expire_date] [-f inactive_time] [-g initial_group] [-G group[, ...]] [–l login_name] [-p passwd] [-s shell] [-u uid [-o]] [-L|-U] login

其中-l 选项表示可以改变用户的登录名，如将 stu01 用户改成 john：

usermod –l john stu01

4．groupadd 命令

该命令是对用户组操作的命令，类似于 useradd 命令。命令操作如下：

groupadd [-g gid [-o]] [-r] [-f] group

选项说明如下：

-g gid 表示指定用户组的 gid 号。

-r 创建系统组，需要使用第一个小于 499 的可用数值的 gid。

-f 取消来自 groupadd 的错误信息。

比如需要创建用于 ftp 服务的组用户，命令操作如下：

groupadd ftpusers

5．groupdel 命令

该命令用于删除用户组，命令操作如下：

groupdel　ftpusers

6. groupmod 命令

该命令用于修改某个现有的组属性，比如将组 ftpusers 更名为 ftpgroup，并设定组 id 为 502，命令操作如下：

groupmod　-g 502　–n ftpgroup　ftpusers

8.4　网络环境配置

CentOS 6.5 及 CentOS 7 及以上的系统能够支持多网卡启用，并能够在本地主机上设定多 IP 地址，有时候也可以在单网卡上绑定多 IP 地址。当 Linux 主机安装了多块网卡后，Linux 能够自动检测并安装网卡驱动，但如果检测并安装网卡驱动时没有为网卡指定固定 IP 地址或网络上没有 DHCP 服务器为其提供 IP 地址，就不会启用该网卡。当然可以通过直接编辑网卡的配置文件来管理网卡和网卡绑定的 IP 地址及相关信息。

网卡的相关配置信息保存在/etc/sysconfig/network-scripts 子目录下的某文件中。比如主机有两张以太网网卡，则网卡的设备别名依次为 eth0、eth1，但是在 CentOS 7 及以后的默认安装情况下，网卡的名称可能类似 eno16777736 或 enp2s0，本书已经将网卡命名方式更改为传统的 eth0 和 eth1 的方式，其网卡配置信息及网络环境设置说明如下。

1. /etc/sysconfig/network-scripts 目录

该目录下的文件为某网卡被安装后的主配置信息。该子目录下会有两个文件(当 CentOS 7 默认安装后，修改过网卡名称)：

ifcfg-eth0　　→代表第一块网卡的网络配置信息
ifcfg-eth1　　→代表第二块网卡的网络配置信息

/etc/sysconfig/network-scripts/ifcfg-eth0 文件主要内容及解释如下：

TYPE = Ethernet	→表示网络类型为以太网
BOOTPROTO = static	→表示采用静态 IP 地址
DEFROUTE = yes	→表示使用缺省路由
IPV4_FAILURE_FATAL = no	
NAME = eth0	→代表第一个网卡设备别名
UUID = 766d9aa9-ca17-4f1f-9e32-d9d6a0edc53c	→表示网卡的唯一 ID
ONBOOT = yes	→表示激活网卡
HWADDR = 00:0C:29:23:7F:83	→表示网卡的 MAC 地址
IPADDR0 = 192.168.1.105	→表示网卡的第一个 IP 地址
PREFIX0 = 24	→表示网卡的第一个子网掩码位数
IPADDR1 = 192.168.1.109	→表示网卡的第二个 IP 地址
PREFIX1 = 24	→表示网卡的第二个子网掩码位数
GATEWAY0 = 192.168.1.1	→表示网卡的第一个缺省网关
DNS1 = 61.139.2.69	→表示网卡使用的 DNS 地址

2．指定本地所需 DNS 服务器

在 Linux 系统中，为了实现解析域名，就需要有可用的 DNS 服务器。因此，可以在/etc/resolv.conf 文件中指定所需 DNS 服务器的 IP 地址，可以设定多个 DNS 地址，如下所示：

```
nameserver   192.168.1.3
nameserver   61.139.2.69
```

3．重新启动网络配置，使其生效

为了使以上的配置信息生效，需要重新启动网络配置，操作命令如下：

```
/etc/rc.d/init.d/network  restart  或   /sbin/service   network  restart
```

通过管道方式的命令/sbin/ifconfig | more 可以分页检查配置情况，得到 eth0 和 eth1 的接口 IP 地址设定状况。

经过上述学习，我们可以完整地、正确地配置网络环境了，使 Linux 主机能够在网络中可见。

4．通过图形化配置网卡

选择 Applications→System Tools→Settings→Network，会弹出如图 8-3 所示的对话框，可以点击图中箭头所指的按钮进行修改和配置网卡地址，如图 8-4 所示。

图 8-3　网络配置

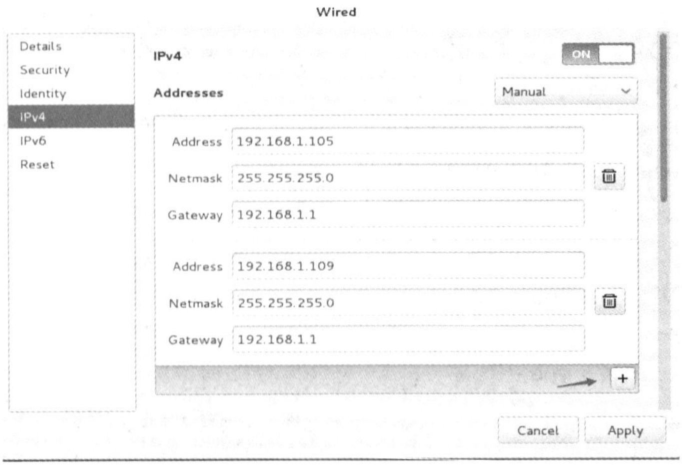

图 8-4　网卡 IP 地址信息配置

本 章 小 结

本章简单地介绍了 Linux 的特点和命令，并举例说明采用命令方式管理系统中的用户和组。主要命令有：useradd、usermod、userdel、groupadd、groupdel 和 groupmod。最后讲解与网卡相关的配置信息主要文件 /etc/sysconfig/network-scripts 子目录下的文件，如 ifcfg-eth0，并通过举例详细讲解主机网卡配置文件内容，最后通过重新启动命令"/sbin/service network restart"完成网络配置生效。

习题与思考

1．Linux 系统有哪些特点？

2．实现用户和组管理的相关文件有哪些？

3．如何添加用户 john 并设定用户属于 students 初始组，属于 root 辅助组？

4．如何将 john 用户账号名更改为 stu_20？

5．如何配置主机网卡 IP 地址信息？

第 9 章　Samba 服务器

本章介绍一种局域网文件共享的 Samba 服务，重点从 smb.conf 的配置文件内容进行详细讲解，以及 Samba 客户端的使用讲解，并提出了实现安全共享管理及 smb 用户管理的方法。

9.1　Samba 概述

在 Windows 环境下，基于 NetBios 协议完成同一工作组的局域网内 Windows 主机之间的资源共享，是一种非常普遍的情况，方便网络邻居传递文件。如果在这种同一工作组的局域网中，有 Windows XP、Windows 2000 系列、Windows 2003、Windows 2008 系列、Win7、Win10、Linux 和 Unix 的操作系统存在，我们需要完成跨平台的资源共享，比如打印机、文件等。此时，Windows 间可以基于 NetBios 完成，Linux 与 Windows 间可以基于 NetBios 协议下的 SMB 网络协议完成，我们需要在网络中为 Linux 系统架设 Samba 的内网服务器，它能够为 Windows 用户提供网上邻居直接访问的 Linux 共享资源，相反 Windows 也可以让 Linux 用户利用 SMB 协议的客户工具访问 Windows 的共享资源。

本章将介绍 Samba 的服务安装、配置。我们以举例的形式来掌握 Samba 的配置文件内容，以命令方式和图形化方式来学习 Samba 服务。

9.1.1　Samba 简介

Linux 的 Samba 采用基于 NetBios 协议环境下的 SMB 共享，通过配置 Samba 服务器，可以将 Linux 系统作为一个与 Windows 一样，实现网上邻居的文件和打印机共享服务。目前，在 CentOS 7 Linux 系统中，Samba 的版本为 4.1 及以上版本。它的主要功能参考如下：

(1) 基于 NetBios 协议，类似 Windows 的文件和打印机共享协议，在 Linux 中，利用 Samba 服务完成共享 Linux 系统中的文件和打印机资源。

(2) 能够解析 NetBios 的主机名，以主机名的形式实现访问主机。

(3) Linux 能提供 SMB 客户端功能，利用 smbclient 程序完成类似 FTP 的方式访问共享资源，使用 put、get 命令实现上传和下载；还可以利用 smbmount 命令完成挂载共享，即类似于 Windows 中的逻辑映射到驱动器(比如映射到 F:)。

9.1.2　Samba 的 SMB 协议

Samba 之所以能够与 Windows 间实现共享工作，是因为它模仿 Windows 内核的文件和打印共享协议，该协议称为 SMB 协议(Server Message Block，服务信息块)。SMB 协议可以追溯到上个世纪的 80 年代，它是由英特尔、微软、IBM、施乐以及 3com 等公司联合提出的，虽然在过去的 30 多年中，该协议得到了扩展，但是该协议的基本理论仍然是相同的。不论是 Windows 客户端，还是 Linux/Unix 客户端，都可以基于 SMB 协议和 NetBios 协议访问远程服务的文件和打印机等资源。该协议可以建立在 TCP/IP 之上，也可以用于其他网络协议(比如 IPX 和 NetBEUI)之上。在 TCP/IP 协议上的文件共享和打印机共享，需要采用传输层协议 TCP 和 UDP，应用端口主要为 137、138、139 和 445，因此系统需要开放 TCP/UDP 协议的这些端口，方可允许客户和服务器之间通信。

9.1.3 与 Samba 服务相关的文件

要想实现 Samba 服务完整的正常运行，则需要如下相关文件。

(1) /etc/samba/smb.conf 文件为主配置文件，由以下两部分构成：

① Global Settings。该部分为全局设置，它完成与 Samba 服务运行环境有关的选项设置，其设置项是针对所有共享资源的设置。

② Share Definitions。该部分为共享设置，只针对当前共享资源设定，在该部分中可以通过";"或者"#"放在行首，表示该行为注释内容。

配置完毕后，需要使用 testparm 命令检查 smb.conf 配置文件内是否存在语法错误。

(2) /etc/samba/lmhosts 文件类似 Windows 中的 lmhosts，便于解析 NetBios 的主机名。

(3) /etc/samba/smbusers 文件用于控制用户映射，并且通常在 Windows 与 Linux 之间进行。两个系统拥有不同的用户账号，通过将不同用户的账号映射成为一个用户，当 Windows 账号被映射后，在使用 Samba 服务器上的共享资源时，就可以直接使用 Windows 账号进行访问了。缺省情况下，smbusers 文件的内容如下：

```
# Unix_name = SMB_name1 SMB_name2 ...
root = administrator admin
nobody = guest pcguest smbguest
```

(4) /etc/samba/smbpasswd 文件用于保存访问 Samba 服务的用户名及其所对应的密码，其密码是经过加密后的密文。但是刚安装好的 Samba 服务，需要使用命令 smbpasswd 建立并生成该文件。

(5) /var/log/samba 目录中存放 Samba 服务的日志，也存放 NMB 和 SMB 服务的运行日志，分别写入到 nmbd.log 和 smbd.log 中。Samba 服务器也为所有连接到 Samba 服务器的客户机生成单个的日志文件。因此，管理员事后可以查看客户和服务器运行的详细记录。

9.2 Samba 服务的安装和启动

9.2.1 Samba 服务软件的安装

安装 CentOS Linux 系统的时候，默认情况下会自动安装 Samba 相关客户端程序。如果需要确认是否安装了 Samba 服务程序，可以通过命令方式完成。如图 9-1 所示，表明未安装 Samba 服务程序。

如果系统没有安装 Samba，可以通过 yum 命令在线安装 Samba 服务程序，安装过程可能会因当前的网络提供的版本更高而要求升级版本，升级为 4.2 版本，操作如图 9-2 所示。

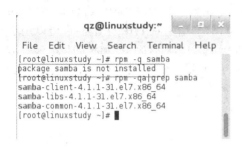

图 9-1　检查 Samba 是否安装

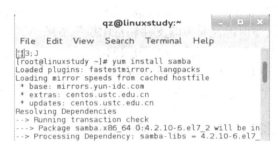

图 9-2　安装文件

9.2.2　系统启动自动启停管理

如果让主机系统启动后就自动运行 Samba 服务，可以使用 CentOS 系统提供的 systemctl 管理命令完成(见图 9-3)，操作命令说明如下：

systemctl　enable　smb　开启 Samba 的自动启动服务

systemctl　disable　smb　关闭 Samba 的自动启动服务

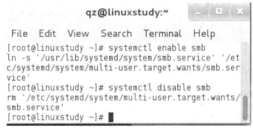

图 9-3　设定 SMB 自动启动

9.2.3　命令行启停管理

当配置完 Samba 服务的各个共享和参数后，需要使其配置生效，则需要重新启动 Samba 服务。Samba 服务启停管理的命令执行及说明如下：

systemctl　start　smb　　　启动服务器

systemctl　stop　smb　　　停止服务器

systemctl　restart　smb　　重启服务器

systemctl　status　smb　　　服务器运行状态

9.2.4　向防火墙添加例外端口

由于 CentOS 7 系统默认开启了防火墙，默认情况下，139/tcp、139/udp、445/tcp、445/udp 端口是被防火墙拦截的，因此需要使用命令 firewall-cmd 添加列外端口。

firewall-cmd --permanent --add-port = 139/udp　　　该--permanent 选项表示永久有效

firewall-cmd --permanent --add-port = 139/tcp

firewall-cmd --permanent --add-port = 445/tcp

firewall-cmd --permanent --add-port = 445/udp

9.3　smb.conf 配置文件详解

9.3.1　准备

　　配置 smb.conf 文件是 Linux 提供共享服务的必须步骤，但是要使共享服务生效，还需要确信系统中 NetBios 协议和 Microsoft 协议建立在 TCP/IP 协议上的 TCP 和 UDP 端口 139、445 是否打开，是否能够正常工作，即可查看/etc/services 文件(该文件为系统中所有服务选用端口的必备文件)中是否有以"NetBios"和"Microsoft"开头的记录项，或者记录项被"#"注释，如图 9-4 所示。以及防火墙是否阻止这些端口了，默认情况会阻止外来连接访问这些端口，因此需要开放。

9.3.2　详细解释 smb.conf 文件内容

　　为了解释/etc/samba/smb.conf 文件的两大部分内容的选项、参数等，我们将系统默认情况下的 smb.conf 文件内容列出。下列内容是经过裁减后的内容：

```
# ============ Global Settings ============
[global]
workgroup = MYGROUP                              设置网上邻居工作组
server string = Samba Server Version %v          设置服务器注释
;  netbios name = MYSERVER                       设置服务器显示主机名
;  interfaces = lo eth0 192.168.12.2/24 192.168.13.2/24   设置 Samba 服务器侦听接口和地址
;  hosts allow = 127. 192.168.12. 192.168.13.    设置允许的主机或地址访问 smb
;  max protocol = SMB2                           设置支持的协议，缺省为 NT1
;      max connections = 0                       设置最大连接数
# log files split per-machine:
log file = /var/log/samba/log.%m                 设置日志存储文件名.%m 代表主机名
# maximum size of 50KB per log file, then rotate:
max log size = 50                                设置日志文件最大长度
security = user                                  可以设置为 user、share、server 模式
passdb backend = tdbsam                          当设置 security = user 时，保存用户及密码方式
;  security = domain                             如果 samba 是域成员，需要将 security = domain
;  passdb backend = tdbsam
;  realm = MY_REALM
;  password server = <NT-Server-Name>
;  security = user
;  passdb backend = tdbsam
;  domain master = yes
;  domain logons = yes
# the following login script name is determined by the machine name
# (%m):
```

```
; logon script = %m.bat
# the following login script name is determined by the UNIX user used:
; logon script = %u.bat
; logon path = \\%L\Profiles\%u
# use an empty path to disable profile support:
; logon path =
# various scripts can be used on a domain controller or a stand-alone
# machine to add or delete corresponding UNIX accounts:
; add user script = /usr/sbin/useradd "%u" -n -g users
; add group script = /usr/sbin/groupadd "%g"
; add machine script = /usr/sbin/useradd -n -c "Workstation (%u)" -M -d /nohome -s /bin/false "%u"
; delete user script = /usr/sbin/userdel "%u"
; delete user from group script = /usr/sbin/userdel "%u" "%g"
; delete group script = /usr/sbin/groupdel "%g"
; local master = no
; os level = 33
; preferred master = yes
; wins support = yes
; wins server = w.x.y.z                    设置 WINS 服务器地址
; wins proxy = yes
; dns proxy = yes
load printers = yes                        自动装载打印机共享
cups options = raw
; printcap name = /etc/printcap            设置打印机配置文件
# obtain a list of printers automatically on UNIX System V systems:
; printcap name = lpstat                   设置打印机共享名
; printing = cups
; map archive = no
; map hidden = no
; map read only = no
; map system = no
; store dos attributes = yes
#========================= Share Definitions =========================
[homes]                                    设置 Linux 系统用户访问自己的主目录
comment = Home Directories                 注释
browseable = no                            设定用户是否可以浏览目录
writable = yes                             开启写权限
; valid users = %S                         设置服务器上的有效用户，%S 表示 Samba 服务器共享名称
; valid users = MYDOMAIN\%S
[printers]
comment = All Printers
path = /var/spool/samba
browseable = no
```

```
      guest ok = no
      writable = no
      printable = yes
    ; [netlogon]
    ; comment = Network Logon Service
    ; path = /var/lib/samba/netlogon
    ; guest ok = yes
    ; writable = no
    ; share modes = no
    ; [Profiles]
    ; path = /var/lib/samba/profiles
    ; browseable = no
    ; guest ok = yes
    ; [public]
    ; comment = Public Stuff
    ; path = /home/samba
    ; public = yes
    ; writable = yes
    ; printable = no
    ; write list = +staff
```

　　上述文件的"Share Definitions"内容中，还会涉及共享内容的具体权限和参数的设定，为了描述更清楚，将其中主要的权限设定和参数设定说明如下(不清楚时可以使用 man 命令进行查看 smb.conf 的帮助信息)：

- path 表示指定共享目录的绝对路径。
- writable 的值设定表示是否为只写属性。
- browseable 的值若为 yes 表示许可浏览，若为 no 表示不许可浏览。
- public 表示设定为所有用户可以访问，公共共享。
- guest ok 的值为 yes 的时候，表示将用户作为匿名用户访问，反之表示不允许。
- read　list 的值为用户或组(比如 read list = @students)设定只读用户或只读组。
- write　list 的使用与 read list 类似。

9.3.3　Samba 客户账号建立

　　如果 smb.conf 配置文件的全局配置部分中被设定为 security = user 的时候，需要在后面设定用户身份验证所需的配置项，即

```
passdb backend = smbpasswd
smb encrypt = default
smb    passwd file = /etc/samba/smbpasswd
```

　　此时，使用命令 smbpasswd 或 pdbedit 完成账号建立问题。比如需要 teacher、stu01 用户可以访问 Samba 服务器。添加 teacher 和 stu01 作为 Samba 服务器账号的时候，前提条件必须是属于/etc/passwd 中的账号，否则是不能添加成功的。命令 smbpasswd 建立帐号如

图 9-4 所示，建立的账号密码可以与原来 Linux 系统中的账号密码不同，Samba 服务将按照 smbpasswd 文件中存放的用户密码进行验证。说明，当我们不设置 smbpasswd 文件的时候，CentOS 7 默认存放于 /var/lib/samba/private/passdb.tdb 文件中。passwd backend 表示后台用户密码的存储方式，有三种：smbpasswd、tdbsam 和 ldapsam。

```
[root@linuxstudy samba]# useradd -g students stu03
[root@linuxstudy samba]# smbpasswd -a stu03
New SMB password:
Retype new SMB password:
Added user stu03.
[root@linuxstudy samba]# pdbedit -L
stu01:1001:
stu02:1002:
stu03:1003:
[root@linuxstudy samba]#
```

图 9-4　smbpasswd 和 pdbedit 命令使用

9.4　Samba 服务器配置实例

9.4.1　Samba 作为文件服务器的 smb.conf 配置

某公司现有一个工作组为 Office，需要添加 Samba 服务器作为资料文件共享服务器，并发布共享目录为/mnt/resource，共享名为 public_files，此共享目录允许所有员工访问；其次，为 3 位特殊员工分配了 3 个 Linux 系统账号供 3 位员工存储私人资料。

1. 创建共享目录及用户

mkdir　-p /mnt/resource，将相关文件存放于该目录下。

2. 创建系统账户

groupadd　office 创建用户组。

useradd　-g office jack 创建用户 jack，以此方法依次创建 john 和 peter。

3.完成 smb.conf 配置

给出/etc/samba/smb.conf 的主配置文件内容如下：

```
[global]
workgroup = Office
server string = Samba Server Version %v
netbios name = FILE_SERVER
hosts allow = 127.  192.168.1.  192.168.2.
max protocol = SMB2
log file = /var/log/samba/log.%m
# maximum size of 50KB per log file, then rotate:
max log size = 50
security = user
passdb backend = tdbsam
[public_files]
```

```
    comment = Public Stuff
    path = /mnt/resource
    guest ok = yes
    writable = yes
    directory mask = 0777
    force directory mode = 0777
    directory security mask = 0777
    force directory security mode = 0777
    create mask = 0777
    force create mode = 0777
    security mask = 0777
    force security mode = 0777
[homes]
comment = Home Directories
browseable = yes
writable = yes
valid users = john, jack, peter
```

9.4.2　共享相关权限设置

由于 CentOS 7 系统默认采用 Selinux，如果直接提供共享，则客户端是无法访问的。因此，人工创建的 /mnt/resource 目录的 selinux 值不和 Samba 默认的 selinux 值匹配。需要更改 resource 这个目录的 selinux 值，首先需查看目录的 selinux 值(其实就是前面我们讲的文件的上下文关联性)。

ls -Zd /mnt/resource/的执行结果如下：

```
drwxr-xr-x. root root unconfined_u:object_r:mnt_t:s0    /mnt/resource/
```

此时，子目录整个文件的 selinux 的类型为 mnt_t，而 Samba 的 selinux 类型为 samba_share_t，所以需要用命令 chcon 修改 selinux 值，操作如下：

```
chcon -R   -t samba_share_t /mnt/resource/
chmod -R o = rw /mnt/resource/
```

这样就把 /mnt/resource/及其目录下的子目录和文件的 selinux 类型更改成 Samba 的类型了。同时需要对 /home 目录下的三个用户的子目录进行修改 selinux 的类型。

```
chcon -R -t samba_share_t jack john peter
```

使用 systemctl restart smb 重启 Samba 服务；并确保是否使用了 firewall-cmd 命令添加了 Samba 网络服务端口。

9.5　Samba 客户

9.5.1　Linux 客户端

在 Linux 中，作为 Samba 客户端的时候，可以采用两条命令完成访问 Samba 共享的资源，说明如下：

1. smbclient 命令

该命令属于 samba-client 软件包，如果没有安装，可以按照本章前面的 yum 在线方法完成安装。该命令(smbclient)实现类似 FTP 工具的功能，使用如下：

smbclient -L   //主机名或主机 IP 地址 -U 存放在 Samba 用户库中的登录用户

注：表示查看主机上的共享

smbclient   //主机名或主机 IP 地址/共享目录 -U 在/etc/samba/smbpasswd 中的登录用户

注：以用户身份登录，并进入共享目录

说明 Linux 使用共享资源的操作步骤如图 9-5 所示，在图中将显示操作系统类型、Samba 服务器版本号，以及共享资源详细列表。如图 9-6 所示表示以用户 jack 的身份连接到 Samba 服务器的共享目录 public_files。

```
[root@linuxstudy ~]# smbclient -L 192.168.1.105 --user=jack
Enter jack's password:
Domain=[OFFICE] OS=[Windows 6.1] Server=[Samba 4.2.10]

        Sharename       Type       Comment
        ---------       ----       -------
        public_files    Disk       Public Stuff
        homes           Disk       Home Directories
        IPC$            IPC        IPC Service (Samba Server Version 4.2.10)
        jack            Disk       Home Directories
Domain=[OFFICE] OS=[Windows 6.1] Server=[Samba 4.2.10]

        Server                     Comment
        ---------                  -------

        Workgroup                  Master
        ---------                  -------
[root@linuxstudy ~]#
```

图 9-5 使用 smbclient 查看共享

```
[root@linuxstudy ~]# smbclient //192.168.1.105/public_files --user=jack
Enter jack's password:
Domain=[OFFICE] OS=[Windows 6.1] Server=[Samba 4.2.10]
smb: \> l
  .                           D        0  Sat Apr 16 18:44:43 2016
  ..                          D        0  Sat Apr 16 08:49:42 2016
  file                        N        0  Sat Apr 16 08:38:44 2016
  tmpdir                      D        0  Sat Apr 16 08:39:00 2016
  read.txt                    A        0  Sat Apr 16 18:18:41 2016
  soft                        D        0  Sat Apr 16 18:18:35 2016

            13837312 blocks of size 1024. 8882560 blocks available
smb: \>
```

图 9-6 使用 smbclient 命令访问共享目录 public_files

2. mount 和 umount 命令

在 Windows 中可以将共享映射到本地的驱动器(比如 F:盘)。在 Linux 中，使用 mount 命令将共享挂载到本地系统的目录下，同时也可以使用 umount 命令卸载挂载点。命令使用方法如下：

mount //主机地址/共享目录   本地系统下的目录(挂载点)   -o 选项

umount   挂载点

图 9-7 所示的内容为挂载操作的例子。

```
[root@linuxstudy /]# mount //192.168.1.105/public_files /mnt/tmpmount/ -o
 username=jack
Password for jack@//192.168.1.105/public_files:  ***
[root@linuxstudy /]# cd /mnt/tmpmount/
[root@linuxstudy tmpmount]# ls -l
total 0
-rw-r--rwx. 1 root root    0 Apr 16 08:38 file
-rwxrwxrwx. 1 john office 0 Apr 16 18:18 read.txt
drwxrwxrwx. 2 john office 0 Apr 16 18:18 soft
drwxr-xrwx. 2 root root   0 Apr 16 08:39 tmpdir
[root@linuxstudy tmpmount]# cd
[root@linuxstudy ~]# umount /mnt/tmpmount/
[root@linuxstudy ~]#
```

图 9-7 挂载和卸载 Samba 共享

9.5.2　Windows 客户端

　　Windows 2000/2003/2008/Win7/Win10 客户端网卡的本地地址配置中，启用 NetBios 服务；其次防火墙开放 TCP/UDP 协议的端口为 139、445，最终可以访问 Samba 服务器资源。可以在 Windows 运行窗口中输入\\\\192.168.1.105，该地址为 Samba 服务器地址；或者在资源管理的输入栏输入"\\\\192.168.1.105"即可弹出登录窗口，此时要求输入用户名和密码，然后进入共享使用状态，如图 9-8 所示。

　　当输入正确的用户名和密码后，将进入共享目录页面，如图 9-9 所示。

图 9-8　共享登录窗口

图 9-9　共享目录页面

本 章 小 结

　　本章主要介绍 Samba 服务配置文件内容、如何使用 Samba 共享，采用命令方式和图形化方式完成了 Samba 服务器的配置。使用 Samba 服务需要注意相关的文件，这些文件存放于 /etc/samba 中，其中重要的文件主要有 smb.conf。本章也详细介绍了如何启停管理 Samba 服务器，以及 Samba 服务器需要相关的服务协议 NetBios，并建立在 TCP/IP 协议上，利用 TCP/UDP 协议及其协议端口 139、445。关于 Samba 的文件共享，已经举例在 Linux 和 Windows 环境下完成，在 Linux 中使用命令 smbclient、mount 和 umount 完成；在 Windows 中，可以在运行栏或资源管理器的地址栏输入 Samba 服务器地址进行登录。

习题与思考

　　1．Samba 服务需要哪些协议和端口完成 Samba 服务的共享？

　　2．Samba 服务需要哪些相关的文件，如何理解主配置文件？

　　3．如何进行 Samba 服务启停管理？

　　4．如何在客户端访问 Samba 服务器共享的目录？

　　5．练习题，要求建立 Samba 服务器，并在客户端使用共享，配置要求如下：

　　(1) 设置 Samba 服务器的工作组为 network，主机 NetBios 名为 linux。

(2) 设置只允许子网 192.168.1.0/24 可以访问 Samba 的资源。

(3) Samba 服务器的网络接口地址设定为 192.168.1.1，即本地 Linux 系统的网卡地址。

(4) Samba 服务安全级设定为 user，共享目录设定为/tmp，允许用户 stu01 访问。

(5) 在 Linux 和 Windows 下访问 Samba 共享。

实训五　配置 Linux 下的 SMB 服务器

一、实验原理

SMB(Server Message Block)通信协议是微软(Microsoft)和英特尔(Intel)在 1987 年制定的协议，主要是作为 Microsoft 网络的通信协议，而 Samba 则是将 SMB 协议搬到 Linux 上来应用的。通过"NetBIOS over TCP/IP"使得 Samba 不但能与局域网络主机分享资源，更能与全世界的电脑分享资源，因为互联网上千千万万的主机所使用的通信协议就是 TCP/IP。

Samba 是一套让 Linux 系统能够应用 Microsoft 网络通信协议的软件，它使执行 Linux 系统的电脑与执行 Windows 系统的电脑共享资源。

二、实验目的

(1) 理解 SMB 的工作过程及其原理。

(2) 学会安装 SMB 服务器。

(3) 能够实现一个简单的不同操作系统间的共享。

三、实验内容

(1) 安装 SMB 服务软件。

(2) SMB 服务的配置。

(3) 验证实验结果。

四、基础知识

(1) 理解 Linux 下的用户权限。

(2) 熟悉 Linux 下的常用命令。

(3) 了解 SMB 协议。

五、实验环境

(1) 装有 Linux 操作系统的计算机。

(2) 有两台以上主机的局域网，其中一台是 Windows 系统。

第 10 章　NFS 服务器

本章介绍一种基于网络的、在 Linux 系统或 Unix 系统之间的磁盘共享或文件共享方式。重点介绍 /etc/exports 文件内容格式及其配置，以及相关命令 exportfs、mount 等的使用。

10.1　NFS 概述

NFS(Network File System，网络文件系统)是由 Sun 公司于 1984 年推出的，用于基于 Unix 系统的网络，是实现多台主机之间的文件或磁盘空间共享的协议。NFS 使用起来很方便，可以将远程 NFS 服务提供的共享挂载在本地系统中，这样就好比使用本地系统中的文件，所以也广泛应用于 Linux 系统，通过 NFS 服务完成网络磁盘空间共享，实现网络存储功能。

但由于它的认证机制是基于 IP 地址的，因而容易被攻击。虽然 NFS 服务可以提高资源的使用率，但是 NFS 网络协议本身不具有数据传输能力，它必须通过 RPC 协议来解决数据的传输问题，因此 NFS 是基于 RPC(远程过程调用)机制的，所以 portmap 服务一定要打开，此时它允许客户端进程通过网络向远程服务器上的服务进程请求服务，实现透明传输。目前，使用 NFS 服务，至少需要启动下列 3 个系统守护进程：

(1) rpc.nfsd。该守护进程属于 NFS 服务的基本守护进程，主要完成客户端是否能够接入 NFS 服务器的管理。

(2) rpc.mountd。它是 RPC 安装守护进程，主要功能是完成 NFS 文件系统的管理。该守护进程能够对接入 NFS 服务器的客户进行授权验证，通过读取/etc/exports 文件的预先配置来对比客户是否有权限访问共享资源。

(3) portmap。该守护进程的主要功能是完成进行端口映射的管理，应用于 RPC 服务，而 NFS 需要 RPC 服务器，因此通过端口映射后，为客户提供接入服务器的端口位置，侦听客户的接入链接。可以采用两种方式启动 portmap 服务，一是通过 ntsysv 命令，开启自动启动 portmap 服务；二是在超级用户提示符下直接启动，命令如下：

```
/etc/rc.d/init.d/portmap start
```

要查看 NFS 是否在运行中，可以通过命令 rpcinfo -p 得到，如果所显示的结果中没有 nfs 和 mountd 项出现，表示还未启动，此时可以手动启动/etc/rc.d/init.d/nfs start。而停止服务只需要把 start 改成 stop 就可以了，如图 10-1 所示。

与 NFS 相关的组件除上述介绍外，还包括：

- rpc.statd 和 rpc.lockd 负责处理客户与服务器之间的文件锁定问题和锁定恢复。
- rpc.rquotad 提供了 NFS 和配额管理程序之间的接口。

有时候在改变某些关于 NFS 的配置设置后，需要停止 NFS，然后重新启动 NFS 服务进程，才可以实现配置改变的功能。命令主要为 /etc/rc.d/init.d/nfs stop 和 /etc/rc.d/init.d/nfs start，查看状态为 /etc/rc.d/init.d/nfs status。

```
root@linux:/etc/sysconfig

文件(F)  编辑(E)  查看(V)  终端(T)  标签(B)  帮助(H)

[root@linux sysconfig]# rpcinfo -p
   程序 版本 协议    端口
   100000    2   tcp     111  portmapper
   100000    2   udp     111  portmapper
   100024    1   udp   32768  status
   100024    1   tcp   32769  status
[root@linux sysconfig]# /etc/rc.d/init.d/nfs start
启动 NFS 服务：                                          [  确定  ]
关掉 NFS 配额：                                          [  确定  ]
启动 NFS 守护进程：                                      [  确定  ]
启动 NFS mountd：                                        [  确定  ]
[root@linux sysconfig]# rpcinfo -p
   程序 版本 协议    端口
   100000    2   tcp     111  portmapper
   100000    2   udp     111  portmapper
   100024    1   udp   32768  status
   100024    1   tcp   32769  status
   100011    1   udp     858  rquotad
   100011    2   udp     858  rquotad
   100011    1   tcp     861  rquotad
   100011    2   tcp     861  rquotad
   100003    2   udp    2049  nfs
   100003    3   udp    2049  nfs
   100003    4   udp    2049  nfs
```

图 10-1 显示 NFS 配置情况

NFS 服务基于 PRC 机制下采用 C/S 模式完成 NFS 服务资源共享，在服务器上只需将共享的目录(可以是一个完整的分区文件系统挂载到目录)设置为 export 输出，NFS 客户端可以采用 mount 命令挂载共享到客户本地中的某个目录，再通过该目录即可访问服务器共享的资源，此时可用使用系统命令操作这些文件资源，如图 10-2 所示。

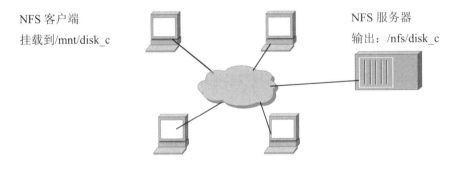

NFS 客户端
挂载到/mnt/disk_c

NFS 服务器
输出：/nfs/disk_c

图 10-2 NFS 的 C/S 工作模式

10.2 配置 NFS 服务器

10.2.1 NFS 服务器的安装

使用 NFS 服务之前，首先需要检查 NFS 服务器是否已经安装。目前几乎所有的 Linux 系统都会缺省安装 NFS 服务器，也包括本书介绍的 CentOS Linux。启动 NFS 服务时需要

nfs-utils 和 portmap 软件包，因此可以通过 rpm -q 命令来检查是否安装，通常还可通过 rpm -qf 命令检查启动 NFS 服务的文件属于哪个软件包，如图 10-3 所示。

```
[root@linux sysconfig]# rpm -qf /etc/rc.d/init.d/nfs
nfs-utils-1.0.6-46
[root@linux sysconfig]# rpm -qf /etc/rc.d/init.d/portmap
portmap-4.0-63
[root@linux sysconfig]# rpm -q nfs-utils portmap
nfs-utils-1.0.6-46
portmap-4.0-63
[root@linux sysconfig]#
```

图 10-3　检查文件属于哪个包和检查是否安装了软件包

从图 10-3 可知系统已经安装了软件包 nfs-utils 和 portmap。如果没有安装，将第二张安装盘放入光驱后，系统可以自动将光驱光盘挂载到系统目录 /media/cdrom。如果系统没有自动挂载，可以使用 mount /dev/cdrom/media/cdrom 手动执行挂载，然后使用命令如下命令完成：

rpm 　–ivh 　/media/cdrom/RedHat/RPMS/nfs-utils-1.0.6-46.i386.rpm

rpm 　-ivh 　/media/cdrom/RedHat/RPMS/portmap-4.0-63.i386.rpm

10.2.2　配置 /etc/exports 文件

设置 NFS 服务器的过程需要首先建立或修改 /etc/exports 文件，这个文件定义了服务器上的哪几个部分与网络的其他部分共享，共享的规则(访问权限等)都有哪些等；然后就是启动或重新启动 NFS 服务进程，实现其功能。

1．/etc/exports 文件格式

可以直接利用 vi 编辑器或在 X-Windows 桌面系统中利用图形文本编辑工具修改 exports 文件内容，其文件的每一项格式如下：

```
#First Share
/directory_to_export        client_host1(options)      client_host2(options) \
                            client_host3(options)      clinet_host4(options)
```

其中"directory_to_export"表示将 NFS 服务器的本地目录共享输出，而且必须是绝对路径的目录，这才能作为输出目录，可以使用#来表示注释；"client_host"表示客户主机名或地址(可以采用通配符)，它必须与你的共享输出目录在同一行；"options"表示给予客户端的选项。如果客户主机在同一行写不下，可以使用"\"来解决续行。

可以使用几种方式来表示主机名：

- 直接写出指定的主机名，如：ftp.Linuxstudy.com。
- 主机名可以使用通配符，如：*.Linuxstudy.com 来表示这个域 Linuxstudy.com 上的所有主机。
- 可以不用主机名，以免 DNS 不能解析，因此可以使用指定的 IP 地址。
- 在 IP 地址中使用网络和子网掩码的方式或者加通配符，如：192.168.1.0/24 和 192.168.1.*。

在上面所提到的选项说明如表 10-1 所示。

表 10-1　客户的许可权限说明

选　项		说　明
访问权限	rw	设置输出目录可以读写，缺省值
	ro	设置输出目录为只读，不可修改
将登录的 root 用户映射	root_squash	将 root 用户及所属用户组都映射为 NFS 服务的本地 nfs 匿名用户或用户组(默认值)
	no_root_squash	接受客户端的 root 用户或用户组，不进行映射为 nfs 匿名用户或用户组
	all_squash	将远程客户端访问的所有普通用户或所属用户组都映射为 nfs 匿名用户或用户组
	no_all_squash	不将远程客户端访问的所有普通用户或所属用户组都映射为 nfs 匿名用户或用户组(默认值)
	anonuid = xxx 和 anongid-gids = xxx	将客户端请求的所有用户或用户组都映射为 NFS 服务器的本地用户账户或用户组，比如：anonuid = 550，要求客户端访问/home/joe 共享输出目录的时候，将所有请求账号都映射为服务器本地 joe 用户账号(uid = 550)
其他选项	secure	限定客户端使用的端口号必须小于 1024，才能连接到 NFS 服务器(默认值)
	insecure	允许客户端使用大于 1024 的端口连接到 NFS 服务器
	sync	将数据同步写入内存缓冲区与磁盘中，便于保证数据的一致性，但是这种工作效率较低
	async	将数据先保存在内存缓冲区中，必要时才写入磁盘
	wdelay	检查是否有相关的写操作，如果有则将这些写操作一起执行，这样可提高效率(默认值)
	no_wdelay	与 sync 配合使用，解决有写操作时则立即执行
	subtree_check	若输出目录是一个子目录，则 NFS 服务器将会检查父目录的权限(默认值)
	no_subtree_check	与上面的含义相反，不检查，可以提高工作效率

2．/etc/exports 配置举例

举例如下：

```
/var/export/soft          john.Linuxstudy.com(rw, sync)   *.edu.cn(ro)   \
                192.168.1.6(rw, async, no_root_squash)
/var/export/movie      192.168.2.0/24(ro, anonuid = 566, no_subtree_chech)   \
192.168.3.0/24(rw, sync, anonuid = 566)
/var/export/upload    192.168.8.*(rw, insecure, sync, no_wdelay, no_subtree_check)
```

解释如下：

(1) 第一项共享输出目录为 /var/export/soft，可以供 john.Linuxstudy.com 和 192.168.1.6

两个指定的主机读写操作，而域为 edu.cn 上的所有主机只有读操作，但是 192.168.1.6 主机登录的 root 用户不用映射成为 nfs 匿名用户。所有的用户访问该目录的时候，要看父目录给予的权限如何。

(2) 第二项共享输出目录为 /var/export/movie，将 192.168.2.0/24 子网登录的用户全部映射为指定的 uid = 566 的 nfs 服务器本地用户账号，而且只有读权限，不用关心子目录的父目录权限问题；而 192.168.3.0/24 子网登录用户都映射为指定 uid = 566 的用户账号，并且需要检查共享目录的父目录权限来确定自己是否能够读写权限。

(3) 第三项共享输出目录为/var/export/upload，允许来自 192.168.8.*网络的用户端口大于 1024 连接 NFS 服务器，对该目录有读写权限，不用关心父目录的权限设定问题，同时对有写操作的数据立即执行写操作，并保证数据的一致性。

3. 采用 exportfs 命令把配置文件通知 NFS 服务器进程

当建立好 /etc/exports 文件后不用重新启动 NFS 守护进程，可以使用命令 exportfs 来通知 NFS 服务器进程重新读取配置信息，通过该命令还可以将 /etc/exports 中的某一项共享告诉 NFS 守护进程生效或失效。对于 exportfs 的命令格式和命令选项如表 10-2 所示。

表 10-2　命令格式和选项说明

exportfs　　[选项]　　[主机:/共享目录路径]	
-a	输出/etc/exports 文件里的所有共享项
-r	重新输出/etc/exports 文件里的所有共享项，并立即生效
-u	停止输出某一项共享
-v	显示执行命令的结果信息

要使得上面所举的例子生效，操作方法和结果如图 10-4 所示。

```
[root@linux etc]# exportfs -rv
exporting 192.168.1.6:/var/export/soft
exporting john.linuxstudy.com/var/export/soft
exporting 192.168.3.0/24:/var/export/movie
exporting 192.168.2.0/24:/var/export/movie
exporting 192.168.8.*:/var/export/upload
exporting *.edu.cn:/var/export/soft
[root@linux etc]#
```

图 10-4　exportfs 的执行及结果

如果停止共享目录输出，操作及结果如图 10-5 所示。

```
[root@linux etc]# exportfs -uv john.linuxstudy.com/var/export/soft
unexporting john.linuxstudy.com/var/export/soft
[root@linux etc]# exportfs -auv
[root@linux etc]#
```

图 10-5　exportfs 停止共享项输出

4. 测试 NFS 服务输出状态

(1) 直接使用 exportfs 命令，不加任何的选项和参数即可得到输出状态。

(2) 使用 showmount 命令，命令格式及选项如下：

showmount　　[选项]　　NFS 服务 IP 地址或主机名

选项：-a　显示所指定的 NFS 服务器的所有客户端主机及其所连接的目录

　　　-d　显示指定的 NFS 服务器中已经被客户端连接的所有共享输出目录

　　　-e　显示指定的 NFS 服务器上所有共享的输出目录列表

10.2.3　NFS 服务启停管理

1. 启动服务

NFS 正常工作，需要 portmap 和 nfs 两个守护进程同时运行，并且 portmap 启动必须先于 nfs 启动。具体的命令操作和执行结果如图 10-6 所示，表明服务启动成功。

```
[root@linux etc]# /etc/rc.d/init.d/portmap start
启动 portmap:                                    [   确定   ]
[root@linux etc]# /etc/rc.d/init.d/nfs start
启动 NFS 服务:                                    [   确定   ]
关掉 NFS 配额:                                    [   确定   ]
启动 NFS 守护进程:                                [   确定   ]
启动 NFS mountd:                                 [   确定   ]
[root@linux etc]#                                [   确定   ]
```

图 10-6　启动和执行结果

图 10-6 中还可以在命令提示符下使用命令 service　portmap　start 和 service　nfs start 启动服务器。

2. 停止服务

NFS 停止服务，不能先停止 portmap，否则会出错，需要先停止 nfs 守护进程后，方可停止 portmap 守护进程，具体执行如图 10-7 所示。在图 10-7 中，还可以使用命令 service　nfs　stop 和 service portmap　stop 停止服务器：

```
[root@linux etc]#
[root@linux etc]#
[root@linux etc]# /etc/rc.d/init.d/nfs stop
关闭 NFS mountd:                                 [   确定   ]
关闭 NFS 守护进程:                                [   确定   ]
关闭 NFS quotas:                                 [   确定   ]
关闭 NFS 服务:                                    [   确定   ]
[root@linux etc]# /etc/rc.d/init.d/portmap stop
停止 portmap:                                    [   确定   ]
[root@linux etc]#
```

图 10-7　停止服务

3. 检查服务状态

检查服务状态使用如下命令(执行结果图和启停类似)：

/etc/rc.d/init.d/nfs　status　或者　service　nfs　status

4. 重新启动服务

重新启动服务使用如下命令(执行结果图和启停类似)：

/etc/rc.d/init.d/nfs　restart　或者　service　nfs　restart

5. 系统启动时自动启动服务

为了完成 Linux 系统每次重新启动系统后，portmap 和 nfs 守护进程自动运行，自动加载/etc/exports 的输出项，在 X-Windows 窗口中依次点击 "应用程序"→"系统设置"→"服务器设置"→"服务"，然后在弹出的窗口中选中"nfs"和"portmap"。还可以在命令提示符下输入命令 ntsysv 或者 setup 进入系统服务设置，完成自动启动设定，如图 10-8 所示。

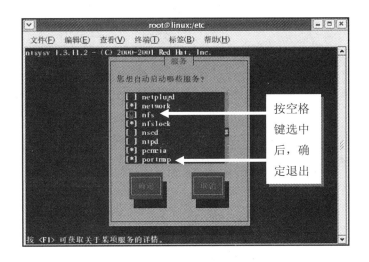

图 10-8 设定自动启动

10.3 NFS 客户端

10.3.1 使用 mount 和 umount 命令

首先需要获取远程 NFS 服务的资源共享状况后，可以通过命令 mount 挂载到客户端本地系统的指定目录。比如客户将服务器上共享的/var/export/soft 挂载到客户系统的/mnt/soft 中，具体操作如下：

第 1 步：首先查看/mnt 临时挂载目录下是否有 soft 子目录，没有则使用如下命令创建：

　mkdir　/mnt/soft

第 2 步：使用命令挂载到/mnt/soft 下，操作如下：

　mount　192.168.1.6:/var/export/soft　　　/mnt/soft

第 3 步：可以使用系统中的命令操作/mnt/soft。

如果要卸载该挂载，需要使用如下命令：

　umount　/mnt/soft　即可完成(必须使用 cd 命令退出当前目录/mnt/soft)

10.3.2 编辑/etc/fstab 文件

在 /etc/fstab 中，可以设定自动挂载文件系统，也包括 NFS 服务，可使用 vi 命令编辑/etc/fstab 文件内容。举例如图 10-9 所示。

```
# This file is edited by fstab-sync - see 'man fstab-sync' for details
/dev/VolGroup00/LogVo100  /                    ext3    defaults      1 1
LABEL=/boot               /boot                ext3    defaults      1 2
none                      /dev/pts             devpts  gid=5,mode=620 0 0
none                      /dev/shm             tmpfs   defaults      0 0
none                      /proc                proc    defaults      0 0
none                      /sys                 sysfs   defaults      0 0
/dev/VolGroup00/LogVol101 swap                 swap    defaults      0 0
/dev/hdc                  /media/cdrom         auto    pamconsole,fscontext=
system_u:object_r:removable_t,exec,noauto,managed 0 0
/dev/fd0                  /media/floppy        auto    pamconsole,fscontext=
system_u:object_r:removable_t,exec,noauto,managed 0 0
192.168.1.6:/var/export/soft  /mnt/soft        nfs     default       0 0
~
~
~
~
~
```

图 10-9   在/etc/fstab 中设置自动挂载

本 章 小 结

本章主要介绍了/etc/exports 文件的内容格式及其配置，以及相关命令的使用，比如 exportfs、showmount 和 mount。通过举例和执行结果图的形式，展示了服务器如何运行、如何启停管理。最后清楚地表明了网络文件系统(NFS)能够为客户提供输出目录的共享服务，成为一个文件服务器，为客户端提供空间或共享文件。

习 题 与 思 考

1. 如何安装 NFS 服务，需要哪些相关的服务支持？
2. 对 NFS 的启停管理，需要注意什么样的问题，以及如何启停管理？
3. 掌握/etc/exports 的文件格式，并举例配置。
4. 客户端如何访问 NFS 服务器的共享资源？
5. 如何设定自动挂载 NFS 服务器的共享资源？

实训六   配置 Linux 下的 NFS 服务器

一、实验原理

NFS(Network File System，网络文件系统)是由 Sun 公司于 1984 年推出的，用于基于 UNIX 或 Linux 系统的网络，是实现多台主机之间的文件或磁盘空间共享的协议。NFS 使用起来很方便，可以将远程 NFS 服务提供的共享挂载在本地系统中，这样就好比使用本地系统中的文件，所以也广泛应用于 Linux 系统。通过 NFS 服务完成网络磁盘空间共享，就如同专用文件服务器。

二、实验目的

(1) 理解 NFS 的工作过程及其原理。

(2) 学会安装 NFS 服务器。

(3) 能够实现一个简单的不同计算机间的共享。

三、实验内容

(1) 安装 NFS 服务器软件。

(2) 　NFS 服务的配置。

(3) 验证实验结果。

四、基础知识

(1) 理解 Linux 下的用户权限。

(2) 熟悉 Linux 下的常用命令。

(3) 了解 NFS 服务器的共享资源。

五、实验环境

(1) 装有 Linux 操作系统的计算机。

(2) 有两台以上主机的局域网。

第 11 章 DHCP 服务器

本章介绍基于 Linux 系统的 DHCP 服务器，重点介绍 DHCP 的配置方法及步骤，针对 /etc/dhcpd/dhcpd.conf 配置文件做详细的解释，并通过举例的形式实现 IP 作用域、作用域 选项、保留地址设定等内容。

11.1 Linux 下的 DHCP 概述

DHCP(Dynamic Host Configuration Protocol，动态主机配置协议)是一种应用层协议。 Linux 下的 DHCP 服务与 Windows 2000/2003/2008/2010 Server 的 DHCP 服务器一样，除了 能够为客户机分配 IP 地址外，同时还可以将预定的默认网关、DNS 服务器地址、WINS 服务器地址传递给客户机，为客户提供完整的网卡地址信息，客户只需在此之前将主机设 定为自动获取 IP 地址信息就可以了。关于 DHCP 的工作原理在本书的 Windows 篇就有详 细的介绍，这里不再赘述。

通常同一局域网内最多建立一台 DHCP 服务器，如果有多台 DHCP 服务器出现，则所 有的 DHCP 服务器都会收到客户的广播请求。如果某台服务器先将响应包返回给客户机， 则客户机就获取该台服务器分配的 IP 地址。因此，客户机只能获取到某一台 DHCP 服务 器分配的地址。

如果客户机的 DHCP 请求在局域网内没有任何 DHCP 服务器响应，此时若局域网网关 (或路由器)设定了 DHCP 中继代理，便可以将 DHCP 客户请求包转发给指定的跨网络的 DHCP 服务器，那么客户机最终也可获取 IP 地址及相关信息。

11.2 DHCP 服务配置准备工作

11.2.1 安装 DHCP 服务器程序

安装 CentOS Linux 系统的时候，DHCP 服务器程序可以由用户选择安装，默认可以不 安装。在 CentOS Linux 系统运行的时候，有两种方法可以完成安装：一是在 X-Windows 窗口中，点击"应用程序(Applications)"→"系统工具(System Tools)"→"软件(Software)" 搜索 dhcp，可以选择安装；二是采用命令 rpm 查看软件包 DHCP 是否安装，若没有安装， 可以使用 yum install dhcp 在线安装，如图 11-1 所示。

```
[root@linuxstudy etc]# clear
[root@linuxstudy etc]# rpm -q dhcp
package dhcp is not installed
[root@linuxstudy etc]# yum list dhcp
Loaded plugins: fastestmirror, langpacks
Loading mirror speeds from cached hostfile
 * base: mirror.bit.edu.cn
 * extras: mirror.bit.edu.cn
 * updates: mirrors.sina.cn
Available Packages
dhcp.x86_64                    12:4.2.5-42.el7.centos                    base
[root@linuxstudy etc]# yum install dhcp
Loaded plugins: fastestmirror, langpacks
Loading mirror speeds from cached hostfile
 * base: mirror.bit.edu.cn
 * extras: mirror.bit.edu.cn
 * updates: mirrors.sina.cn
Resolving Dependencies
--> Running transaction check
---> Package dhcp.x86_64 12:4.2.5-42.el7.centos will be installed
--> Processing Dependency: dhcp-libs(x86-64) = 12:4.2.5-42.el7.centos for
 package: 12:dhcp-4.2.5-42.el7.centos.x86_64
--> Processing Dependency: dhcp-common = 12:4.2.5-42.el7.centos for packa
ge: 12:dhcp-4.2.5-42.el7.centos.x86_64
```

图 11-1　检查和安装 DHCP

11.2.2　DHCP 服务启停管理

如果完成 DHCP 服务器配置文件/etc/dhcpd.conf 后要使其生效，则需要启动或重新启动 DHCP 服务。如果/etc/dhcpd.conf 文件不存在，则服务启停无效。具体操作命令如下：

systemctl start dhcpd.service	或 service dhcpd start	启动 dhcp 服务
systemctl restart dhcpd.service	或 service dhcpd restart	重新启动 dhcp 服务
systemctl stop dhcpd.service	或 service dhcpd start	停止 dhcp 服务
systemctl status dhcpd.service	或 service dhcpd status	查看 dhcp 服务状态

如果让 DHCP 服务器随着 CentOS Linux 系统启动而自动运行，则需要配置启动服务，使用命令 systemctl enable dhcpd.service；而停止系统启动则自动运行 systemctl enable dhcpd.service，如图 11-2 所示。

```
[root@linuxstudy etc]# systemctl enable dhcpd.service
ln -s '/usr/lib/systemd/system/dhcpd.service' '/etc/systemd/system/multi-
user.target.wants/dhcpd.service'
[root@linuxstudy etc]# systemctl disable dhcpd.service
rm '/etc/systemd/system/multi-user.target.wants/dhcpd.service'
[root@linuxstudy etc]# systemctl enable dhcpd.service
ln -s '/usr/lib/systemd/system/dhcpd.service' '/etc/systemd/system/multi-
user.target.wants/dhcpd.service'
[root@linuxstudy etc]#
```

图 11-2　设定 DHCP 自动启动

11.3　配置 DHCP 服务器

在 CentOS Linux 系统下，DHCP 服务器的 IPv4 主配置文件是 /etc/dhcp/dhcpd.conf，IPv6 的主配置文件是 /etc/dhcp/dhcpd6.conf。而默认情况，这两个文件内容是空的，需要我们自己从 /usr/share/doc/dhcp*/目录下拷贝 dhcpd.conf.example 或 dhcpd6.conf.example 后，进行修改 DHCP 内容实现服务。可以使用如下命令来完成：

cp　-vf　/usr/share/doc/dhcp-4.2.5/dhcpd.conf.example　　/etc/dhcp/dhcpd.conf

11.3.1   详解 DHCP 配置文件的格式

DHCP 的配置文件/etc/dhcp/dhcpd.conf 结构包括三个部分：声明、参数和选项。在该文件中，可以通过 "#" 作为注释语句，每一行的设定完毕后，使用 ";" 结束。对 dhcpd.conf 配置内容的详细了解还可以使用 man dhcpd.conf 查看配置帮助。其格式形如：

```
全局的选项/参数;
   声明  {
            该声明的局部选项/参数;
         }
```

1. 参数部分

参数部分用于实现如何执行任务，是否需要执行任务，或将哪些网络配置选项发送给客户。常用的参数及其语法格式和说明如表 11-1 所示。

表 11-1　dhcpd.conf 文件中常用参数及其语法格式和说明

参数及其语法格式	说　　明
ddns-update-style　类型	设定 DHCP 与 DNS 间互动更新模式，只能用于全局
default-lease-time　整数	指定客户的缺省租约期限，单位是秒
max-lease-time　整数	指定最大租约期限，单位是秒
hardware　网卡接口类型　网卡 MAC 地址	指定客户网卡接口类型和 MAC 地址
server-name　主机名	通知 DHCP 客户服务器名称
get-lease-hostnames　flag	检查客户端使用的 IP 地址，flag 缺省为假
fixed-address　IP 地址	给客户分配一个固定的 IP 地址，与 hardware 结合使用
authoritative	拒绝不正确的 IP 地址的要求

2. 声明部分

声明部分用来描述网络布局、提供客户的 IP 地址等。常用的声明及其语法格式和说明如表 11-2 所示。

表 11-2　dhcpd.conf 文件中声明及其语法格式和说明

声明及其语法格式	说　　明
shared-network　名称 {……}	定义 DHCP 超级作用域
subnet　网络号　netmask　子网掩码 {……}	定义 DHCP 作用域和子网掩码
range　起始 IP 地址　终止 IP 地址	定义作用域提供动态分配 IP 地址的范围
host　主机名称　{……}	定义保留域
group　{……}	为一组参数提供声明
allow　unknown-clients；deny unknown-clients	是否动态分配 IP 给未知使用者

3. 选项部分

选项部分用来配置 DHCP 客户端的可选参数，全部用 option 关键字作为开始。常用的选项及其语法格式和说明如表 11-3 所示。表中的选项既可以用于全局，也可以用于局部。

表 11-3　dhcpd.conf 文件中常用选项及其语法格式和说明

选项及其语法格式	说　　明
subnet-mask　子网掩码	为客户端设定子网掩码
domain-name　"域名"	为客户端设定 DNS 名称
domain-name-servers　IP 地址	为客户端设定 DNS 服务器的 IP 地址
host-name　"主机名"	为客户端指定主机名称
routers　IP 地址	为客户端设定默认网关
broadcast-address　广播地址	为客户端设定广播地址

11.3.2　DHCP 服务器配置典型实例

配置 DHCP 服务器，主要就是修改/etc/dhcp/dhcpd.conf 文件内容，实现需要的配置功能。其配置与 Windows 2003/2008/2010/2012 Server 中的 DHCP 一样，主要完成 IP 超级作用、IP 作用域、作用域选项、保留域设定，以及给客户一些相应的配置信息，如：网关地址等。下面将通过实例来完成上面的讲解内容。

例如：某实验室有 93 台主机，属于域 study.com，网络出口网关为 192.168.1.254，DNS 服务器地址为 192.168.1.1。有 1 台作为 DHCP 的服务器，其固定地址为 192.168.1.1，92 台主机需要动态获取 IP 地址及相应的配置信息，有可用的地址范围为 192.168.1.2～192.168.1.100，其中 192.168.1.20～192.168.1.28 保留暂时不用。有 1 台主机作为教师机，固定 IP 地址为 192.168.1.6，并且该主机的 MAC 地址为 00-00-00-11-22-33。如果让所有主机能够自动获取 IP 地址及相关配置信息，并都可以通过网络出口上网，则应如何建立 DHCP 服务器？

在要求已经明确了需要设定那些参数后，只需要建立/etc/dhcp/dhcpd.conf 文件内容如下：

```
ddns-update-style    interim;
ignore    client-updates;
subnet    192.168.1.0    netmask 255.255.255.0 {
range    192.168.1.2    192.168.1.19;
    range    192.168.1.29    192.168.1.100;
    option    routers            192.168.1.254;
    option    subnet-mask        255.255.255.0;
    option    broadcast-address        192.168.1.255;
    option    domain-name-servers        192.168.1.1;
    option    domain-name            "study.com";
    option    time-offset        -18000;
```

```
        default-lease-time    21600;
        max-lease-time    43200;
            host    TeacherPC {
                hardware    ethernet    00:00:00:11:22:33;
                fixed-address 192.168.1.6;
            }
    }
```

注意：DHCP 服务器不能同时既做服务器又作为 DHCP 客户端。

通过例子可以得到典型 DHCP 服务器配置，需要完成以下操作：

1. 配置 IP 作用域

IP 作用域的设定是 DHCP 服务器配置的一个最初要求，所分配的 IP 作用域范围通常应该与 DHCP 服务器的主机 IP 地址在同一个 IP 网络，否则不能对同一个局域网主机分配 IP 地址。在 dhcpd.conf 文件中，可以使用 subnet 语句声明一个 IP 作用域。比如：

```
subnet    192.168.1.0    netmask 255.255.255.0 {
        range    192.168.1.2    192.168.1.19;
        range    192.168.1.29   192.168.1.100;
…… #相应的作用域选项
    }
```

可以看出，IP 作用域通常对应一个 IP 子网网络，在 IP 作用域中，可以使用多个 range 定义 IP 地址分配范围，此方法可以实现排出某些不分配的 IP 地址，类似 Windows 中的 DHCP 服务器排出 IP 地址，但是多个 range 的 IP 范围不能重叠。

2. 设置租约期限

在 dhcpd.conf 文件中可以使用两个参数来设定地址租约时间：default-lease-time 和 max-lease-time，其值的单位均为秒。比如：

```
default-lease-time    21600;
max-lease-time    43200;
```

3. 设置作用域选项

设置作用域选项一样类似于 Windows 中 DHCP 的作用域选项，通常设定网关、DNS、DNS 域名和子网掩码。所有的设定应该属于 IP 作用域内的内容，便于给客户分配 IP 地址的同时，也将这些信息传递给客户。实现缺省网络地址信息配置，具体实现如下：

```
option    routers                192.168.1.254;    #表示设置路由网关地址
option    subnet-mask            255.255.255.0;    #设定子网掩码
option    broadcast-address        192.168.1.255;    #设定子网广播地址
option    domain-name-servers        192.168.1.1, 61.139.2.69;  #设定 DNS 服务器地址
option    domain-name            "study.com";    #设定 DNS 域名
```

4. 保留特定地址设定

在 Windows 中 DHCP 服务器可以建立保留，解决为指定 MAC 地址的主机分配固定 IP 地址，在 CentOS Linux 中也可以实现，但需要 host 关键词为其建立。注意，该保留项属

于前面的 IP 作用域定义内的部分内容，以下内容为建立保留：

```
host   TeacherPC   {
    hardware   ethernet   00:00:00:11:22:33;   #网卡接口类型为 ethernet，并指定 MAC 地址
    fixed-address 192.168.1.6;   #为该主机指定固定地址
保留作用域选项/参数;   #还可以建立保留作用域选项，类似前面作用域选项/参数
  }
```

11.3.4　超级作用域

在一个规模较大的企业网络或园区网络中，存在多个子网网络，这些子网网络都需要自动获取 IP 地址，此时就没有必要为每个子网网络配置一台 DHCP 服务器，而是为整个网络配置一台 DHCP 服务器，并在各子网网关中设定 DHCP 中继代理。

例如：某企业现有 3 个 C 类网络：192.168.1.0/24、192.168.2.0/24、192.168.3.0/24，WWW 服务器地址固定为 192.168.1.16，各个子网网络的网关分别为 192.168.1.1、192.168.2.1、192.168.3.1，整个企业的 DNS 服务器设定为 61.139.2.69，域名为 goldpc.com。因此，需要在/etc/dhcpd.conf 文件建立超级作用域服务器，内容如下：

```
ddns-update-style   interim;
ignore   client-updates;
shared-network   IntranetNet {
    option   subnet-mask         255.255.255.0;
    option   domain-name-servers      61.139.2.69;
    option   domain-name       "goldpc.com";
    default-lease-time   21600;
    max-lease-time   43200;
    subnet   192.168.1.0   netmask 255.255.255.0 {
        range   192.168.1.2   192.168.1.254;
        option   routers 192.168.1.1;
        host   WWWServer {
            hardware   ethernet   00:00:00:11:22:33;
            fixed-address 192.168.1.16;
        }
    }
    subnet   192.168.2.0   netmask 255.255.255.0 {
        range   192.168.2.2   192.168.2.254;
        option   routers   192.168.2.1;
    }
    subnet   192.168.3.0   netmask 255.255.255.0 {
        range   192.168.3.2   192.168.3.254;
        option   routers   192.168.3.1;
    }
}
```

11.4   配置 DHCP 客户端

11.4.1   Windows 下的 DHCP 客户端配置

在 Windows 7 及以上环境下，将主机作为 DHCP 客户机的配置方法非常简单，步骤如下：

(1) 首先从"控制面板"→"网络和 Internet" →"网络和共享中心"打开网卡配置，得到如图 11-3 所示的窗口。

图 11-3   本地连接属性

(2) 用鼠标双击图 11-3 窗口中的"Internet 协议版本 4(TCP/IP)"选项后，弹出如图 11-4 所示的窗口，在该窗口中选中"自动获取 IP 地址"和"自动获得 DNS 服务器地址"单选按钮，点击"确定"按钮后将会从 DHCP 服务器上获取地址及相关信息。

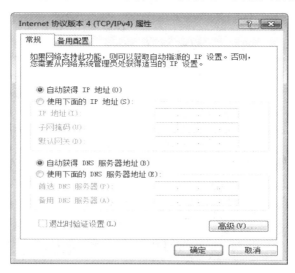

图 11-4   设定自动获取地址

11.4.2　Linux 下的 DHCP 客户端配置

将 Linux 系统作为 DHCP 服务器的客户端的时候设定也较简单，操作步骤如下：

(1) 使用编辑器打开 /etc/sysconfig/network-scripts/ifcfg-eth0 文件，找到其中的选项 BOOTPROTO，将其值修改为 dhcp，即 BOOTPROTO = dhcp。

(2) 如果要使得第一步的配置立即生效，需要执行 network 命令重新启动网络地址配置，命令如下：

```
systemctl restart network    或 service  network  restart
```

本 章 小 结

本章主要介绍了局域网的 DHCP 服务器配置，对 /etc/dhcp/dhcpd.conf 配置文件的三个部分：声明、参数、选项做了详细的解释，并通过举例的形式介绍建立 IP 作用域。在 IP 作用域中设定：分配的 IP 地址范围、作用域选项、保留地址设定，其中作用域选项能够完成 DNS 服务器地址、网关地址、DNS 域名、广播地址等的设定，为 DHCP 客户指定缺省信息。当企业网络有多子网网络的时候，此时可以在 dhcpd.conf 中使用 shared-network 建立超级作用域，在超级作用域中又可以建立多个 IP 作用域，便于为每个子网分配 IP 地址。在配置完毕 /etc/dhcp/dhcpd.conf 文件后，需要通过启停管理使之生效，在本章中做了详细说明。最后在本章的结束部分中，介绍了在 Linux 和 Windows 环境下如何实现 DHCP 客户请求地址的配置方法。

习题与思考

1. DHCP 服务器被安装后，如何快速修改 /etc/dhcp/dhcpd.conf 配置？
2. 举例完成 DHCP 服务器的 IP 作用域建立，并实现作用域的相关参数和选项设定。
3. 如何在 Linux 和 Windows 环境下获取 DHCP 服务器的 IP 地址？

实训七　配置 Linux 下的 DHCP 服务器

一、实验原理

对于一个网络维护人员，分配和管理网络内部计算机的 IP 地址是一件不太容易的事情，这个问题在网络内部的主机数量较多时更加突出，尤其是主机数量大于可用 IP 地址数量的时候。为了方便将来的 IP 地址资源管理，我们首先配置一个 DHCP 服务器，来自动完成管理局域网内部计算机的 IP 地址分配工作。

动态主机配置协议 DHCP(Dynamic Host Configuration Protocol) 使网络管理员可以集中管理一个网络系统，对网络中的 IP 地址进行自动分配。我们通常的拨号上网方式就是通过 DHCP 从 ISP 那里动态得到 IP 地址的。

DHCP 免除了管理员人为分配和改变 IP 地址的工作，减少网络管理的工作量。DHCP 可以动态的或永久的给主机分配 IP 地址，也可以回收那些不用的，或者分配使用时间到期的 IP 地址，从而这些地址可以再分配给其他用户使用。当客户使用 DHCP 协议请求地址时，DHCP 服务器将为客户进行地址分配，每个客户都有一个租期，在租期到达之前，客户可以请求重新获得租期，租期过后，客户将不被允许使用该地址。

二、实验目的

(1) 能够在 Linux 下配置 DHCP 服务。

(2) 理解 DHCP 服务的工作原理。

三、实验内容

(1) 配置 DHCP 服务。

(2) 配置 DHCP 客户端。

(3) 验证实验结果。

四、基础知识

(1) 理解 Linux 下的用户权限。

(2) 熟悉 Linux 下的常用命令。

(3) 了解 DHCP 协议。

五、实验环境

(1) 装有 Linux 操作系统的计算机。

(2) 有两台以上主机的局域网，其中一台是 Windows 系统。

第 12 章　DNS 服务器

本章介绍常用的 DNS 服务器的配置，重点从 DNS 的相关配置文件、安装和启停管理开始讲解，通过实际例子重点讲解了正向解析区域文件和反向解析区域文件的资源记录格式，最后通过测试实现了 DNS 服务。

12.1　DNS 概述

DNS(Domain Name System，或 Domain Name Server)是因特网和企业网络中的重要网络服务。它的结构是层次化的一棵倒立的树型结构，以静态或动态的方式记录主机名称与 IP 地址之间的映射，为所有网络的客户主机提供域名解析或反向解析。DNS 的工作原理已经在 Windows 篇详细叙述，这里不再赘述。

基于 Linux/Unix 系统下的 DNS 服务前身是 hosts 文件，在每一台主机中都有这样的文件，该文件具体位置为/etc/hosts，它使得用户主机能够快速记忆其他主机的 IP 地址，即在该文件中添加其他主机名与其对应 IP 的映射项，该文件的每一行就是一条记录，而且该 hosts 文件只为本地主机提供解析服务。如果其他主机需要这样的解析服务，就只有重新建立这样的映射项。因此，可以看出 hosts 文件仅仅适合于小的局域网范围中，不适合共享，而且所有主机都有重复操作的现象。如果将所有的项集中到一个主机上，由该主机承担所有的解析工作，共享给所有主机，既统一了主机命名规则，也规范了主机域，从而提高了解析的效率。这样的主机就是 DNS 服务器。

但是，针对 Internet 网络，该网络上服务器的主机数量不断地迅速增加，使主机名称与 IP 地址之间的映射项变得非常多，这样通过一个中心授权机构为所有的 Internet 主机提供管理，使得一个主机文件的工作量非常大，进而导致主机服务响应速度变慢，效率低下，最终服务无效。因此针对这样的 DNS 服务器应该将这样大量的记录项分布在网络中不同的服务器上，以便减轻对任何一台服务器的负载，并且提高了以区域为基础的对域名系统分布式的管理能力。

12.1.1　hosts 文件

Linux 系统下的 hosts 存放于/etc 目录下，该文件完成主机名与 IP 地址间的映射，其文件内容的格式如下：

IP 地址　　主机名或完整的主机域名

如果为自己要访问的主机建立了记录项，会实现快速方便的访问。比如可对 linuxstudy.com 域下的主机建立主机名 www、mail、ftp、nfs 等。向/etc/hosts 文件添加主机名或主机域名与 IP 地址间的映射如下：

```
192.168.1.6      www.linuxstudy.com
192.168.1.10     mail.linuxstudy.com
192.168.1.88     ftp.linuxstudy.com
192.168.1.29     nfs.linuxstudy.com
192.168.1.1      router
```

12.1.2　Linux 下的 Bind 简介

Bind 的英文全名是 Berkeley Internet Name Domain Service。不管是 Linux 系统，还是 Unix 系统，只要作为 DNS 服务器，通常都是采用 Bind 程序来实现。这款程序在网络上属于开源，可以在 https://www.isc.org/downloads/站点上自由下载。在 CentOS Linux 系统下(版本为 9.9.4 及以上)，克服了以前的错误和不安全因素。

12.1.3　配置 DNS 所需的相关文件

在 CentOS Linux 中，配置文件所在的目录有两个：/etc 和/var/named。相关的配置文件及存放位置如下：

```
named.conf      存放于/etc/目录下
named.ca 和 named.hosts    存放于/var/named 目录下
named.rev       存放于/var/named 目录下
named.local     存放于/var/named 目录下
```

本书所讲解的 CentOS Linux 系统，为了提高安全性，需要解决 Bind DNS 服务器以 root 权限启动后，导致权限过大而存在的安全漏洞提升权限问题。解决这种提升权限的问题，主要可采取降低服务进程运行时候的系统账号权利，通过以 root 身份启动服务程序后，再以低权限的系统账号身份来运行服务进程，从而使得即使利用服务进程的漏洞，也没有 root 权限，无法控制系统，结果保证了安全性。这种安全性的保证是需要系统安装 Bind-chroot 软件包。为了保证配置操作比较顺利，请将 /etc/selinux/config 文件中的 SELINUX 值设置为 disabled，并重启系统。

本书中讲解 Bind 的时候，在安装 Bind 软件的同时，也安装 Bind-chroot 软件。检查系统是否安装 Bind 和 Bind-chroot 软件的操作命令如下：

```
rpm –q bind            检查是否已经安装了 bind 程序包
yum install bind       在线安装 bind 包
rpm –q  bind-chroot    检查是否安装了 bind-chroot
yum install bind-chroot     在线安装 bind-chroot 包
rpm  -qc  bind         查询 bind 的软件包内容
rpm  -qc  bind-chroot  查询 bind-chroot 的软件包内容
```

如果 Bind 程序包和 Bind-chroot 程序包已经被成功安装，所有的配置文件的真实存放位置就与以前的不同了，而此时的真实相关文件在 /var/named/chroot 目录下的 etc 和 var/named 下。以后的 named 服务所用的根目录为 /var/named/chroot。

为了保证配置文件及相关文件能够找到，需要进行以下步骤的操作：

第一步：拷贝 Bind 相关文件；准备 Bind-chroot 环境。

```
cp -R /usr/share/doc/bind-*/sample/var/named/* /var/named/chroot/var/named/
```

第二步：在 Bind-chroot 的根目录中创建相关文件。

```
touch /var/named/chroot/var/named/data/cache_dump.db
touch /var/named/chroot/var/named/data/named_stats.txt
touch /var/named/chroot/var/named/data/named_mem_stats.txt
touch /var/named/chroot/var/named/data/named.run
mkdir /var/named/chroot/var/named/dynamic
touch /var/named/chroot/var/named/dynamic/managed-keys.bind
```

第三步：将 Bind 锁定文件设置为可读写权限。

```
chmod -R 777 /var/named/chroot/var/named/data
chmod -R 777 /var/named/chroot/var/named/dynamic
```

第四步：将/etc/named.conf 拷贝到 Bind-chroot 目录，作为 named-chroot 的主配置文件。

```
cp -p /etc/named.conf /var/named/chroot/etc/named.con
```

12.2　DNS 的启停管理

当配置完 DNS 服务相关文件后，如果需要使其配置立即生效，需要启动或重新启动服务程序。

此时需要使用守护进程 named，在 CentOS Linux 系统中采用 named-chroot 代替 named 来管理 DNS 服务。如果所有的配置项正确，启动或重新启动就会正确地运行；如果某一项配置有错误，启动或重新启动就会失败。启停管理命令如下：

```
/usr/libexec/setup-named-chroot.sh /var/named/chroot on   设置开启 named-chroot 模式
systemctl  stop  named   停止非 chroot 的 named 服务
systemctl  disable  named   停止非 chroot 的 named 系统自动启动服务
systemctl  start  named-chroot  开启 chroot 模式的 named 服务
systemctl  enable  named-chroot   开启 chroot 模式的 named 系统自动服务
systemctl  status  named-chroot    查看 chroot 模式的 named 服务状态
```

启动 DNS 服务后能够接收客户请求，需要将服务器本地系统防火墙开放 TCP 和 UDP 的 53 例外端口号，操作如下：

```
firewall-cmd --permanent --add-port = 53/udp   添加永久性的 UDP 53 端口
firewall-cmd --permanent --add-port = 53/tcp   添加永久性的 TCP 53 端口
firewall-cmd --permanent --query-port = 53/udp   查询 UDP 53 例外端口是否开启
firewall-cmd --permanent --query-port = 53/tcp   查询 TCP 53 例外端口是否开启
```

12.3　以命令方式配置 DNS 服务

采用命令方式配置 Linux 的 DNS 服务器是最为普遍的一种方式，也是最灵活的方式，能够充分、完整地配置 DNS 服务。还可以远程管理和配置 DNS，这种方式都是直接配置服务器的相关文件。下面以配置主要名称服务器(master)为例来讲解如何配置 DNS 服务器。主要名称服务器是存放 DNS 服务记录项的正本数据，如果需要修改、添加和删除记录项，则必须直接操作主要名称服务器的相关配置文件。我们先学习配置文件的语句格式和选项、参数的具体内容，然后再通过实例巩固所学内容。

首先，简单说明配置 DNS 服务器需要几个主要步骤：

(1) 检查系统是否已经安装了 Bind 和 Bind-chroot 程序包。

(2) 规划 DNS 服务的区域，确定正向区域名和反向区域名。

(3) /var/named/chroot/etc/named.conf 作为 DNS 服务器的主配置文件，需要在文件中添加所规划的正向区域和反向区域，并以 zone 为关键字设定区域，同时指定区域文件所在的位置和文件名。

(4) 在 /var/named/chroot/var/named/ 目录中建立正向区域文件和反向区域文件，并在两个主文件中添加主机记录项和对应的指针记录项等数据内容。

(5) 采用 named-chroot 模式启动或重新启动 DNS 服务(named 守护进程)，并确定是否启动正确，如果错误，通过查看/var/log/messages 可以知道错误的原因，然后就需要仔细检查配置文件，反复上面的操作。

12.3.1 主配置文件详解

Linux 下的 DNS 服务，以 Bind 程序和 Bind-chroot 程序建立。首先，我们应该掌握主配置文件 /var/named/chroot/etc/named.conf，该文件是 DNS 的基本配置，比如数据文件的存放目录、DNS 客户访问控制策略、区域定义等，但是它不包括具体区域数据记录项。

在未修改 named.conf 文件内容前，主要内容如下(仅供参考)：

```
options {
        listen-on port 53 { 127.0.0.1; };    //默认侦听 127.0.0.1 地址，此时需要修改为 any
        listen-on-v6 port 53 { ::1; };
        directory          "/var/named";
        dump-file          "/var/named/data/cache_dump.db";
        statistics-file "/var/named/data/named_stats.txt";
        memstatistics-file "/var/named/data/named_mem_stats.txt";
        recursion yes;
        dnssec-enable yes;
        dnssec-validation yes;
        /* Path to ISC DLV key */
        bindkeys-file "/etc/named.iscdlv.key";
        managed-keys-directory "/var/named/dynamic";
        pid-file "/run/named/named.pid";
        session-keyfile "/run/named/session.key";
};
logging {
        channel default_debug {
                file "data/named.run";
```

```
            severity dynamic;
        };
};
zone "." IN {
    type hint;
    file "named.ca";    //设置根区域，并指定数据文件
};
include "/etc/named.rfc1912.zones";
include "/etc/named.root.key";
```

因此，/var/named/chroot/etc/named.conf 文件内容格式如下：

```
statement    {
            parameters; //注释
;   //注意每一行语句结束符 ";" 不可少，而且是英文模式下的分号
```

其中 statement 关键字告诉 Bind 操作行为的某个方面，而 parameters 关键字是作用于该语句的专有参数。"{}"表示 parameters 只属于 statement 有关的内容，在每个 parameters 的结束位置有";"，表示命令结束和 statement 的结束。文件格式中有专有语句的解释，"//"、"#" 或 "/*……*/" 都表示注释。

statement 的常见可选关键字如表 12-1 所示。

表 12-1　关　键　字　说　明

关键字	说　明
acl	访问控制表，用于确定客户对该 DNS 服务器拥有什么样的访问策略
include	能够包含一个文件，并且将该文件视为普通的 named.conf 文件的组成部分
logging	指定系统需要记录哪些信息、不需要记录哪些信息
options	解决全局性的服务器配置问题
server	设置服务器专有的配置参数
zone	定义一个 DNS 区域

(1) acl 语句。访问控制列表，它允许 Bind 指定一组 IP 地址，每一组都有一个名字，将名字运用于其他选项中，控制它们能够或者不能够访问 DNS 服务器。在一个 acl 语句中出现的数据本身并不改变 Bind 的操作行为，而是只作为规范访问的控制策略。acl 常见缺省为：any 表示任何主机，none 表示没有任何一台主机。

但是，我们可以定义自己的 acl，格式如下：

```
acl    your_name_acl    {
    IP_address_list;
};    //注意英文的 ";" 是不可以缺少的
```

其中的 your_name_acl 是自己定义的 acl 名字，而 IP_address_list 为 acl 定义的地址列表。这个地址清单中包含的各个地址需要用分号分隔开，每一种地址使用下列三种格式之一均可以：

- 圆点 "." 分隔的十进制表示，如 192.168.1.1。
- IP 前缀表示方法，如 192.168.1/24，其中 24 表示代表子网掩码中为二进制 1 的位

数，其实就是 255.255.255.0。

- 现有 acl 的名字。

如果需要对所取的 IP 地址取反，需要在地址的前面加上一个"！"。对于列出的各个地址来说，从左到右，靠前面的定义其作用范围大于后面的定义。如：

> 192.168.1/24;!192.168.1.8; 表示"！192.168.1.8"设置无效，这种设置错误
>
> ！192.168.1.8; 192.168.1/24; 表示第一条先有效，这种设置正确

（2）include 语句。当配置文件内容非常多的时候，可以考虑把这个文件内容分割成几个小的组成部分，再以文件的形式存放，并通过主配置文件 named.conf 中的语句 include 引用，其执行效果与不分割文件一样，但这样更方便管理。举例如下：

> include 　　"/var/named/acl.conf";
>
> include 　　"/etc/rndc.key"; 　　//注意语句结束位置的英文模式下的";"（分号）

（3）logging 语句。用于定义哪些信息需要系统记录，以及记录到什么地方，缺省情况下都被记录到/var/log/messages 文件里(该文件内容还包括系统用户登录、FTP 服务器的访问以及一些进程的启动情况等)。

（4）options 语句。Bind 的全局性配置选项，该选项中可以包括很多参数语句，用它们来完成服务的全局性配置。表 12-2 中列出了常见部分配置参数。

表 12-2　options 选项的配置参数部分说明

参数项(注意句尾分号)	说　　　明
directory　path-name;	存放 named 文件的相关数据配置文件的绝对路径(path-name)，当使用了 named-chroot 后，设置 direcotry　/var/named 的时候，都是表示/var/named/chroot 下的目录
notify　yes/no;	缺省值为 yes，它会触发 DNS 服务器发送一个 notify 消息，通知该主服务器的所有从服务器更新地址表，并进行区域传送操作

forwarders　　{ip-list;}	用于定义转发服务器的 IP 地址清单。如果在本地服务器中没有客户请求的记录项，本地服务器就将其转发给地址清单中的 DNS 服务器完成解析。如：forwarders {
	　　　　　　　61.139.2.69;
	　　　　　　　210.41.224.33;
	　　　　　　};

forward　first/only;	只有使用 forwarders 后才有效
check-names type action;	根据它们的客户机上下文校验域名的完整性 　Type 的值有：master 代表主域名服务器；slave 代表从域名服务器；response 代表缓冲服务器和客户机 　Action 的值有：ignore 代表忽略检查；warn 代表生成一个系统记录，并作出警告；fail 代表生成一个系统记录项，并拒绝对查询做出响应 　缺省值如下： check-name　master　fail; check-name　slave　warn; check-names　response　ignore; check-names 参数选项可以在 zone 语句中进行定义

续表

参数项(注意句尾分号)	说　明
allow-query {address-list;}	定义哪些 IP 地址被允许向服务器提出查询请求，缺省为全部
allow-transfer {address-list;}	定义哪些 DNS 服务器可以与该 DNS 服务器进行区域传送操作
datasize　data-size;	定义分配给 named 的内存，缺省值为系统默认可提供的最大值
stacksize　number;	named 可以在系统堆栈中占用的最大内存量
cleaning-interval　number;	定义服务器从缓冲区里删除失效的记录项的时间间隔。缺省值为 60 分钟进行一次清理；如果被设置为 0，表示不进行任何定期清理
dump-file 绝对路径文件	设置服务器存放数据库的绝对路径和文件名，对 rndc dumpdb 命令有效
statistics-file 文件绝对路径	设置服务器统计信息文件的绝对路径，对 rndc stats 命令有效
version　版本	设置服务器的版本信息，比如 version "9.2"

(5) server 语句。表示把 Bind 可能会联系到的其他域名服务器的具体情况通知给该服务器。语句格式如下(以举例说明)：

```
server    192.168..1.2{
        bogus   no;
        transfer-format   many-answers; //一次查询响应里接受多重回答
};
```

(6) zone 语句。定义一个 DNS 区域，如前面的例子，或后面的例子也会讲解说明。

修改 named.conf 文件以配置一个主区域(假如该主机 IP 为 192.168.1.6)，区域数据项最基本的语法如下：

```
zone   domain-name  IN   {
       type   master;
       file   path-name;
};
```

其中关键字 type 代表定义的区域类型。区域类型见表 12-3。file 关键字指明路径和文件名，path-name 表示保存对应区域的数据库信息文件路径名。比如在域 linuxstudy.com 中建立一个区域，对应的数据文件是/var/named/linuxstudy.com.db(可以自己随便定义名称，是一个文本文件)，输入内容如下：

```
zone   "linuxstudey.com"  IN {
       type   master;
       file   "linuxstudy.com.txt"; //文件存放路径由 named.conf 中 directory 选项指定
};
```

当 DNS 运行的时候，它将自动去查找该文件中的.linuxstudy.com 信息(正向解析，即通过一个域名就可以知道其 IP 地址)。同样提供一个 IP 地址也可以到相应的域名，这时候需要提供一个反向解析，在 named.conf 中添加一个 in-addr.arpa 区域。一个 in-addr.arpa 区域名数据项的格式由 IP 地址的前三项或两项组成，但是顺序要从左到右颠倒过来。在 named.conf 中添加 zone 语句如下：

```
zone   "1.168.192.in-addr.arpa" IN   {
```

```
        type    master;
        file   "1.168.192.in-addr.arpa.txt";
    };
```

设置好后，需要编写数据文件 linuxstudy.com.db 和 1.168.192.in-addr-arpa.db。

表 12-3   Bind 的 DNS 区域类型

类型	描　　述
master	主 DNS 区域类型
slave	从属 DNS 区域类型，由主 DNS 区域控制
stub	与从属区域类似，但只是保存 DNS 服务器的名字
forward	将任何询问请求转发给指定的 DNS 服务器，即作为转发服务器
hint	根 DNS 的 Internet 服务器集

12.3.2   资源记录

域名服务器通常将有关网络中主机的信息保存在正向区域解析文件和反向区域解析文件的资源记录中，资源记录可以完成将域名和对应 IP 地址关联起来，此时能够为网络用户提供该区域中的主机记录服务。这些文件的资源记录项的每个记录就占一行，比如：

```
dns.linuxstudy.com.      IN      A     192.168.1.6    ;代表了正向记录项
6        IN      PTR      dns.linuxstudy.com.      ;代表了反向指针记录项
```

DNS 的资源记录类型见表 12-4。

表 12-4   DNS 资源记录类型说明

记录类型	含义	说　　明
SOA	授权记录开始	描述一个站点的 DNS 数据项的第一个数据项
NS	域名服务器	用来定义由哪个域名服务器负责管理维护本区域的记录
A	地址记录	用来提供从主机名到 IP 地址的映射和解析
PTR	指针记录	用来执行逆向 IP 到主机域名映射和解析
MX	邮件交换器	负责通知其他站点有关区域的邮件服务器的信息
CNAME	建立别名	允许为主机建立别名，用于正向区域解析文件中
RP 和 TXT	文档数据项	把通信信息作为数据库的一个组成部分进行记录，文本型

12.3.3   正向解析区域文件

当主配置文件 /var/named/chroot/etc/named.conf 的区域定义完成后，以主 DNS 服务器运行需要建立相应的正向解析。在正向解析区域中，数据内容主要包括了资源记录，通常采用分号 ";" 作为注释。前面提到的正向解析区域文件 linuxstudy.com.txt(该文件存放于 /var/named/chroot/var/named 目录下)的内容如下：

```
$TTL     86400
@    IN   SOA   dns.linuxstudy.com.    root.linuxstudy.com. (
```

```
                         2016050801      ; serial，序列号
                         10800           ; refresh，更新时间
                         1800            ; retry，重试间隔时间
                         1209600         ; expiry，过期时间
                         86400 )         ; minimum 最小默认 TTL
@            IN    NS          dns.linuxstudy.com.
             IN    MX    10    mail.linuxstudy.com.
igy          IN    A           192.168.1.1;internet gateway
server       IN    A           192.168.1.2; server
ftp1         IN    A           192.168.1.3;FTP server
dns          IN    A           192.168.1.6;dns server
mail         IN    CNAME       server
www          IN    CNAME       server
soft.linuxstudy.com.     IN    A          192.168.1.8
```

下面对所举的例子进行具体讲解。

1．设置允许客户端缓存来自查询的记录项的默认生存时间

"$TTL"选项定义了客户端可缓存记录的生存时间，单位为秒，通常将该项置于第一行的行首，前面不能有空格。针对查询的资源记录项通常规定不变，因此可将 TTL 设置更长的时间，以减少客户向 DNS 的查询请求次数。

2．设置授权资源记录开始

以 SOA 为关键字作为标示代表授权资源记录开始，它是主要域名服务器区域文件中必不可少的资源记录，SOA 资源记录定义了域名数据的基本信息和相关信息，通常将 SOA 置于紧跟$TTL 项的下一行后。我们可以通过举例中的数据表明如下含义：

(1) 设置所管辖的域名。根据举例可以看出所管辖的域名为"linuxstudy.com."(注意域名后的句点号"."不可少)，通常可以简写，用"@"代替。

(2) 设置 Internet 类。根据举例中的"IN"可以看出，该关键字说明了类型为 Internet 类型，为固定格式。

(3) 设置授权主机名。根据举例中"dns.linuxstudy.com."代表了负责该"linuxstudy.com."区域的名称解析的授权主机名，可确定控制该区域的主机，而且该授权主机名必须在区域文件中存在一条地址(A)资源记录。

(4) 设置负责该区域的管理员的 E-mail 地址。根据举例中的"root.linuxstudy.com."(注意 E-mail 后的句点号".")项，表明了管理员的 E-mail 地址为 root@linuxstudy.com。由于DNS 中将"@"符号代表区域名，所以以句点号"."代替"@"。

(5) 设置 SOA 资源记录中各参数值。以"("符号开始，以")"符号结束，在括号内设定各项参数值。举例中注释已经代表该参数含义。

3．设置名称服务器 NS 资源记录

根据举例表明 NS 资源记录如下：

```
@            IN    NS         dns.linuxstudy.com.
```

名称服务器资源记录定义了"linuxstudy.com."由哪个 DNS 服务器负责解析。

4．设置主机地址(A)资源记录项

在定义中可以采用两种方式定义主机地址资源记录项，根据举例表明如下：

```
dns              IN      A          192.168.1.6;web server
soft.linuxstudy.com.      IN    A        192.168.1.8      ;注意主机名后的句点
```

5．设置别名资源记录

有时候一台主机承担多种任务，既是邮件服务器，也是 WWW 服务器，此时采用别名定义更为方便，这样访问别名和原主机名解析的 IP 为同一地址。举例如下：

```
server        IN      A        192.168.1.2; server
mail          IN      CNAME        server
www           IN      CNAME        server
```

6．设置邮件交换器 MX 资源记录

该 MX 资源记录项指向一台邮件服务器，用于电子邮件系统收发邮件时根据收信人邮件地址后缀来定位邮件服务器。例如当发送到 test@linuxstudy.com 邮件地址的时候，邮件服务器开始查询 DNS "linuxstudy.com" 域名的 MX 资源记录，如果存在 MX 资源记录，则将直接发送到 MX 所指定的邮件服务器上。MX 资源记录可以是多条，其中 MX 后的数字表明优先级，数字越小优先级越高。

12.3.4 反向解析区域文件

当主配置文件/var/named/chroot/etc/named.conf 的反向区域定义完成后，以主 DNS 服务器运行，则需要建立相应的反向解析区域文件。在反向解析区域文件中，数据内容同样也包括了资源记录，通常采用分号 ";" 作为注释。前面提到的反向解析区域文件 1.168.192.in-addr.arpa.db(该文件存放在/var/named/chroot/var/named 目录下)内容如下：

```
$TTL      86400
@      IN     SOA    dns.linuxstudy.com.   root.linuxstudy.com.   (
                                      2016050801 ; Serial
                                      10800        ; Refresh rate 3hours
                                      1800         ; Retry 30 minutes
                                      1209600      ; Expire 2 weeks
                                      86400 )      ; Minimum
@      IN     NS     dns.linuxstudy.com.
1      IN     PTR    igy.linuxstudy.com.
2      IN     PTR    server.linuxstudy.com.
3      IN     PTR    ftp1.linuxstudy.com.
6      IN     PTR    dns.linuxstudy.com.
8      IN     PTR    soft.linuxstudy.com.
```

下面对所举的例子进行具体讲解。

1．设置 SOA 和 NS 资源记录

反向解析区域文件也需要和正向解析区域文件一样的 SOA 和 NS 资源记录，而且正向

和反向的设置应该一致，其中的"@"代表"1.168.192.in-addr.arpa."，具体可参考前面的设置方法。

2．设置指针记录

指针资源记录属于正向解析区域中地址资源记录的反向记录，从 IP 地址到主机名称的映射通常都应该是相对应的。根据举例很容易看出该部分的内容，需要注意主机名末尾应该有一句点号"."，缺少将引起 DNS 服务器启动和解析失败。

12.3.5　/var/named/chroot/var/named/named.ca 文件

文件/var/named/chroot/var/named/named.ca 内容为存放根服务器的地址列表。

当 DNS 服务器在递归查询的时候，并且本地区域没有记录时，就会转向根 DNS 服务器查询，同时查询 named.ca 文件的根服务器的地址列表。

需要在/var/named/chroot/etc/named.conf 中设置根区域，具体如下所示：

```
zone "." IN {
    type hint;          //DNS 区域类型为 hint
    file "named.ca";    //设置根区域，并指定数据文件
};
```

12.3.6　DNS Slave 服务器配置

需要修改/var/named/chroot/etc/named.conf 主配置文件来配置一个从区域(假设 DNS 从属主机的 IP 为 192.168.1.254，而主 DNS 服务器地址为 192.168.1.6，区域名为"linuxstudy.com."），在从属 DNS 的 named.conf 文件中添加内容如下：

```
zone "linuxstudy.com"   IN {
        type slave;
            file "slaves/linuxstudy.com.txt";
            masters {192.198.1.6;};
};
zone "1.168.192.in-addr.arpa" IN {
            type slave;
            file "slaves/1.168.192.in-addr.arpa.txt";
            masters {192.168.1.6;};
};
```

其中区域名使用和主服务器的相同，而 masters 的 IP 地址列表为所必须依赖的主域名服务器 IP 地址列表。

以上设置成功后，启动从属 DNS 服务器的时候，它会自动与 masters 的主机建立联系，并从中复制数据，实现区域间的数据复制。在从属 DNS 服务器运行期间，还会定期更新原有的数据，以尽可能地保证从属副本与正本数据的一致性。

12.3.7　master DNS 服务器配置实例

要将以上的讲解进行汇总来理解，需要有一个完整的配置文档来巩固理解。下面通过

一个具体的实例来加深理解。

例 12-1：某研究所有 400 台左右的主机，共分配了 3 个 C 类地址 192.168.1.0/24～192.168.3.0/24，其中有 10 台左右的服务器，并为研究所建立了一个域名 "research.com."，方便实施域管理，所以需要建立一台主 DNS 服务器。

采用 CentOS Linux 建立 DNS 服务器的步骤如下：

第 1 步：检查 DNS 服务器是否有固定 IP 地址 192.168.1.6，通过 rpm 检查 bind 和 bind-chroot 软件安装情况，如果没有，按照前面的讲解进行安装。

第 2 步：修改主配置文件/var/named/chroot/etc/named.conf，修改后的文件内容如下：

```
acl   research_net {
        192.168.1.0/24;
        192.168.2.0/24;
        192.168.3.0/24;
};   //设置客户访问控制地址列表
options {
        directory   "/var/named";
        forwarders { 192.168.10.254;};  //设定 DNS 转发器
        dump-file "/var/named/data/cache_dump.db";
         statistics-file "/var/named/data/named_stats.txt";
         // query-source address * port 53;
};
zone "."   IN   {
        type hint;
        file "named.ca";
};
//设置区域、主服务器类型及解析数据文件，建立客户访问控制权限
zone  "research.com"   IN   {
        type master;
        file "research.com.txt";
        allow-query { research_net;};  //允许三个子网查询该 DNS 资源记录
};
zone "168.192.in-addr.arpa"   IN {
        type master;
        file   "research.com.rev.txt";
        allow-query {research_net;};
};
```

第 3 步：建立正向解析区域文件，首先需要在/var/named/chroot/var/named 下建立文件，操作过程如下：

```
touch   /var/named/chroot/var/named/research.com.txt   建立一个空文本文件
```

通过编辑器编辑 research.com.txt 文件的内容如下：

```
$TTL     86400
@       IN SOA dns.research.com. root.research.com. (
```

```
                                2016050801       ; serial
                                10800            ; refresh
                                1800             ; retry
                                1209600          ; expiry
                                86400 )          ; minimum


research.com.        IN    NS        dns.research.com.
                     IN    MX   10   mail.research.com.
gw1       IN    A        192.168.1.1    ;A network gateway
gw2       IN    A        192.168.2.1    ;
gw1       IN    A        192.168.3.1    ;
dns       IN    A        192.168.1.6    ;DNS server
server    IN    CNAME    dns
www       IN    CNAME    dns            ;web server
mail      IN    A        192.168.1.3    ; MAIL server
ftp       IN    A        192.168.1.4    ;FTP server
manage    IN    A        192.168.1.200       ;Manager 服务器
oa        IN    A        192.168.2.8         ;OA Server
vod       IN    A        192.168.2.10
www1      IN    A        192.168.3.8
soft      IN    A        192.168.3.10
```

第 4 步：建立反向解析区域文件，首先需要在/var/named/chroot/var/named 下建立文件，操作过程如下：

```
touch   /var/named/chroot/var/named/research.com.rev.txt    建立一个空文本文件
```

通过编辑器编辑 research.com.rev.txt 文件的内容如下：

```
$TTL     86400
@  IN  SOA  dns.research.com. root.research.com. (
                                2016050801
                                10800
                                1800
                                1209600
                                86400   )
           IN    NS      dns.research.com.
1.1        IN    PTR     gw1.research.com.    ;注意主机名后的句点号 "."
1.2        IN    PTR     gw2.research.com.
1.3        IN    PTR     gw3.research.com.
6.1        IN    PTR     dns.research.com.
3.1        IN    PTR     mail.research.com.
4.1        IN    PTR     ftp.research.com.
200.1      IN    PTR     manage.research.com.
8.2        IN    PTR     oa.research.com.
10.2       IN    PTR     vod.research.com.
```

8.3	IN	PTR	www1.research.com.
10.3	IN	PTR	soft.research.com.

第 5 步：启动 DNS 服务器。

通过命令可设置 DNS 在系统启动后自动运行，也可手动启动。

systemctl	start	named-chroot	开启 chroot 模式的 named 服务
systemctl	enable	named-chroot	开启 chroot 模式的 named 系统自动启动服务
systemctl	status	named-chroot	查看 chroot 模式的 named 服务状态

当 DNS 服务器正常运行后，客户端可以设置首选 DNS 服务器地址为 192.168.1.6。

12.4　DNS 服务器客户端配置

1. Linux 系统下配置 DNS 客户

在 Linux 系统中，可以通过直接修改文件/etc/resolv.conf 内容，来完成 DNS 客户端的
设置。根据例 12-1 来配置 DNS 客户端内容如下：

domain	research.com	表示设置本地主机所在的缺省域名
nameserver	192.168.1.6	表示设置本地首选 DNS 服务器

同时还要注意/etc/host.conf 文件内容，实例内容如下：

order	hosts;bind	表明首先查询本地/etc/hosts 文件，再查询 DNS

在 Linux 中可以通过 nslookup 命令完成 DNS 查询工作情况。

注意：如果在使用 Linux 系统做 DNS 服务器的时候，又需要将本 DNS 服务器主机作
为 DNS 客户端，同样需要将/etc/resolv.conf 文件内容修改后，指定首选 DNS 服务器为本地
IP 地址。

2. Windows 系统下配置 DNS 客户

在 Windows 中配置比较简单，这里不再赘述，如图 12-1 和图 12-2 所示，同样可以在
Windows 的命令提示窗口下，使用 nslookup 命令完成 DNS 的查询工作。

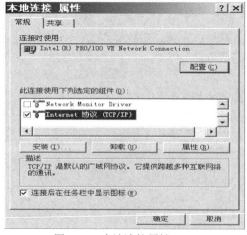

图 12-1　本地连接属性

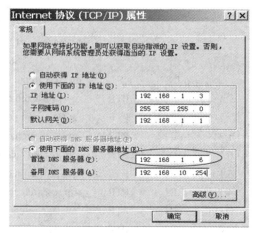

图 12-2　地址及首选 DNS 配置

12.5　日志文件

当正确配置完后，需要超级用户以 root 身份来重新启动 DNS 服务器。

如果 DNS 服务器配置文件内容有错误，可以查看日志记录，即利用文件 /var/log/messages 来查看 DNS 运行状况并对错误地方进行调试。通常错误在于 /etc/named.conf 文件的选项末尾忘记加英文的分号 ";"。

如果正确启动，DNS 启动输出信息为 "OK" 信息。但是，若在区域解析文件中的主机名后忘记加句点号 "."，则解析该记录项的时候也会出错。

本 章 小 结

本章主要从 DNS 的相关配置文件、安装和启停管理开始讲解，通过详细介绍主配置文件 named.conf 的各个选项和参数及其配置实例，读者能够掌握在主配置文件中添加多个区域 zone，通过区域选项中的 file 参数值来确定区域数据文件，该文件作为主机名称和 IP 之间映射解析的一个重要文件。本章还通过实际例子详细讲解了正向解析区域文件和反向解析区域文件的资源记录格式，能够让读者清楚地掌握如何创建文件、如何设定 DNS 查询记录的生存时间等。本章中还强调了区域文件中的主机名后的句点号 "." 是不可缺少的一个符号。

习 题 与 思 考

1. 安装 Bind 和 Bind-chroot 程序软件，并按照下列要求完成 DNS 服务配置(服务器固定 IP 地址为 192.168.1.6)：

(1) 设定根区域，并定义 file 的值为 named.ca，便于实现递归查询根服务器。

(2) 建立正向主区域 linuxstudy.com，并设置允许进行区域复制的从属服务器地址为 192.168.10.1。

(3) 建立主机记录，比如 dns.linuxstudy.com 对应为 192.168.1.6；www.linuxstudy.com 对应为 192.168.2.8。

(4) 建立主机别名记录 ftp，对应为 www.linuxstudy.com。

(5) 建立反向解析区域 "168.192.in-addr.arpa"，同时建立以上对应的指针记录。

2. 根据第 1 题配置其从属服务器(从属服务器地址为 192.168.10.1)。

3. 如何检查 DNS 服务器的配置错误？

实训八　配置 Linux 下的 DNS 服务器

一、实验原理

DNS 是域名系统的缩写，它是嵌套在阶层式域结构中的主机名称解析和网络服务的系统。当用户提出利用计算机的主机名称查询相应的 IP 地址请求的时候，DNS 服务器从其数据库提供所需的数据。

DNS 域名称空间：指定了一个用于组织名称的结构化的阶层式域空间。

资源记录：当在域名空间中注册或解析名称时，它将 DNS 域名称与指定的资源信息对应起来。

DNS 名称服务器：用于保存和回答对资源记录的名称的查询。

DNS 客户：向服务器提出查询请求，要求服务器查找并将名称解析为查询中指定的资源记录类型。

二、实验目的

(1) 理解 DNS 的工作过程及其原理。

(2) 学会安装 DNS 服务器。

(3) 能够独立配置并管理一个 DNS 服务器。

三、实验内容

(1) 安装 DNS 服务器配置工具。

(2)　DNS 服务器的配置。

(3) 客户端的 DNS 设置。

(4) 验证 DNS 服务器。

四、基础知识

(1) 熟悉 Linux 下的常用命令。

(2)　DNS 的解析原理。

(3) 域和主机的概念。

(4) 了解 ARP 和 RARP 协议。

五、实验环境

装有 Linux 操作系统的计算机；有两台以上主机的局域网；有 DNS 服务器和配置工具的安装包。

第 13 章　 Web 服务器

本章介绍在 Linux 系统下常用的 Web 服务器(Apache)的配置。重点从主配置文件 httpd.conf 及相关配置文件的内容进行讲解，并对内容的每一功能项以举例的形式进行了解释。最后按照站点的虚拟目录、具有用户认证的站点、Linux 用户的个人站点、虚拟主机的内容进行重点讲解。

13.1　 Apache 基础

13.1.1　 Apache 概述

在 Internet 网络上，Web 服务器属于最为广泛的、最为重要的应用服务之一，Web 已经成为全球人在网上查找、浏览信息、发布信息的主要手段。Web 提供交互式图形化界面完成强大的 Internet 的资源共享服务，使得我们可以通过简单的、友好的图形界面就可以访问网络中的最新信息和各种服务。

对于 Linux 用户来说，Web 服务器主要是 Apache，它是最容易配置和管理的 Web 服务器，而且它是随 Linux 系统附带的软件包和开源程序，能够运行在多种操作系统平台上，即 Unix、Linux 和 Windows 操作系统；Apache 能借助功能模块的加载而具有无限的可扩展性。如果仅仅是想要用 Apache 提供基本的 Web 页面服务，那么可能根本不需要调整任何配置就可以使用，如图 13-1 所示。

图 13-1　 Apache 的缺省访问页

　　另一方面，Apache 也是一个十分强大的程序，能够提供许多专业的功能，为了发挥它的功能，我们还必须掌握它的具体相关配置文件和配置项。Web 服务器通常使用 B/S 模式和超文本传输协议为用户提供 Web 界面。HTTP 协议属于 TCP/IP 协议体系的应用层协议，在传输层采用了 TCP 协议完成可靠传输。HTTP 请求的缺省端口是 80，但是也可以配置某个 Web 服务器使用另外的服务端口，这样便可在同一台主机上运行多个 Web 站点，每个站点运行在不同的端口上，从而增强 Web 站点的能力。就像在 IIS 中配置一样，同时也可以在同一端口以不同的主机名形式建立 Web 站点，为用户提供虚拟的 Web 站点。

　　Apache 是如何处理所有权问题的呢？在 Linux 系统中，每个进程运行的时候都必须有个所有者，这个所有者在系统上的权限很小。而 Apache 服务器必须根据用户权限启动运行，它必须把自己绑定在指定端口上才能够监听外来请求，并接收连接。当完成连接工作后，它将放弃它的权限，再根据配置文件中的一个非根用户运行，缺省情况下是 nobody 或 Apache(以 Apache 的版本来定)。

13.1.2　Apache 的相关文件和目录

　　CentOS 7 版本的安装源主要提供的 Apache HTTP Serve 为 httpd 2.4.6 版本，也可以自己下载更高版本的源码进行人工安装。默认情况下，CentOS 7 没有安装 httpd 程序，可以在命令下使用 yum install httpd 进行在线安装，安装后的重要配置文件、目录、帮助文档如表 13-1 所示。

表 13-1　Apache 服务器文件和目录

分　类	文件或目录	描　　述
Web 站点主目录	/var/www	Apache 站点文件的所在缺省目录
	/var/www/html	Apache 站点默认的主文档目录
	/var/www/cgi-bin	Apache 站点缺省的 CGI 程序文件所在的目录
站点的配置文件	.htaccess	该文件置于站点目录下，包含对所在目录中文件的访问控制权限
	/etc/httpd/conf.d	Apache 服务器配置文件的额外配置文件的存放目录
	/etc/httpd/conf/httpd.conf	Apache 服务器的主配置文件，作为核心配置文件
功能模块	/etc/httpd/modules	Apache 服务器功能模块存放位置，该文件是链接文件，指向/usr/lib64/httpd/modules/或/usr/lib/httpd/modules 下
	/etc/httpd/conf.modules.d	装载功能模块的配置文件存放的目录
运行的日志目录及文件	/etc/httpd/logs	Apache 的日志存放位置，该文件链接到/var/log/httpd 上
	/var/log/httpd	Apache 服务器日志文件所在位置
	/var/log/httpd/access_log	访问站点的日志文件
	/var/log/httpd/error_log	错误日志文件
配置参考文档	/usr/share/doc/httpd-2.4.6	存放了 httpd 配置文件的样例配置

　　httpd 2.4.6 的主配置文件为 httpd.conf 和/etc/httpd/conf.d 下的 conf 文件，其默认配置信息主要点描述如下：

　　(1) 运行 Apache 的用户：apache。

(2) 运行 Apache 的组：apache。

(3) 监听端口：80。

(4) 模块存放路径：/usr/lib/httpd/modules 或/usr/lib64/httpd/modules。

(5) prefork MPM 运行方式的参数(将/usr/share/doc/httpd-2.4.6/httpd-mpm.conf 拷贝到 /etc/httpd/conf.d 下)为

```
StartServers            5
MinSpareServers         5
MaxSpareServers         10
MaxRequestWorkers       250
MaxConnectionsPerChild  0
```

以上介绍的默认配置信息，均通过 vi 编辑器打开 /etc/httpd/conf/httpd.conf 或 /etc/httpd/ conf.d/*.conf 文件可以查看到。在默认情况下启动 Web 服务器后，服务器只需要将共享的 html 文件置于 /var/www/html 目录下，并使用 chmod 命令修改使其他用户和组用户具有读权限，则基本上就完成了简单的站点配置，客户就可以访问 Web 服务器的 /var/www/html 下的共享文件或目录了。对于服务器启动程序将在后面进行讲解。

13.1.3 Apache 的模块

本书主要介绍 CentOS 系统官方提供的 Apache 服务器的 httpd 2.4.6 程序软件。本书按照 httpd 2.4.6 进行介绍，能够满足读者的要求，如果需要下载最新的软件包，可以访问网站http://httpd.apache.org 获取 Apache 新软件包及相关信息。httpd 使用模块的方式运行。httpd 由三个层次组成：内核、标准模块和第三方提供的模块。表 13-2 列出了 httpd 2.4.6 的部分标准模块(可以参考 http://httpd.apache.org/docs/2.4/mod/)，作为读者的参考资料，也是为配置 httpd 打好基础。

表 13-2 httpd 2.4.6 的部分标准模块

模块名	说　　明
Core Apache HTTP	服务器核心模块
mpm_common	被 MPM 执行的一组指令
mpm_netware	专为 Novell NetWare 服务器优化的 MPM 模块
mpm_winnt	专为 Windows NT 优化的 MPM
Perchild	独立子进程(Perchild)运行方式的 MPM
Prefork	预派生(Profork)运行方式的 MPM
Worker	工作者(Worker)运行方式的 MPM
mod_access	提供基于主机名、IP 地址或者其他客户请求的访问控制
mod_actions	基于媒体类型请求方式执行 CGI 脚本
mod_alias	提供文档树中主机文件系统各部分的映射和 URL 重定向
mod_asis	传送包含只有 HTTP 头的文件

模块名	说　明
mod_auth	使用文本文件的用户身份验证
mod_auth_anon	允许匿名用户访问身份验证
mod_auth_basic	提供基于 HTTP 的身份验证访问控制
mod_auth_dbm	提供使用 DBM 数据库文件的用户身份验证
mod_auth_digest	使用 MD5 深层身份验证的用户身份验证
mod_autoindex	自动生成类似于 Unix 的 ls 命令或 Win32 dir shell 命令的目录索引
mod_cache	通向 URI 的内容 cache
mod_cern_meta	CERN httpd 原文件语意
mod_cgi	执行 CGI 脚本(用于进程方式的 MPM)
mod_cgid	执行 CGI 脚本(用于线程方式的 MPM)
mod_charset_lite	设定翻译和重编码的特别字符
mod_dav	实现分布式授权和版本发行(DAV)功能
mod_deflate	传送至客户端前进行内容压缩
mod_dir	提供用于"trailing slash"重定向和服务的目录索引文件
mod_echo	解释协议模块的简单映射服务器
mod_env	调整传送给 CGI 脚本和 SSI 页的环境
mod_example	解释 Apache 模块的 API
mod_expires	根据用户限定标准生成到期的 HTTP 头
mod_ext_filter	在传达给客户之前通过外部程序发出回应体
mod_file_cache	在内存中缓存一个文件静态列表
mod_headers	HTTP 请求和回应头的个性化处理
mod_imap	服务器端镜像处理
mod_include	支持 SSI
mod_info	生成服务器配置信息
mod_isapi	Apache 中为 Windows 提供的 ISAPI 扩展
mod_log_config	记录发向服务器的请求日志
mod_mime	联合被请求文件扩展名和文件行为(处理和筛选)的内容(mime 类型、语言、字符集和编码)
mod_mime_magic	通过查看文件内容的几个字节确定 MIME 类型
mod_negotiation	提供内容协商
mod_proxy	支持 HTTP/1.1 协议的代理/网关服务器
mod_rewrite	提供 URL 请求的复杂重定向功能
mod_setenvif	允许基于请求类型的环境变量设置

续表二

模块名	说　明
mod_so	在启动或重启时提供可执行编码和模块的启动
mod_speling	试图更正因用户忽略大小写或一处错误拼写而引起的错误 URL
mod_ssl	使用 SSL 和 TLS 的密码安全传输技术(需要使用 yum install mod_ssl 命令安装)
mod_status	提供服务器运行性能信息
mod_suexec	允许作为特殊用户或组运行 CGI 脚本
mod_unique_id	为每个请求提供具有单一身份的环境变量
mod_userdir	设置基于每个用户的站点目录
mod_usertrack	跟踪用户在访问一个站点时的行为，记入日志
mod_vhost_alias	提供大量虚拟主机的动态配置

除标准模块外，我们还需要加载第三方模块，可到 http://modules.apache.org 站点查询。

比如运行 CGI 程序，CGI 程序可以采用 Perl 语言，比较典型的就是 WebMail、Webmin 等程序软件就需要 Perl 语言，因此需要在/etc/httpd/conf/httpd.conf 中加载 Perl 语言的解释器模块，可以通过以下命令查看：

rpm –q　perl

显示结果为：perl-5.16.3-283.el7.x86_64　表明已经安装，如果没有显示，可以使用 yum install perl 命令在线安装。

同样，如果实现 MySQL + Apache + PHP 完成网站设计，还需要将第三方 PHP 模块加载到 Apache 服务器中。

13.1.4　Apache 服务程序 httpd 的安装

CentOS Linux 操作系统按照服务器或定制方式被安装的时候，Apache 服务器程序都会被缺省地安装，其 Apache 的服务器程序软件包名为 httpd。可以通过 rpm -q httpd 命令检查是否安装；如果没有安装，我们可以下载 Apache 源码或通过 yum install httpd 在线安装，方法如前面章节所述，安装过程中会显示如图 13-2 所示的包依赖，确认并安装。同时，还需要安装 httpd-tools 和 httpd-manual 包，作为 Apache 的一些辅助软件，为了实现 https 协议，还需要安装 mod_ssl 模块，可以通过 yum install mod_ssl 完成在线安装，安装成功后，可以在/etc/httpd/modules 下看到 mod_ssl.so 模块，同时可以看到/etc/httpd/conf.d/ssl.conf 配置文件提供的 https 配置。

```
===============================================================
Installing:
 httpd          x86_64    2.4.6-40.el7.centos    base    2.7 M
Installing for dependencies:
 apr            x86_64    1.4.8-3.el7            base    103 k
 apr-util       x86_64    1.5.2-6.el7            base    92 k
 httpd-tools    x86_64    2.4.6-40.el7.centos    base    82 k
 mailcap        noarch    2.1.41-2.el7          base    31 k

Transaction Summary
===============================================================
```

图 13-2　检查 httpd 包是否安装

13.1.5　Apache 服务器启停管理

1. 开机后自动运行 Apache 服务器

采用 CentOS 系统提供的 systemd 的服务管理程序 systemctl 完成开机后自动运行 Apache，可以使用如下命令：

```
systemctl enable network.service
```

2. 启动 Apache 服务器

启动 Apache 服务器的命令如下：

```
systemctl start httpd.service    或　service httpd star
```

3. 停止运行 Apache 服务器

停止运行 Apache 服务器的命令如下：

```
systemctl stop httpd.service    或　service httpd stop
```

4. 重新启动 Apache 服务器

重新启动 Apache 服务器的命令如下：

```
systemctl restart   httpd.service    或　service   httpd    restart
```

注意：如果服务器启动的时候出现"[失败]"或"[Fail]"，表明服务器配置有错误，可以参考日志文件进行更正。

13.2　httpd.conf 文件详解及配置

配置 Apache 服务器的各项运行参数，主要是通过 vi 编辑/etc/httpd/conf/httpd.conf 文件中各个配置选项和参数来实现的。

13.2.1　httpd.conf 主配置文件

httpd.conf 文件内容的语法形式主要为"配置选项或参数　　参数值"的形式，每一行就可以包含一条语句。如果需要让某一行作为注释语句，可以使用"#"置于行首。

在 httpd.conf 的默认情况下，文件中注释语句和选项/参数总共约有 350 行左右，大部分是注释语句，注释语句都是对相邻行的选项或参数进行详细的解释，帮助读者如何使用选项或参数。其他功能配置，比如 mpm、虚拟主机(vhost)、https 服务，我们还需要修改/etc/httpd/conf.d 下的配置文件，甚至需要参考 /usr/share/doc/httpd-2.4.6 目录下的配置文件。

该文件的具体内容这里就不再列出，我们可以通过后面的知识学习来掌握如何配置 Apache 服务器。文件主要内容包括了全局环境设置、主服务器设置，这些设置需要的常用参数和选项如表 13-3 所示，具体的配置见后面章节内容的叙述。全局环境包括了所需模块加载、主文档目录设置等，主服务器包括目录的各个选项和参数设置等。

表 13-3　httpd.conf 的常见参数和选项说明

选项参数	描　　述
ServerTokens	当服务器响应主机头(header)信息时显示 Apache 的版本和操作系统名称
ServerRoot	服务器配置文件、错误和日志文件的绝对路径，缺省为/etc/httpd
PidFile	服务器运行的进程 pid 存放在哪一个文件中
Timeout	接收和发送超时
MaxRequestsPerChild	允许在一个进程结束前应该处理的子进程的最大数目
MaxClients	指定在某一个时刻接受访问的客户数量，缺省为 150
Listen	告诉服务器在可选的 IP 地址和端口号处接受进入的请求，可以有多个 Listen，缺省为监听所有可用地址的 80 端口
User 和 Group	设置用来处理请求的用户和用户组的名字，缺省值为 apache 和 apache
ServerAdmin	设置服务器管理员的 E-mail 地址
ServerName	设置服务器的名字
DocumentRoot	文档服务器的绝对目录，缺省为/var/www/html
<Directory>	与</Directory>为一对命令封装，是一个上下目录缺省许可的权限设置
<VirtualHost>	与</VirtualHost>命令封装特定的虚拟主机
Options	在特定命令中提供的服务器功能，通常在<VirturalHost>和<Directory>中
DirectoryIndex	设置如 index.html、index.shtml 等这样的缺省主页

13.2.2　Apache 服务基本配置

1. 设置服务配置目录

Apache 服务器需要在 httpd.conf 中设置服务器配置文件、日志等所在的相对配置路径，它包含了 conf、log 等子目录，缺省设置如下(通常我们不修改它)：

```
ServerRoot        "/etc/httpd"
```

2. 设置 KeepAlive 的值及其相关设置

KeepAlive 的缺省值为 Off，将 KeepAlive 的值设为 On，以便提高访问性能。

```
KeepAlive   On
MaxKeepAliveRequests   100
KeepAliveTimeout    15
```

3. 设置主服务器的主文档目录

Apache 服务器的主文档目录的默认目录为"/var/www/html"，httpd.conf 文件中显示为

```
DocumentRoot   "/var/www/html"
```

用户可以将需要发布的网页文件放在这个目录下。用户也可以将主文档目录修改为其他目录，不过需要注意目录的共享权限，以及该目录和文件与 selinux 功能相关的 httpd 上下文文本标签属性，即"httpd_sys_content_t"，必要的时候使用 chmod 命令修改权限。使用 chcon 修改目录和文件具有 httpd_sys_content_t 属性。

4. 设置使用 prefork MPM 或 worker MPM 运行方式的参数

该项设置已经将低版本的 httpd.conf 的内容移植到 /etc/httpd/conf.d/httpd-mpm.conf，同时在 httpd.conf 中使用了 IncludeOptional conf.d/*.conf 实现包括 conf.d 目录下的所有 conf 的配置文件。

(1) 使用 prefork MPM 运行方式(此方式为 Apache 默认选择方式)的缺省内容如下：

```
<IfModule mpm_prefork_module>
    StartServers         5        //设置服务器启动时运行的进程数
    MinSpareServers      5        //Apache 在运行时会根据负载的轻重自动调
                                  //整空闲子进程的数目，若存在低于 5 个空闲子
                                  //进程，就创建一个新的子进程准备为客户提供服务
    MaxSpareServers     10    //若存在高于 20 个空闲子进程，就创建逐一删除
                              //子进程来提高系统性能
    MaxRequestWorkers     250    //许可启动最大服务器进程数量，默认为 250
    MaxConnectionsPerChild   0    //限制每个子进程在结束处理请求之前能
                                  //处理的连接请求为 0，不限制
</IfModule>
```

(2) 使用 worker MPM 运行方式的缺省内容如下：

```
<IfModule mpm_worker_module>
    StartServers              3
    MinSpareThreads          75
    MaxSpareThreads         250
    ThreadsPerChild          25
    MaxRequestWorkers       400
    MaxConnectionsPerChild    0
</IfModule>
```

以上其他的解释与 Perfork MPM 运行方式一样。

5. 设置缺省打开文档

该选项设定类似于 IIS，即站点某目录下的缺省打开文档。以 "DirectoryIndex" 选项设定的值代表用户在访问该站点主目录或该站点某子目录的时候，不需要指定页面文件也可以缺省打开页面。Apache 服务器在缺省情况下设定缺省打开文档如下：

```
DirectoryIndex    index.html default.html
```

以上表明，如果有多个需要缺省打开的文件，各个文件之间用空格分隔，但是 Apache 会根据文件名列表从左到右的先后顺序进行查找，如果第 1 个未找到，继续找第 2 个，以此类推。用户可以根据需要进行修改或添加。举例如下：

```
DirectoryIndex    index.php    index.htm    index.html    index.html.var
```

6. 设定服务器监听的 IP 和端口号

Apache 服务器在缺省情况下，监听服务器所有可用的 IP 地址和 TCP 协议的 80 端口。也可以使用多条 Listen 语句监听指定地址和指定 TCP 端口。缺省如下：

```
Listen    80    或 Listen  *:80        表示监听本地任意地址 0.0.0.0 的 TCP 80 端口
```

为了明确监听 IP 和相应的端口，我们举例说明如下：

Listen　192.168.1.111:80　　指定监听 192.168.1.111 的 TCP80 端口
Listen　192.168.1.111:81　　指定监听 192.168.1.111 的 TCP81 端口

修改成功后，按照前面的讲解重新启动 Apache 服务器，方可使其配置生效，同时使用 firewall-cmd --add-port = 81/tcp 命令将 CentOS 自带的防火墙拦截端口开放。测试上面配置的第 2 条监听，结果如图 13-3 所示。

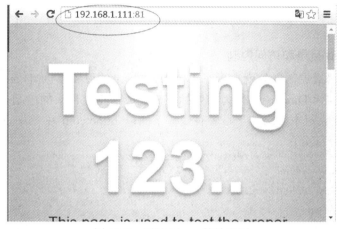

图 13-3　测试 Listen 的效果图

7. 设置服务器管理员 E-mail 地址

Apache 服务器运行过程中，如果客户访问 Apache 站点的时候出现错误，服务器就会给用户返回一个错误的网页提示，其中包含站点服务器管理员 E-mail 地址。缺省值可修改，修改如下：

ServerAdmin　admin@linuxstudy.com

8. 设置 Apache 服务器主机名

httpd.conf 配置文件中缺省情况是被注释掉了，可以使用 ServerName 完成设定服务器主机名。设定的时候有两种情况，如果有如 "www.linuxstudy.com" 的形式，就必须能够被 DNS 服务器解析(本地/etc/resolve.conf 设置正确)，否则直接使用主机 IP 地址，或者不使用任何表示。如：

ServerName　www.linuxstuy.com:80　或　ServerName 192.168.1.6:80

9. 设置服务器缺省日志文件

日志文件有助于服务器管理分析错误，处理事故，监控 Apache 运行状况。在 Apache 服务器被安装后，缺省情况下已经设定了缺省日志文件和存放位置。以下显示了主要的日志、日志记录类别和日志记录格式：

ErrorLog　logs/error_log　　子目录 logs 相对前面/etc/httpd 配置在根目录下
CustomLog　logs/access_log common　设定客户访问的日志记录
LogFormat "%h %l %u %t \"%r\" %>s %b \"%{Referer}i\" \"%{User-Agent}i\"" combined
LogFormat "%h %l %u %t \"%r\" %>s %b" common

上面的 LogFormat 是设定日志记录的格式,其中 combined 代表日志使用的格式,common 代表使用 Web 服务器普遍采用的格式。

10. 设置缺省字符集

默认情况下,Apache 服务器在 httpd.conf 文件中采用了西欧(UTF-8)字符集,因此客户通过浏览器访问该站点的时候,如果网页有中文,将出现乱码现象。因此,需要将默认项修改成 GB2312 字符集,并重启 Apache 服务器,就可以解决这个问题。如:

AddDefaultCharset   UTF-8   修改为: AddDefaultCharset GB2312

11. 设置 Web 目录和访问控制

Apache 服务器最灵活之处就在于对 Web 共享目录的设置,以<Directory 目录名>作为开始标记,必须以</Directory>作为结束标记来完成对指定目录的控制。在这对标记中的选项、参数的设置只对本目录和子目录有效。下面以 httpd.conf 中的站点主目录为例加以说明(已经去掉注释部分):

```
<Directory  "/var/www/html">
   Options  Indexes  FollowSymLinks
   AllowOverride  None
   Require all granted
</Directory>
```

下面将对控制目录做一个讲解。

(1) 目录中的 Options 定义了目录拥有的特性,该 Options 选项指令如表 13-4 所示。

表 13-4 Options 选项的指令

指　令	描　　述
All	启动除 MultiViews 外的所有特性,如果没有 Options,缺省值就为 All
Indexes	如果映射到目录的 URL 收到请求,但是没有 DirectoryIindex 所指定的内容,服务器就会返回一个已经格式化的目录列表,即允许目录列表(此时需要将/etc/httpd/conf.d/welcome.conf 文件删除或更名)
FollowSymLinks	允许服务器在目录中使用符号链接,这个在 Linux 中比较重要
MultiViews	客户请求的一个特定文档没有发现,服务器将提交一个可匹配的文档
ExecCGI	允许在目录下执行 CGI 脚本程序
IncludesNoExec	允许服务器包含 SSI(server-side includes),但是 CGI 脚本被禁用
Includes	允许使用 SSI

(2) 设置 AllowOverride 选项。

AllowOverride 选项的指令组如表 13-5 所示,它定义了每个目录下是否可使用".htaccess"文件来实现访问控制,通常是将 AllowOverride 的选项设置为"None"。权限访问控制将在后面讲解。

表 13-5　AllowOverride 选项所使用的指令组

指令组	可 用 指 令	说　明
AuthConfig	AuthDBMGroupFile, AuthDBMUserFile, AuthGroupFile, AuthName, AuthType, AuthUserFile, Require	进行认证、授权的相关指令
FileInfo	DefaultType,　　　ErrorDocument,　　　ForceType, LanguagePriority,　　SetHandler,　　SetInputFilter, SetOutputFilter	控制文件处理方式的相关指令
Limit	Require	进行目录访问控制的相关指令
All	全部指令组	可以使用以上所有指令
None	禁止使用所有指令	禁止处理 .htaccess 文件

(3) 设置缺省访问权限的相关选项。

在 2.2 版本以前，使用 Order 选项及 Allow 和 Deny 指令来控制客户 IP 或域名的访问权限；而在 2.4 版本及以后的版本中，采用 Require 实现访问控制。下面通过举例加以说明。

例 13-1：允许所有客户机访问服务器的指定目录下的文件。

2.2 版本及以前版本采用：

```
Order     allow, deny
Allow     from all
```

2.4 版本及以后版本(本书所介绍的内容)采用：

```
Require all granted
```

例 13-2：拒绝来自域为 com.cn 和地址为 61 开头的地址，以及 192.168.1.100，192.168.2.101 的主机访问，其他均可以访问该资源。可以参考 Apache 官方网站内容 (http://httpd.apache.org/docs/2.4/mod/mod_authz_host.html)。

2.2 版本及以前版本采用：

```
Order     deny, allow
Deny    from   com.cn
Deny    from   61.0.0.0/8
Deny    from   192.168.1.100
Deny    from   192.168.2.101
```

2.4 版本及以后版本采用：

```
Require all granted
Require host .com.cn
Require ip 61.0.0.0/8
Require ip 192.168.1.100 192.168.2.101
```

例 13-3：仅仅允许来自 192.168.1.0/24 子网的客户机访问 Web 资源。

```
Order     allow, deny
Allow   from   192.168.1.0/24
```

(1) 拒绝访问以 .ht 开头的文件，即保证 .htaccess 不被访问。

```
AccessFileName .htaccess
```

```
<Files ~ "^\.ht">
    Require all denied
</Files>
```

13.2.3　建立虚拟目录

前面 Windows 篇已经介绍过 IIS 中 Web 站点的虚拟目录设置方法，在 CentOS Linux 的 Apache 中，虚拟目录所表达的含义一样。如果需要将 Apache 服务器站点的主目录以外的其他目录下的文件进行发布，而且这些目录数据文件不能进行移动，就必须在站点上创建虚拟目录；如果主文档目录下某些子目录处于深层，也可以为其建立虚拟目录，将虚拟目录置于主目录下易于被访问的地方。每一个虚拟目录都有一个别名，客户进行 Web 浏览的时候，是通过别名来访问虚拟目录的。

首先，查看 httpd.conf 文件，能够找到<IfModule alias_module>的位置，可以根据该模块所包括的内容说明进行相应的虚拟目录(别名)配置。例如：

```
Alias    /icons/    "/var/www/icons/"
ScriptAlias  /cgi-bin/   "/var/www/cgi-bin/"
Alias    /error/    "/var/www/error/"
```

由于 Apache 服务器已经设定了主文档目录为/var/www/html，所以，以上的别名 icons、cgi-bin 和 error 被访问的时候，就被看成/var/www/html 下的子目录。当建立别名后，需要为真实的物理路径设置目录控制项，具体使用方法可以参考前面的讲解。httpd.conf 的缺省设置如下(还可以参考/etc/httpd/conf.d/welcome.conf 内容)：

```
<Directory    "/var/www/icons">
    Options Indexes MultiViews
    AllowOverride None
    Require all granted
</Directory>
<Directory    "/var/www/cgi-bin">
    AllowOverride None
    Options None
    Require all granted
</Directory>
```

举例：如果用户需要将/var/ftp/pub 下的文件以 Web 的形式提供下载，则设置如下：

```
Alias    /down/   "/var/ftp/pub/"
<Directory    "/var/ftp/pub">
    AllowOverride   None
    Options   Indexes   MultiViews
    Require all granted
</Directory>
```

由于/var/ftp/pub 目录本身不具有与 selinux 功能相关的 httpd 上下文文本标签属性，即"httpd_sys_content_t"，因此我们可以使用 ls -Z 命令查看该/var/ftp 的属性。如果没有看到"httpd_sys_content_t"内容，就需要使用 chcon 命令修改目录及目录下的所有子目录和文件的"httpd_sys_content_t"文本标签属性。操作如下：

```
chcon    -R -t httpd_sys_content_t /var/ftp
```

13.2.4　用户认证

用户认证的配置功能与 Windows IIS 服务一样，可以专门为指定的 Web 共享目录实施被安全访问的功能，需要与前面提到的 Web 目录控制选项结合，其中 AllowOverride 就是需要的选项。这种用户认证也可以对虚拟目录进行实现。因此，用户认证能够有效地控制站点的用户授权访问，当用户访问的时候，只要输入的用户名和密码正确，就可以进入站点的目录访问。下面举例说明。

若站点虚拟目录别名为 down，对应的物理路径为/var/www/pub，则需要采用用户认证后方可被访问，而且只有 stu 和 teacher 用户有效，完成的步骤如下：

第 1 步：创建 stu 和 teacher 用户和密码。

采用 Apache 服务器自带命令 htpasswd 来完成新建、更新和删除用户名与密码。假设将该命令生成的用户文件安全地存放于/etc/httpd/conf 目录下，文件名为 DownUserPasswd，操作如图 13-4 所示。

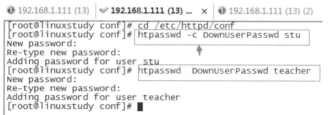

图 13-4　建立用户账号和对应密码

第一次使用 htpasswd 命令创建用户账号文件的时候，需要使用选项 -c 完成，如果对账号文件添加用户，就不需要使用任何选项。也可使用 htpasswd 修改用户密码如下：

```
htpasswd    /etc/httpd/conf/DownUserPasswd    stu
```

第 2 步：建立虚拟目录和配置需授权的认证目录。

在 Apache 服务器的/etc/httpd/conf/httpd.conf 主配置文件中需要建立如下内容：

```
Alias /down "/var/www/pub/"
<Directory "/var/www/pub">
    Options All
    AllowOverride AuthConfig
    Require all granted
</Directory>
```

以上这种方式表示需要认证授权配置文件.htaccess，该文件存放于需要授权认证的目录下，这个文件名可以通过"AccessFileName .htaccess"来设定。因此，我们需要使用 vi 编辑器编辑文件/var/www/pub/.htaccess 的内容如下：

```
AuthName      "授权认证测试"           // 窗口提示
AuthType      Basic                  //认证类型
AuthuserFile      "/etc/httpd/conf/DownUserPasswd"  //身份验证文件
```

Require user stu teacher	//有效用户，使用空格分隔用户

如果不需要.htaccess 文件，则直接将.htaccess 的内容放入 httpd.conf 文件的控制目录中，代替 AllowOverride   AuthConfig 项。

第 3 步：测试授权认证情况。

当第 2 步和第 1 步配置完成后，需要使用命令"service   httpd   restart"重新启动 Apache 服务器，启动后，在客户端输入要访问的站点及虚拟目录别名，如：

http://192.168.1.111/down/

此时弹出授权认证窗口，要求输入用户名和密码，如图 13-5 所示。

图 13-5　认证对话框

如果输入正确的用户名和密码，将有权访问页面，如图 13-6 所示。如果没有正确的身份，则拒绝进入访问。

Index of /down

Name	Last modified	Size Description
Parent Directory	-	
t.txt	2016-07-29 23:41	32

图 13-6　授权认证通过后许可访问

13.3　配置和管理用户的个人站点

1. 配置准备

在安装了 Apache 的本地服务器上拥有 Linux 系统的用户账号，每个用户都能架设自己的个人 Web 站点。

要配置每个用户的 Web 站点，需要 Apache 开启用户个人站点空间权限，开启后，个人用户可以按照要求在自己空间上建立个人 Web 站点。建立个人 Web 站点需经过下面的配置步骤：

(1) 修改主配置文件 /etc/httpd/conf.d/userdir.conf 的 UserDir 项，启用用户的 Web 站点配置。

(2) 修改主配置文件为每个用户的 Web 站点目录配置访问控制。

(3) 用户在个人注册目录下架设个人 Web 站点。

(4) 客户访问方法：http://192.168.1.4/~john/。

2．配置步骤及说明

(1) 编辑配置文件。命令如下：

vi　　/etc/httpd/conf.d/userdir.conf

(2) 修改 userdir.conf 内容 mod_userdir.c 模块和针对用户目录控制(也可以实现授权认证访问)部分，默认情况 UserDir disabled 是开启的，注释了 UserDir public_html，"//"后面的内容表示对配置的含义解释(请不要放入 userdir.conf 文件中)。

```
<IfModule mod_userdir.c>        //基于安全考虑，禁止 root 用户使用自己的个人站点
    UserDir   disable   root     //配置对每个用户 Web 站点目录的设置，可以修改为其他目录名
    UserDir   public_html
</IfModule>                      //设置每个用户 Web 站点目录的访问权限，将下面配置行前的 "#" 去掉
<Directory "/home/*/public_html">
    AllowOverride FileInfo AuthConfig Limit Indexes
    Options MultiViews Indexes SymLinksIfOwnerMatch IncludesNoExec
    Require method GET POST OPTIONS
</Directory>
```

(3) 重新启动 Apache 服务器。命令如下：

systemctl restart httpd.service　　或　service httpd restart

3．系统用户架设个人 Web 站点的步骤及说明

下面说明个人用户要架设个人 Web 站点需要执行的步骤。以 john 用户为例说明架设步骤，其他用户可以仿效。用户通过 ssh 登录到服务器上管理自己的个人空间，需要使用命令 chmod 授权共享的目录和文件，同时需要 root 用户使用命令来修改个人站点的权限。命令如下：

chcon　　　-R -t httpd_sys_content_t /home/john/

操作过程如图 13-7 所示。

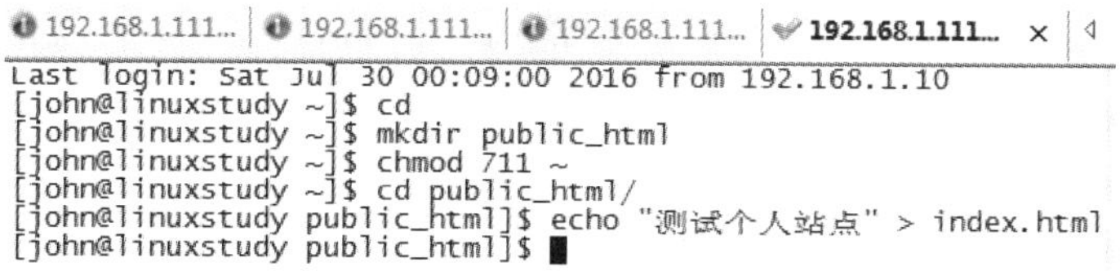

图 13-7　用户管理个人 Web 站点

13.4　配置虚拟 Web 站点

13.4.1　配置基于 IP 地址的虚拟主机站点

当 Apache 服务器绑定了多个 IP 地址的时候，可以将 Apache 的多个站点绑定到每一

个 IP 地址上，完成每一个 IP 就可以建立一个站点，与 IIS 的 Web 服务器一样。

　　例如，IP 地址为 192.168.1.111 的服务器上建立了多个 IP 地址 192.168.1.116 和 192.168.1.118，此时需要为后两个地址分别建立一个虚拟 Web 站点，每个站点的主目录不同，需要将 /var/share/doc/httpd-2.4.6/httpd-vhosts.conf 文件拷贝到 /etc/httpd/conf.d 目录下，按照文件内容格式进行添加或修改相应的内容，如下所示：

```
<VirtualHost 192.168.1.116:80>
    ServerAdmin admin@linuxstudy.com
    DocumentRoot "/var/www/web1"
    ServerName 192.168.1.116
    #ServerAlias www.dummy-host.example.com
    DirectoryIndex index.html
    ErrorLog "/var/log/httpd/web1-error_log"
    CustomLog "/var/log/httpd/web1-access_log" common
</VirtualHost>

<VirtualHost 192.168.1.118:80>
    ServerAdmin admin@linuxstudy.com
DocumentRoot "/var/www/web2"
ServerName 192.168.1.118
    #ServerName dummy-host2.example.com
    DirectoryIndex index.html
    ErrorLog "/var/log/httpd/web2-error_log"
    CustomLog "/var/log/httpd/web2-access_log" common
</VirtualHost>
```

　　上面的内容已经表明，需要<VirtualHost>和</VirtualHost>完成定义，其代表一个虚拟站点。可以在<VirtualHost>和</VirtualHost>使用与主服务器配置相同的一些选项，比如控制目录的访问权限。

13.4.2　配置基于主机名的虚拟主机站点

　　基于主机名称的虚拟主机站点类似于 Windows IIS 的站点主机名，同一个 IP 地址可以对应多个主机名，需要 DNS 完成解析，所有站点同一 IP，同一端口，但是需要以主机名不同来区别虚拟站点。

　　例如，DNS 服务器中主机 IP 地址 192.168.1.111 对应两个主机名 www1.linuxstudy.com 和 www2.linuxstudy.com 的记录，为这两个主机名建立一个基于主机名的虚拟主机站点，则需要在/etc/httpd/conf.d/httpd-vhosts.conf 内容中添加如下内容(删除原来的数据)：

```
<VirtualHost   www1.linuxstudy.com:80>
    ServerAdmin root@linuxstudy.com
    DocumentRoot /var/www/web1
    ServerName www1.linuxstudy.com
    DirectoryIndex   index.html
```

```
        ErrorLog "/var/log/httpd/web1-error_log"
        CustomLog "/var/log/httpd/web1-access_log" common
</VirtualHost>
<VirtualHost www2.linuxstudy.com:80>
        ServerAdmin root@linuxstudy.com
        DocumentRoot /var/www/web2
        ServerName www2.linuxstudy.com
        DirectoryIndex index.html
        ErrorLog "/var/log/httpd/web2-error_log"
        CustomLog "/var/log/httpd/web2-access_log" common
</VirtualHost>
```

添加和配置上面的内容，需要先使用 NameVirtualHost 指明那个主机名或 IP 地址负责响应虚拟主机的请求，然后再使用<VirtualHost　虚拟主机域名或IP>和</VirtualHost>完成。测试结果如图 13-8 和图 13-9 所示。

图 13-8　站点 1 测试结果　　　　　　　　图 13-9　站点 2 测试结果

本 章 小 结

本章重点从应用的角度讲解了 Web 站点的配置，从安装到主配置文件的讲解能够让读者理解和掌握如何使用 rpm 命令检查 Apache 服务器程序和安装程序，通过启停管理实现 Apache 的配置生效。在主配置文件/etc/httpd/conf/httpd.conf 中，已经有一个基本的配置，用户可以直接利用，只需要知道缺省的文档主目录/var/www/html，可以向主目录下添加共享的 Web 文件，甚至可以在该目录下创建子目录或符号链接文件。如果是符号链接文件，就需要在文档主目录的目录控制项<Directory　"/var/www/html">和</Directory>中含有 Options 的参数值 FollowSymLinks；如果需要对共享目录实施访问控制，就将目录控制中的 Order、Allow 和 Deny 结合使用；如果需要对某些共享目录实施用户认证，就将目录控制项中的 AllowOverride 的值设定为 AuthConfig，同时在共享目录中建立.htaccess 文件，文件内容参考文中讲解，并通过 htpasswd 建立授权用户。

当需要为 Web 站点共享更多文档的时候，而且有些文档不在文档主目录下，此时，可以通过 Alais 创建别名，建立站点虚拟目录，同时也可以按照前面的目录控制方法控制虚拟目录。

当 Apache 服务器主机需要建立多个 Web 站点的时候，每个站点可以通过

DocumentRoot 指定站点文档主目录。通常可以采用两种方式：基于 IP 地址的虚拟站点和基于名称的虚拟站点。基于 IP 地址的虚拟站点同时使用<VirtualHost 主机地址>和</VirtualHost>完成配置；如果基于名称的虚拟站点，此时，使用<VirtualHost 主机地址>和</VirtualHost>完成虚拟站点项配置。在虚拟站点中，通过 ServerName 指定虚拟站点主机名，这些主机名都可以被 DNS 解析成同一 IP 地址。

习题与思考

1. 如何安装 Apache 和启停管理 Apache Web 服务器？即删除"学会图像化配置下面第 5 题"。

2. 按照下列要求，建立一台 Web 服务器，假定服务器有多个 IP 地址，有一个 IP 地址为 192.168.1.4。

(1) 设置文档主目录/var/www/myweb。

(2) 设置 Web 服务器只监听 192.168.1.4 的 80 端口和 81 端口。

(3) 设置文档主目录缺省打开文档为 index.php、index.jsp、index.html 和 index.htm。

(4) 设置默认字符集为 GB2312。

(5) 为站点建立虚拟目录/var/www/OA，别名为 OA。

3. 在第 1 题的前提下，要求访问虚拟目录 public 的时候，需要用户认证，只允许 teacher 访问。

4. 建立一个基于 IP 地址的虚拟 Web 站点，IP 地址有 192.168.1.6 和 192.168.1.8，第一个站点主目录为/var/www/www1，并且 192.168.1.0/24 子网可访问；第二个站点主目录为/var/www/www2，并建立允许来自 192.168.1.0/24 和 com.cn 域的客户访问。

5. 在 DNS 中建立 192.168.1.4 所对应的两个主机名 www1.test.com 和 www2.test.com，按照第 1 题的要求，建立两个基于主机名的虚拟 Web 站点。第一个站点的主目录为/var/www/www1，第二个站点的主目录为/var/www/www2，并且设定两个站点的主文档未被打开的时候，将以目录形式的 Web 页面显示在客户浏览器中。

实训九 配置 Linux 下的 Apache 服务器

一、实验原理

Apache 也是目前使用的很广泛的服务器之一，配置服务器可以采用图形界面的方式，也可以采用文本方式。在这个实验中，通过设置 Apache 服务器提供服务的端口，创建虚拟目录和子站点，以及设置目录访问权限来了解 Apache 服务器的配置和使用。

二、实验目的

(1) 学会安装 Apache 服务器。

(2) 能够通过 Apache 的服务器构架 Web 站点。

(3) 能够管理 Apache 服务器。

三、实验内容

(1) 安装 Apache 服务器。

(2) 通过 Apache 配置 Web 服务器。

(3) 通过 Apache 配置代理服务器。

(4) 验证实验结果。

四、基础知识

(1)　Linux 下的基本命令。

(2) 能够编辑 Apache 的配置文件。

(3) 了解 Web 目录和 CGI 目录的区别。

(4) 了解 Linux 下开启系统服务的命令。

五、实验环境

(1) 安装有 Linux 系统的计算机。

(2) 有 Linux 下的 Apache 安装文件。

第 14 章　FTP 服务器

本章介绍 Linux 系统下的 FTP 服务器软件程序 vsftpd。重点讲解 vsftpd 的相关配置文件内容，并按照匿名 FTP、虚拟用户 FTP、真实用户 FTP 这三种分类，以举例的形式完成具体配置项的解释。

14.1　Linux 环境下的 FTP 概述

FTP 是文件传输协议的意思，它是实现服务器和客户机之间的文件传输和资源共享。目前的 FTP 服务器种类较多，有 vsftpd、WU-Ftp、proFTP 和 pure-ftpd 等。在 CentOS 系统采用 vsftpd 作为 FTP 服务器，当然，其他类型的 FTP 程序软件也可以自由安装。

根据服务对象的不同，FTP 服务主要分为两大类：一类是系统 FTP 服务器，它只允许系统上的合法用户使用；另一类是匿名 FTP 服务器，它可允许任何人登录到 FTP 服务器，并定位到匿名用户的根目录，任何用户与服务器连接后，在登录提示中可以输入 anonymous 匿名账号，即可访问服务器。如果系统允许使用本地账号登录，会让用户映射为匿名用户，定位到匿名用户的根目录。

1. 客户机和服务器之间建立连接和数据传输的过程

(1) FTP 客户向 FTP 服务器发起连接请求，它会随机的选择一个大于 1024 的端口号去访问 FTP 服务器的 21 端口(默认端口)，并等待验证身份。如果验证失败，就拒绝用户登录。

(2) 如果身份验证通过，双方的会话连接建立成功，此时可以接受客户指令，并可进行数据传输服务。此时，可以根据服务器设定数据端口服务，可以是 20 端口，也可以是其他大于 20 的端口。

(3) 服务过程传输层协议采用 TCP 协议完成。

(4) 输出传输完毕后，双方的会话连接仍然维持连接状态，直到发出会话终止命令。

2. 主动模式和被动模式

FTP 是仅基于传输层的 TCP 协议的文件传输服务，不支持 UDP 协议。而且 FTP 需要建立两个端口，其中一个为数据端口，另外一个为命令端口(也可叫做控制端口)。通常控制端口设定为 TCP 的 21 端口，数据端口设定为 TCP 的 20 端口。但是，通常 FTP 客户端使用的端口无法预知，因此使 FTP 就产生了两种工作模式：主动模式和被动模式。

(1) 主动模式。在主动模式中，FTP 客户端从一个任意的非特权端口 M(M > 1024)连接到 FTP 服务器 21 端口(默认端口)，同时客户端开始监听端口 M+1；接着 FTP 服务器接受请求并建立控制会话连接。如果 FTP 客户端需要进行数据传输，就会发送 FTP 数据传输命令，并且发送"port M+1"到 FTP 服务器。接着服务器会从它自己的数据端口(20)连接到客户端指定的数据端口(M+1)后，进行数据传输。

在主动模式中，需要注意防火墙拦截问题，其问题实际上在于客户端。FTP 的客户端并没有实际建立一个到服务器数据端口的连接，它只是简单地告诉服务器自己监听的端口号，FTP 服务器再回来主动连接 FTP 客户端这个指定的端口 M+1。然而对于客户端的防火墙来说，这是从外部系统建立到内部客户端的新连接，通常是会被阻塞的。

(2) 被动模式。为了解决 FTP 服务器主动发起到 FTP 客户的数据连接请求的问题，就需要采用被动模式，或者叫做 PASV。当 FTP 客户端通知 FTP 服务器它处于被动模式时才启用。在被动模式的 FTP 中，命令连接和数据连接都由客户端发起，这样就可以解决从服务器到客户端的数据端口进入方向连接被防火墙阻塞的问题。当开启一个 FTP 连接请求时，客户端将会打开两个任意的非特权本地端口(M >1024 和 M+1)。第一个端口连接 FTP 服务器的 21 命令控制端口，此时，客户端不会用提交 "port M+1" 命令的方式让服务器来主动连接 FTP 客户的数据端口，而是提交 PASV 命令。这样，FTP 服务器会开启一个任意的非特权端口(N> 1024，可以由服务器配置设定范围)，并发送 "port N" 命令到 FTP 客户端，然后由 FTP 客户端发起从本地端口 M+1 到 FTP 服务器的端口 N 的连接，作为传送数据的服务端口，最终防火墙认为这是一个合法连接。

14.2　安装与启停 vsftpd

14.2.1　安装 vsftpd 服务程序

安装 CentOS 的时候，需要选中 vsftpd 服务程序安装才可被安装，如果没有，也可以后期在系统中用在线 yum 方式安装。可以通过如图 14-1 所示的方法检查 vsftpd 安装情况及 vsftpd 包所包括的内容。

```
[root@linuxstudy /]# rpm -q vsftpd
vsftpd-3.0.2-11.el7_2.x86_64
[root@linuxstudy /]# rpm -ql vsftpd
/etc/logrotate.d/vsftpd
/etc/pam.d/vsftpd
/etc/vsftpd
/etc/vsftpd/ftpusers
/etc/vsftpd/user_list
/etc/vsftpd/vsftpd.conf
/etc/vsftpd/vsftpd_conf_migrate.sh
```

图 14-1　检查是否安装 vsftpd 和查看包内容

如果没有安装，可以进行 yum 在线安装。

```
yum   install   vsftpd
```

14.2.2　启停 vsftpd 服务

1. 设定 vsftpd 服务器自动运行

使用命令 CentOS 提供的 systemctl 命令管理，操作如图 14-2 所示。

```
[root@linuxstudy /]# systemctl enable vsftpd
Created symlink from /etc/systemd/system/multi-user.target.want
s/vsftpd.service to /usr/lib/systemd/system/vsftpd.service.
[root@linuxstudy /]# systemctl enable vsftpd
[root@linuxstudy /]#
```

图 14-2　设定 vsftpd 自动运行

2. 启动 vsftpd 守护进程

当配置完毕 vsftpd 服务器后，如果 vsftpd 本身没有启动，可以通过以下命令启动：

```
systemctl  start  vsftpd  或  service  vsftpd  start
```

3. 重启动 vsftpd 守护进程

当配置完毕 vsftpd 服务器后，如果 vsftpd 本身已经启动，需要使 FTP 配置立即生效，可以通过以下命令重新启动：

```
Systemctl  restart  vsftpd  或  service  vsftpd  restart
```

4. 停止 vsftpd 守护进程

当需要停止运行 vsftpd 服务，可以通过以下命令停止 vsftpd 守护进程完成：

```
Systemctl  stop  vsftpd  或  service  vsftpd  stop
```

5. 开放 ftp 端口

```
firewall-cmd --add-service = ftp
firewall-cmd --add-service = ftp --permanent
```

14.3　vsftpd 相关配置文件说明

服务器 vsftpd 被安装后，主要的相关文件和目录包括：

(1) /etc/vsftpd/目录为 vsftpd 服务器配置文件主目录。

(2) /etc/vsftpd/vsftpd.conf 文件为 vsftpd 服务器的主配置文件，缺省情况下的 FTP 主目录为 /var/ftp，任何配置参数修改需要操作此文件，后面将详细介绍文件中的参数。

(3) /etc/vsftpd/ftpusers 定义哪些用户不能登录 FTP 服务器的用户列表文件。

(4) /etc/pam.d/vsftpd 定义 vsftpd 的 PAM 认证文件。

(5) /etc/vsftpd/user_list 与 /etc/vsftpd/ftpusers 一样，不过需要与主配置文件中的 vsftpd.conf 的"userlist_deny = YES"参数选项配合使用。

(6) /var/ftp 目录为 vsftpd 服务器的匿名缺省共享主目录。

(7) /usr/share/doc/vsftpd-3.0.2 目录下所有的文档作为 vsftpd 的帮助文档。

(8) /etc/logrotate.d/vsftpd 是完成 vsftpd 运行日志的配置文件。

(9) /etc/pam.d/vsftpd 为 vsftpd 指出 vsftpd 进行 PAM 认证时所使用的 PAM 配置文件名，没有该文件，将无法使本地用户登录 FTP 服务器。

(10) /usr/sbin/vsftpd 为 vsftpd 服务器的主程序。

(11) /usr/lib/systemd/system/vsftpd.service 为 CentOS 的 systemd 管理 vsftpd 服务器所运行的配置脚本。

14.3.1　vsftpd.conf 文件

vsftpd.conf 文件存放于/etc/vsftpd 目录下。在默认情况下，vsftpd 守护进程将读取该文件，作为 vsftpd 的主配置，因此通常我们都修改/etc/vsftpd/vsftpd.conf 主配置文件的各项参数。当用户安装好 vsftpd 程序软件，主机 IP 固定后，缺省情况下，不需要做任何的修改就可以直接启动 vsftpd 作为 FTP 服务器。此时，FTP 服务器允许匿名(Anonymous)和 Linux 系统中的本地账号登录，但是不允许匿名上传。/etc/vsftpd/vsftpd.conf 文件的默认内容如下：

```
anonymous_enable = YES
local_enable = YES
write_enable = YES
local_umask = 022
dirmessage_enable = YES
xferlog_enable = YES
connect_from_port_20 = YES
xferlog_std_format = YES
listen = NO
listen_ipv6 = YES


pam_service_name = vsftpd
userlist_enable = YES
tcp_wrappers = YES
```

注意，如果通过命令 ls -Zd /var/ftp 得到 selinux 机制的上下文关联应该如下：

drwxr-xr-x. root root system_u:object_r:public_content_t:s0 /var/ftp

得到的上下文关联属性为 public_content_t，用户才能正常访问 FTP 服务。如果不是可以使用如下命令完成：

chcon -R -t public_content_t   /var/ftp/

配置 vsftpd 的主配置文件，应该首先掌握该文件中的配置参数选项的使用。可以将参数选项分成三类：第 1 类是布尔型的参数选项，如表 14-1 所示；第 2 类是数字型的参数选项，如表 14-2 所示；第 3 类是字符串型的参数选项，如表 14-3 所示。

表 14-1　布尔型的参数选项说明

参数/选项	解　　释
anonymous_enable = YES	允许匿名登录，缺省值为 YES
anon_other_write_enable = NO	缺省值为 NO，如果值为 YES，匿名账号可以有删除的权限
anon_world_readable_only = YES	缺省值为 YES，允许匿名用户浏览和下载文件的权限
ascii_download_enable = NO	缺省值为 NO，若值为 YES，启用下载的 ASCII 传输方式
anon_upload_enable = NO	缺省值为 NO，若值为 YES，允许匿名有上传文件权限
chmod_enable = YES	缺省值为 YES，运行非匿名的本地用户使用 chmod 模式修改文件权限
chown_uploads = NO	缺省值为 NO，若值为 YES，修改所有匿名上传文件的所有者为指定用户

参数/选项	解　　释
chroot_list_enable = NO	缺省值为 NO，若值为 YES，缺省由 chroot_list_file 设置 /etc/vsftpd.chroot_list 文件，文件中的用户被约束锁定在根目录，根目录为用户主目录
chroot_local_user = NO	将本地用户锁定在用户家目录中，缺省值为 NO。值为 YES 时，chroot_list_enable 和 chroot_local_user 参数的作用将发生变化，chroot_list_file 所指定文件中的用户将不被锁定在用户家目录。本参数被激活后，可能带来安全上的冲突，特别是当用户拥有上传、shell 访问等权限时。因此，只有在确实了解的情况下，才可以打开此参数，默认值为 NO
connect_from_port_20 = NO	缺省值为 NO，若值为 YES，表示约束 FTP 服务数据传输端口为 20
dirlist_enable = YES	缺省值为 YES，允许将目录下的文件列表
dirmessage_enable = NO	缺省值为 NO，若值为 YES，切换目录时，显示目录下.message 的内容
download_enable = YES	缺省值为 YES，若值为 NO，表示拒绝所有用户下载
guest_enable = NO	缺省值为 NO，若值为 YES，表示将所有非匿名用户映射为 guest 用户，guest 用户由 gues_username 来设定，缺省为 FTP 用户
listen = NO	缺省值为 NO，若值为 YES，表示 FTP 服务器以独立模式运行
listen_ipv6 = NO	缺省值为 NO，若值为 YES，与 listen 一样，只是支持 IPv6
local_enable = NO	缺省值为 NO，若值为 YES，允许所有/etc/passwd 的用户登录 FTP 服务器
pasv_enable = YES	表示允许被动模式
port_enable = YES	表示允许主动模式
secure_email_list_enable = NO	缺省值为 NO，若值为 YES，要求匿名用户密码使用 E-mail 地址
ssl_enable = NO	缺省值为 NO，若值为 YES，要求以 SSL 方式安全连接
syslog_enable = NO	缺省值为 NO，若值为 YES，要求日志记录到/var/log/vsftpd.log 中
tcp_wrappers = NO	缺省值为 NO，若值为 YES，以 tcp_wrappers 形式完成 vsftpd 配置和装载
userlist_deny = YES	缺省值为 YES，拒绝由 userlist_file 设定的用户列表文件的用户访问 FTP
userlist_enable = NO	缺省值为 NO，若值为 YES 时，userlist_file 设定文件为拒绝访问的用户列表
write_enable = NO	缺省值为 NO，若值为 YES，允许用户存储、删除、修改等写操作
xferlog_enable = NO	缺省值为 NO，若值为 YES，记录用户上传、下载的日志
xferlog_std_format = NO	缺省值为 NO，若值为 YES，日志记录为标准格式

表 14-2　数字型的参数选项说明

参数/选项	解　释
accept_timeout = 60	缺省值为 60 秒，设定客户端连接会话超时
anon_max_rate = 0	匿名用户最大数据传输率，缺省值 0，表示不限定
anon_umask = 077	缺省值为 077，表示为匿名设定新创建文件的文件掩码
connect_timeout = 60	缺省值为 60 秒，设定连接超时
data_connection_timeout = 300	缺省值为 300 秒，设定数据传输连接超时 300 秒
file_open_mode = 0666	缺省值为 0666，为上传文件设定缺省权限
ftp_data_port = 20	缺省值为 20，设定 FTP 的数据传输服务端口
idle_session_timeout = 300	缺省值为 300，设定空闲会话超时 300 秒后断开
listen_port = 21	缺省值为 21，设定 FTP 服务器侦听的连接端口号
local_max_rate = 0	设定 Linux 系统本地用户数据传输率，缺省值为 0，表示不限定
local_umask = 077	缺省值为 077，表示为本地用户的新创建文件设定缺省文件掩码
max_clients = 0	设定 FTP 服务器的最大客户连接数，缺省值为 0，无限制
max_per_ip = 0	来自同一 IP 地址的用户最大连接数，缺省值为 0，无限制
pasv_max_port = 0 pasv_min_port = 0	主动模式下的客户最大端口号，与 pasv_min_port 结合形成一个端口范围，缺省值为 0，无限制
trans_chunk_size = 0	设定服务器的带宽最高限定，如 8192 字节，缺省值为 0，无限制

表 14-3　字符串型的参数选项说明

参数/选项	解　释
anon_root	默认情况为/var/ftp，尽力设定匿名用户的根目录，错误将被忽略
banner_file	指定一个文件为登录用户显示一个欢迎信息，将覆盖 ftpd_banner
chown_username = root	与 chown_uploads 结合使用，指定上传后的文件拥有者，缺省为 root
chroot_list_file	与 chroot_list_enable 结合使用，缺省值/etc/vsftpd.chroot_list
deny_file	设定拒绝操作匹配的文件，但是不隐藏，缺省值为不限定，如：deny_file = {*.mp3, *.mov, private}
ftp_username	设定 FTP 服务器的匿名用户，缺省为 ftp
ftpd_banner	设定 vsftpd 的登录欢迎信息字符串，缺省没有设定 ftpd_banner = "Welcome you login　my ftp server"
guest_username	设定 FTP 服务器的 guest 用户，缺省为 ftp
hide_file	隐藏匹配的文件，缺省值不限定，如：hide_file = {*.mp3, *.mov, private}
listen_address	侦听 FTP 服务器的地址列表，缺省为所有
listen_address6	与 list_address 意思一样，只不过是针对 IPv6
local_root	尽力将本地登录用户的根目录指定一个目录，缺省为用户自己的主目录
pam_service_name	设定 FTP 服务器所使用的 PAM 认证的服务名，缺省值为 ftp
userlist_file	当 userlist_enable = YES 的时候，设定所需文件，缺省为/etc/vsftpd.user_list
vsftpd_log_file	设定 vsftpd 的日志文件，缺省为/var/log/vsftpd.log

通过上面的参数选项学习后，大致可以将 FTP 服务器的运行情况分成以下四种：

(1) 只允许匿名登录的 FTP 服务器，可提供下载、上传文件及相关操作服务。

(2) 拒绝匿名用户访问，只允许本地真实用户登录，并限定用户登录的根目录和目录权限。

(3) 匿名用户和本地真实用户均可以访问，但是将登录的本地真实用户映射为 guest 用户，并为其设定根目录位置，此时将建立虚拟用户。

(4) 综合性的 FTP 服务器将以上三种类型混合设定，实现多功能服务器。

14.3.2 ftpusers 文件

ftpusers 文件存放在/etc/vsftpd/目录下，属于 vsftpd 默认许可读取的文件，只用来记录哪些用户不允许作为 FTP 用户登录，通常是一些系统默认的用户，当然也可以将某一些非系统默认用户进行禁用。如下是该文件中默认的不允许登录的用户列表：

```
# Users that are not allowed to login via ftp
root
bin
daemon
adm
lp
sync
shutdown
halt
mail
news
uucp
operator
games
nobody
```

以上可以看出，root 用户也被禁用访问 FTP，其主要原因是因为 root 权限太大，会造成安全漏洞。其他的用户都是某应用进程所需的系统用户，所以被列入禁用列表中。

14.3.3 user_list 文件

user_list 文件存放于 /etc/vsftpd/目录下，与 ftpusers 的内容一样，该文件可以用来设置黑白名单。但是，需要在 vsftpd.conf 主配置文件中设定"userlist_deny = YES"有效后，user_list 文件才表示被拒绝访问 FTP 的用户列表；如果在主配置文件中设定"userlist_deny = NO"的时候，文件中的用户列表就表示允许访问 FTP 的用户。

14.4 配置 vsFTP 服务器

要完整地、有效地配置 vsFTP 服务器，首先需了解前面讲解的主配置文件和相关配置文件的各个参数选项含义,然后再按照具体的情况进行选择参数选项和值进行建立 vsFTP 服务器。

此时,还应该了解用户参数/选项。vsFTP 服务器用户可分为三类:匿名用户(anonymous)、本地用户(local user)以及虚拟用户(guest)。

14.4.1　匿名用户服务器

1. 与匿名相关的参数/选项及值的解释

- 设置 anonymous_enable = YES,控制允许匿名用户登录。
- 设置 ftp_username = ftp,匿名用户所使用的系统用户名的默认值为 ftp,通常可以不设置。
- 设置 no_anon_password = YES,要求匿名用户登录时需要密码。
- 设置 deny_email_enable = YES|NO,此参数默认值为 NO。当值为 YES 时,拒绝使用 banned_email_file 参数指定文件中所列出的 E-mail 地址进行登录匿名用户,当此参数生效时,需设定 banned_email_file 参数值为某一个文件,并编辑该文件。
- 设定 banned_email_file = /etc/vsftpd/banned_emails,指定包含被拒绝的 E-mail 地址的文件,默认文件为/etc/vsftpd/banned_emails,并编辑文件内容。
- 设定 anon_root = /var/ftp/pub,完成设定匿名用户的根目录,即匿名用户登录后,只能被定位到此目录下。在 vsftpd.conf 中默认无此项设置,其默认值就为/var/ftp/。
- 设定 anon_world_readable_only = YES,控制只允许匿名用户下载有读权限的文件。如果设定值为 NO,允许匿名用户浏览整个服务器的文件。通常默认值为 YES。
- 设定 anon_upload_enable = YES,允许匿名用户上传文件,如果设定值为 NO 代表不允许。通常默认值是 NO。除了这个参数外,匿名用户要能上传文件还需要两个条件:① write_enable = YES;② 在文件系统上,FTP 匿名用户对该目录必须有写权限。
- 设定 anon_mkdir_write_enable = YES,许可匿名用户创建新目录,FTP 匿名用户对该目录必须有写权限;设定值为 NO 表示不允许。配置文件中不给出该项设置,则默认值为 NO。
- 设定 anon_other_write_enable = YES,允许匿名用户拥有除了上传和新建目录之外的其他权限,如删除、更名等;如果设定值为 NO 时不拥有。配置文件中不给出该项设置,则默认值为 NO。
- 设定 chown_uploads = YES,允许修改匿名用户所上传文件的所有权,所有权对应用户由 chown_username 参数指定。配置文件中不给出该项设置,则默认值为 NO。
- 设定 chown_username = teacher,指定拥有匿名用户上传文件所有权的用户为 teacher。此参数与 chown_uploads 结合使用,默认为 FTP 用户。

2. 实例

为了说明以上的讲解,需要通过一个实例来说明。

例:某网站需要建立一台只允许匿名访问和上传文件的匿名 FTP 服务器,要求如下:

(1) 匿名根目录定位到/var/ftp/pub 下,该目录下三个子目录分别为 upload、download 和 other。

(2) 允许用户可以下载匿名根目录下的一切文件，但是只能在根目录下的 upload 子目录下上传文件和创建目录。

(3) 限定用户最大传输率约为 1 Mb/s 左右。

(4) 将所有上传文件的所有者改变为 public 用户，新创建的目录或文件设定掩码为 022。

(5) 设定服务器最大客户连接数为 50，同一 IP 的用户最多连接数为 2。

为了满足上面的要求，我们应该首先建立相应的用户 public，创建子目录的同时使用 chmod 命令更改子目录的权限，操作如下：

```
useradd   -d /home/public public
mkdir  -m  755   /var/ftp/pub/download //创建子目录 download 和 other 只给组
mkdir –m  755  /var/ftp/pub/other    //和其他用户读和进入目录的权限，拒绝写权限
mkdir  -m  777  /var/ftp/pub/upload   //创建 upload 子目录供上传，可写和修改。
setsebool ftpd_full_access on    //开放 selinux 的 ftpd 访问权限
```

配置主配置文件 /etc/vsftpd/vsftpd.conf 的内容如下：

```
anonymous_enable = YES
anon_root = /var/ftp/pub
write_enable = YES
max_clients = 50
max_per_ip = 2
anon_upload_enable = YES
anon_mkdir_write_enable = YES
anon_other_write_enable = YES
dirmessage_enable = YES
xferlog_enable = YES
connect_from_port_20 = YES
chown_uploads = YES
chown_username = public
anon_umask = 022
anon_max_rate = 1024000
listen = NO
listen_ipv6 = YES
xferlog_std_format = YES
pam_service_name = vsftpd
tcp_wrappers = YES
```

14.4.2 虚拟用户服务器

vsFTP 允许使用本地用户账号登录服务器，但是需要建立用户映射为 guest 用户进行统一管理，这样就形成了虚拟用户的 FTP 服务器形式。

1. 与建立虚拟用户 FTP 服务器相关的重要选项/参数

• 设定 guest_enable = YES，所有的非匿名用户登录都映射为 guest，默认值为 NO。

• 设定将非匿名用户映射为 guest 用户，设置 guest_username = public，缺省情况下值

为 ftp。

- 设定 local_root = /tmp，将本地用的根目录定位到/tmp 目录，作为根目录。
- 此时，必须设定 local_enable = YES，允许本地用户登录。

设置中，一定要注意要共享的目录权限。

2. 配置实例

直接将主配置文件/etv/vsftpd/vsftpd.conf 的内容修改后，配置如下：

```
anonymous_enable = NO
local_enable = YES
userlist_enable = YES        //由/etc/vsftpd.user_list 列出不允许访问 FTP 的用户
guest_enable = YES
guest_username = public       //需要创建 public 用户，同时开放/home/public 权限
local_root = /home/public
write_enable = YES
allow_writeable_chroot = YES
dirmessage_enable = YES
xferlog_enable = YES
connect_from_port_20 = YES
chown_uploads = YES
xferlog_std_format = YES
pam_service_name = vsftpd
listen = NO
listen_ipv6 = YES
tcp_wrappers = YES
```

14.4.3　真实用户服务器

在 FTP 服务器的用户中，可以利用 FTP 服务器所属 Linux 主机上拥有账号的真实用户来建立 FTP 服务器。此时可以利用真实用户建立安全的 FTP 服务器，用户只能操作自己的根目录，即为用户的主目录外，不能操作其他任何目录。

1. 与建立真实用户服务器相关的主要关键选项

- 设定 local_enable = YES，许可 Linux 系统的真实用户可以登录 FTP，默认值为 NO。
- 可以设定所有本地用户的根目录，比如设定 local_root = /tmp。如果要求锁定根目录，还需要设定 chroot_list_enable = YES，并且 chroot_list_file 设置值为/etc/vsftpd/chroot_list 文件，此时，文件中的用户被约束在根目录下，根目录为用户主目录。这一点后面将举例说明。
- 可以为用户个人配置文件设定所在的目录，个人配置文件的格式与 vsftpd.conf 格式相同，比如设定 user_config_dir = /etc/vsftpd/userconf，主机上有用户 teacher 和 stu，可以在 user_config_dir 设定的目录下新增加文件为 teacher 和 stu 的两个文件。当用户 stu 登录时，vsftpd 则会读取 user_config_dir 下 stu 这个文件中的设定值，应用于用户 stu。默认值为无任何设置。

注意：如果在个人配置文件中加入 chroot_local_user = YES 或 chroot_list_enbales = YES

是无效的。

2. 应用实例

例 14-1：建立真实用户，并锁定 teacher 和 stu 用户的根目录为自己的主目录，不能操作其他目录的 FTP 服务器的主配置 vsftpd.conf 如下：

```
anonymous_enable = NO          拒绝匿名登录
local_enable = YES             许可本地用户登录
chroot_local_user = NO
chroot_list_enable = YES
allow_writeable_chroot = YES
chroot_list_file = /etc/vsftpd/chroot_list   列表中用户被限制用户根目录

write_enable = YES
dirmessage_enable = YES
xferlog_enable = YES
chown_uploads = YES
local_max_rate = 1024000
xferlog_std_format = YES
ftpd_banner = Welcome to blah FTP service.
pam_service_name = vsftpd
listen = NO
listen_ipv6 = YES
listen_port = 2121            设定用户可以登录的端口号为 2121，非标准默认端口 21
ftp_data_port = 2020          设定输出传输端口为 2020，非标转默认端口 20
tcp_wrappers = YES
```

锁定用户 teacher 和 stu，则其他用户将不会被锁定根目录。需要在/etc/vsftpd/chroot_list 中每一行加入用户名，如下：

```
teacher
stu
```

需要使用 "setsebool ftp_home_dir on" 命令将 selinux 的 ftp_home_dir 功能打开，否则会在 FTP 用户登录时出现提示 vsftpd 500 OOPS: chroot 错误。

例 14-2：对 teacher 用户进行单独设定，需要 user_config_dir 选项，其他所有用户均被锁定在自己的主目录下，主配置文件 vsftpd.conf 应包含内容如下：

```
anonymous_enable = NO

local_enable = YES
chroot_local_user = YES        //锁定所有用户的根目录
chroot_list_enable = NO
allow_writeable_chroot = YES
user_config_dir = /etc/vsftpd/userconf
```

```
dirmessage_enable = YES
xferlog_enable = YES
connect_from_port_20 = YES
local_max_rate = 1024000
xferlog_std_format = YES
ftpd_banner = Welcome to blah FTP service.
pam_service_name = vsftpd
listen = NO
listen_ipv6 = YES
tcp_wrappers = YES
```

首先，需要使用"setsebool ftp_home_dir on"命令将 selinux 的 ftp_home_dir 功能打开，否则会在 FTP 用户登录时出现提示 vsftpd 500 OOPS: chroot 错误。

其次，需要在/etc/vsftpd/userconf 建立与用户相同的文件名 teacher 和 stu。

将 teacher 用户映射成 guest 用户 public，并锁定根目录为/tmp。teacher 文件的内容为

```
guest_enable = YES
guest_username = public
local_root = /tmp
```

14.4.4 建立虚拟目录

建立虚拟目录，与 Windows 的 IIS 的 FTP 建立概念一样，需要在共享的主目录下建立一个子目录，将该子目录看成虚拟目录的一个别名。比如：将/home/public 映射到ftp://主机名/public 的子目录 public 中，则访问 ftp://主机名/public 就如同访问 /home/public。此时同样要注意目录权限的问题。

映射虚拟目录的命令格式如下：

```
mount  --bind  [物理的目录]  [别名目录]
```

其中的--bind 选项不可缺少，这种建立方式并不是复制内容，只是映射挂载。如果没有使用该选项，将出现挂载出错，它会认为"物理的目录"不是块文件的错误。实现它的步骤如下(与前面的举例对应讲解)：

```
mkdir –m  755  /var/ftp/pub/download
mount --bind  /home/public  /var/ftp/pub/download
```

14.5 vsftpd 服务器的日志

针对 vsFTP 服务器的日志，需要在主配置文件 vsftpd.conf 中启用日志记录选项，即设定 xferlog_enable = YES(缺省值为 NO)，如果值为 YES，表示记录用户上传、下载的日志记录。同时设定 xferlog_std_format = YES(缺省值为 NO)，值为 YES 的时候，表示日志记录为标准格式，同时缺省记录到 /var/log/xferlog。如果需要指定日志文件，可以修改 xferlog_file = 其他绝对路径的文件，缺省为 xferlog_file = /var/log/xferlog。

本 章 小 结

本章主要讲解基于 CentOS 下的 vsftpd 的安装、启停管理和配置。本章开头就详细地讲解了配置 FTP 服务器的注意事项，以及主动模式(PORT)和被动模式(PASV)解决客户防火墙的拦截问题。通过图形和命令方式讲解 vsftpd 服务器配置完毕后，需要使用启动或重启动命令 systemctl restart vsftpd.service 或 service   vsftp   restart 使配置生效。

最后本章节重点讲解了配置 vsftpd 的相关文件、目录。以主配置文件 vsftpd.conf 的详细选项/参数指标为指导，进行分类讲解布尔型的选项、数字型的选项和字符串型的选型，通过章节中得三张表可以清楚地掌握配置的具体内容。以匿名 FTP 服务器、虚拟用户 FTP 服务器和真实用户的 FTP 服务器所需的主要关键选项，以及实例让读者更能理解和巩固知识，具体的内容需按照实际的例子进行实践。配置过程中，需要注意 selinux 对 vsftpd 的限制，可以使用 getsebool -a|grep ftp 查看限制情况，必要的时候可以使用 setsebool 开放限制。

习题与思考

1. vsftpd 服务器的程序软件如何安装，以及如何启停管理 vsftpd？

2. 如果要求 vsftpd 服务器只监听 IP 地址 192.168.1.6(主机有多个 IP 地址，且该地址存在)，而且只接受 2121 端口的连接访问，数据传输端口固定为 20，则应如何配置 vsftpd.conf？

3. 某主机 IP 地址为 192.168.1.6，请按照下列要求配置 vsftpd 服务器：

(1) 只允许匿名可以访问 FTP 服务器。

(2) FTP 服务器能够接受最大的连接数为 100，同一 IP 的连接数为 1。

(3) 匿名用户不能上传文件，只有下载文件的权限。

(4) 匿名用户的根目录为 /var/ftp/pub。

(5) 为匿名用户建立一个虚拟目录，其实际的物理路径为 /var/www/html。

(6) 在匿名的根目录 /var/ftp/pub 下的子目录 movie 不可以访问和下载。

4. 某 Linux 主机作为网站的 FTP 服务器，需要按照下列要求配置 vsftpd 服务器：

(1) 只允许匿名与真实用户 teacher 和 stu 可以访问 FTP 服务器。

(2) 监听本地主机所有 IP 地址的 21 端口。

(3) 匿名用户访问与第 3 题一样。

(4) 真实用户 teacher 和 stu 的根目录均为 /tmp/public，都需要映射为 guest 用户，但是，teacher 用户映射为 ftp1，而 stu 用户映射为 ftp2。ftp2 用户可以向/tmp/public/stu 上传文件，但是拒绝上传 *.mp3 的文件；ftp1 用户可以向 /tmp/public/teacher 目录上传。

(5) 真实用户数据传输限定为 2 Mb/s 左右。

(6) 服务器能支持最人连接数为 200，同一 IP 只允许 1 个连接。

(7) 数据传输端口都设定为 2020，便于安全管理。

实训十　配置 Linux 下的 FTP 服务器

一、实验原理

FTP 服务就是文件传输服务。Linux 环境下的 FTP 服务器配置，绝大多数的 Linux 发行套装中都选用的是 vsftpd，它具有功能强大的多种用户站点实现。

二、实验目的

(1) 学会安装 vsftpd 服务器软件。

(2) 能通过 vsftpd 程序来配置 FTP 的多种用户站点服务。

(3) 学会查看 FTP 服务器日志文件。

三、实验内容

(1) 安装 FTP 服务软件。

(2) 配制一个简单的 FTP 服务器。

(3) 设置 FTP 访问权限。

(4) 验证服务配置是否成功。

四、基础知识

(1) 熟悉 Linux 下的基本命令。

(2) 知道 Linux 的文件访问权限机制。

(3) 了解 FTP 工作原理。

五、实验环境

(1) 安装有 Linux 系统的计算机。

(2) 有 Linux 下的 FTP 服务安装文件。

(3) 拥有两台以上的计算机并连网。

第 15 章　E-mail 服务器

本章介绍 Linux 系统下常见的邮件服务器程序 Sendmail、dovecot、cyrus-imapd。重点剖析各个配置文件内容，以举例的形式解释配置文件中功能项的使用方法。为了满足用户习惯用 Web 方式收发邮件，故在本章中还讲解了 Webmail 的配置过程及配置内容。

15.1　E-mail 服务器简介

电子邮件服务与 Web 服务一样，都是当今 Internet 网络上最重要、应用最为广泛的服务之一，而且在某些企业、园区网络中也采用内部电子邮件服务完成内部邮件的传输服务。可以肯定地说，只要接触过计算机和网络的 90%的人都至少拥有一个电子邮箱，也至少通过电子邮件进行过信息交流。

15.1.1　E-mail 邮件系统

E-mail 邮件系统服务是基于客户/服务器工作模式的，用户可以借助 Outlook 或 Foxmail 等 E-mail 客户工具完成电子邮件的发送和接收工作；如果 E-mail 服务器采用基于 Web 服务方式，则客户还可以利用浏览器完成电子邮件的收发工作。这两种方式都是常见的电子邮件收发工作模式。

当然，对于一个完整的 E-mail 系统，应该由三部分组成。

1.　用户代理

用户代理(UA，User Agent)是指用户与 E-mail 系统之间的接口，通常涉及的工具就是 Outlook 或 Foxmail，它们主要负责从 E-mail 服务器系统上接收或发送电子邮件。

2.　邮件服务器

E-mail 服务的核心组成就是邮件服务器，主要完成转发邮件和接收邮件。常见的邮件服务器系统由两部分组成：SMTP 服务器和接收邮件服务器(POP2、POP3 或 IMAP 服务器)。因此，用户在 E-mail 客户软件中需要配置这两项来完成收发电子邮件。

3.　E-mail 协议

(1) SMTP 协议。SMTP 中文名称为简单邮件传输协议。它属于 TCP/IP 协议集的应用层协议，主要功能为定义源地址到目的地址传递邮件的规则，并控制邮件的发送和中转方式。

(2) POP3 协议。POP3 中文名称为电子邮局(版本为 3)。它属于应用层协议，主要完成客户端与 E-mail 服务器间的邮件接收任务，即允许采用 POP3 协议连接到服务器上，并从服务器把邮件下载到本地客户端，还可以实现收取同时删除服务器上的邮件，当然也可保留邮件。

(3) IMAP 协议。IMAP 中文名称为 Internet 信息访问协议。它也属于应用层协议，与 POP3

一样完成邮件的收取工作，但是从功能机制上看与 POP3 有不同之处，IMAP 需要持续不断地让客户访问服务器，而 POP3 协议完成邮件的存储和下载到客户端后才可以阅读邮件内容。

15.1.2　常见 E-mail 服务器软件

由于本章介绍以 Linux 系统为主的 E-mail 系统，因此只介绍基于 Linux 系统的几种 SMTP 邮件服务器软件，主要有：Sendmail 服务器、Postfix 服务器和 Qmail 服务器，最后讲解 Sendmail 服务器的配置。

1) Sendmail 服务器

几乎所有的 Linux 系统都会缺省安装 Sendmail 服务器，它成为一个很受欢迎的 SMTP 服务器，在企业中，邮件客户量大或少，它都可以灵活的给以足够支持。在 Linux 服务器上配置 Sendmail 并使之运行，如果是要求简单，则配置工作就简单；如果需要实现一个高效的 SMTP 服务器，则配置工作难度就高，需要对多个配置文件进行调整，并可能需要反复的重启 Sendmail 服务器才能正常运行。

2) Qmail 服务器

Qmail 服务系统是一个模块化的邮件系统，每一个模块具有一个子功能，每一个子功能都是由一个程序运行来实现的。它们在系统中，有的负责接收外部邮件；有的管理缓冲目录中待发送的邮件队列，会不断地扫描邮件队列，并且把邮件投递到正确的目的地址；还有的负责将邮件发送到远程服务器或转发到本地邮件用户信箱中。而每个子功能所需的程序的属性以及运行方式由一个或多个配置文件和环境变量来控制，程序的运行不是完全以 root 身份运行，只有必要的程序才会借用 root 身份运行，从而明显地提高了安全性。

3) Postfix 服务器

Postfix 是由 Wietse Venema 在 IBM 的 GPL 协议之下开发的 MTA(邮件传输代理)软件，主要企图是想代替使用广泛的 Sendmail 服务器，获取一份市场商机，它以更快、易管理、更安全、同时还与 Sendmail 保持足够的兼容性来让大家接受它。

Postfix 具有以下特点：① Postfix 是免费的；② 系统运行更快，性能更高；③ 与 Sendmail 兼容性好，能够使得 Sendmail 用户方便迁移到 Postfix 系统；④ 系统更健壮，能够自动根据负荷进行调整资源，保证服务器运行正常；⑤ 灵活性强，能够集中配置各个模块程序的运行参数；⑥ 安全性好，Postfix 的各个模块程序几乎运行在较低权限，抵御恶意入侵者的越权行为。

15.2　Sendmail 服务器配置与管理

15.2.1　安装 Sendmail 软件和启停管理服务

1. 安装 Sendmail 软件

通常 CentOS 系统会自动安装 Sendmail 邮件系统，但是我们也可以手动安装。可通过

rpm 命令完成检测和安装。检查是否安装 Sendmail 软件包的命令如下：

```
rpm   -q   sendmail
```

如果没有安装，可以使用 yum 命令在线安装的命令如下：

```
yum install sendmail
yum install sendmail-cf        安装 Sendmail 配置工具
```

2. 启停管理 Sendmail 服务

(1) 当配置完毕并编译 sendmail.mc 后，需要启动 Sendmail 服务，启动方法如下：

```
systemctl start sendmail.service   或   service   sendmail   start
```

(2) 当重新修改 sendmail.mc 并编译后，要使配置生效，需要重新启动，方法如下：

```
systemctl restart sendmail.service   或   service sendmail   restart
```

(3) 停止 Sendmail 服务，同时也停止监听 TCP 的 25 端口，需要停止服务，方法如下：

```
systemctl stop sendmail.service   或   service   sendmail   stop
```

(4) 设置系统启动后自动启动，可以使用 CentOS 的 systemd 管理方式设置自动启动，如图 15-1 所示。

```
[root@linuxstudy ~]# systemctl enable sendmail.se
rvice
Created symlink from /etc/systemd/system/multi-us
er.target.wants/sendmail.service to /usr/lib/syst
emd/system/sendmail.service.
Created symlink from /etc/systemd/system/multi-us
er.target.wants/sm-client.service to /usr/lib/sys
temd/system/sm-client.service.
[root@linuxstudy ~]# systemctl enable sendmail.se
rvice
[root@linuxstudy ~]# ▮
```

图 15-1   设置 Sendmail 自动启动

15.2.2   相关配置文件解释

我们可以使用命令查看 Sendmail 安装包所带有的文件或目录有哪些，方法如下：

```
rpm   -ql   sendmail
```

Sendmail 服务器的配置文件说明如下：

(1) /etc/mail/sendmail.mc 和/etc/mail/sendmail.cf。

sendmail.mc 是 sendmail.cf 的原始主配置文本文件，当配置完毕后，需要通过 m4 语言编译器编译后生成 sendmail.cf 文件，并重新启动 Sendmail 服务器后，才能使得主配置生效。

(2) /etc/mail/submit.mc 和/etc/mail/submit.cf。

Submit.cf 文件是 submit.mc 编译后的文件，作为邮件投递的初始化配置文件。通常情况下不修改该文件。

(3) /etc/aliases 和/etc/aliases.db。

aliases 是创建用户邮件别名的配置原文件，经过编译后生成 aliases.db 被服务器读取，文件的具体存放位置可以通过修改 sendmail.mc 来完成。

(4) /etc/mail/access 和/etc/mail/access.db。

access 定义了什么主机或者 IP 地址可以访问邮件服务器，并设定它们应该有哪种类型的访问权限，通过 makemap 命令后得到 Sendmail 服务进程可读取的 access.db 库文件。

(5) /etc/mail/domaintable 和/etc/mail/domaintable.db。

服务器在 domaintable 中配置多域名后，通过 makemap 编译后得到 domaintable.db 可被 Sendmail 邮件服务器读取。

(6) /etc/mail/mailertable 和/etc/mail/mailertable.db。

mailertable 为邮件分发列表，通过 makemap 编译后生成可被服务进程读取的 mailertable.db 库文件。

(7) /etc/mail/local-host-name。

Sendmail 服务器主机名有多个，都是指向本地 Sendmail 服务器 IP 的时候，可以在该文件中添加所有的主机名列表，形成可接收邮件的主机列表。如果 Sendmail 没有在收件列表中发现相应的主机名，它将拒绝接收对方发来的邮件。比如/etc/mail/local-host-name 的内容为

linuxstudy.com
mail.linuxstudy.com

(8) /etc/mail/virtusertable 和/etc/mail/virtusertable.db。

virtusertable 文件完成虚拟用户和域列表原始配置后，通过 makemap 编译成可被 Sendmail 邮件服务器读取的 virtusertable.db 文件。具体解释为向邮件服务器上的真实邮箱发送虚拟域和邮箱的邮件列表。这些可以是本地的或远程的，甚至是由/etc/mail/aliases 定义的别名。

(9) /etc/mail/trusted-users。

在 sendmail.mc 中激活了 FEATURE(use_ct_file)后，表明 Sendmail 使用该文件提供可信用户名(可信用户可用另一个用户名发送邮件而不会收到警告消息，比如 Apache、UUCP 等就是最好的候选)。

15.2.3　详解主配置文件/etc/mail/sendmail.mc

Sendmail 服务器的主配置文件是 /etc/mail/sendmail.mc，它包含大部分的 Sendmail 服务器的配置信息，其中就包括了在用户邮件程序和邮件传输程序之间为邮件选择路由所需的信息。sendmail.mc 文件有三个主要功能：定义 Sendmail 环境；按照接收邮件程序的语法重写地址；将地址映射成传送邮件所需的指令。执行所有这些功能需要若干宏命令。一些宏定义和可选用的命令可定义其环境，一些重写规则可以重写电子邮件的地址，一些邮件程序定义可定义传送邮件所必需的宏指令。sendmail.mc 文件采用了 m4 语言编写，因此先来看看该文件的内容解释。

1. dirvert 宏命令

dirvert 宏命令为 m4 定义一个缓冲动作，当 n = −1 时缓冲被删除，n = 0 时开始一个新缓冲。

2. dnl 宏命令

dnl 宏命令的意思是注释到行尾。

3．OSTYPE 宏命令

OSTYPE 宏命令定义宏所使用的操作系统，比如：OSTYPE(`linux')。

4．define 命令

define 命令是一个基本的变量赋值定义语句。如：define(`ALIAS_FILE', '/etc/aliases')。其中字符串的定义必须用反引导"`"开头，单引号"'"结束，注意为英文字符。

解释配置文件的主要 define 内容：

- **define(`confDEF_USER_ID', ``8:12'')**。指定以 mail 用户(UID:8)和 mail 组(GID:12)的身份运行守护进程。
- **define(`confAUTO_REBUILD')**。如果有必要，Sendmail 将自动重建别名数据库。
- **define(`confTO_CONNECT', `1m')**。将 Sendmail 初始连接完成的等待时间设置为 1 分钟。
- **define(`confTRY_NULL_MX_LIST', true)**。当值为 true 时，并且接收服务器是一台主机最佳的 MX，则试着直接连接那台主机。
- **define(`confDONT_PROBE_INTERFACES', true)**。当值为 true 时，Sendmail 守护进程将不会把本地网络接口插入到已知等效地址列表中。
- **define(`PROCMAIL_MAILER_PATH', `/usr/bin/procmail')**。定义分发接收邮件的处理程序(默认是 procmail)，通常不修改。
- **define(`ALIAS_FILE', `/etc/aliases')**。定义分发接收邮件的邮件别名数据库。
- **define(`STATUS_FILE', `/etc/mail/statistics')**。定义分发接收邮件的邮件统计文件。
- **define(`UUCP_MAILER_MAX', `2000000')**。定义 UUCP 邮件程序接收的最大邮件信息长度(单位：字节)。
- **define(`confMAX_MESSAGE_SIZE', `8192000')**。定义邮件信息最大长度(字节)。
- **define(`confUSERDB_SPEC', `/etc/mail/userdb.db')**。定义用户数据库文件(在该数据库中可替换特定用户的默认邮件服务器)。
- **define(`confPRIVACY_FLAGS', `authwarnings, novrfy, noexpn, restrictqrun')**。强制定义 Sendmail 使用某种邮件协议，后面的列表有：authwarnings 表明使用 X-Authentication-Warning 标题，并记录在日志文件中；novrfy 和 noexpn 设置防止请求相应的服务；restrictqrun 选项禁止 Sendmail 使用-q 选项。
- **define(`confAUTH_OPTIONS', `A')**。设置 SMTP 验证。其后的内容解释如下：

(1) define(`confAUTH_OPTIONS', `A p') 定义登录时为明文，并在配置中增加一条语句，即 TRUST_AUTH_MECH(`EXTERNAL DIGEST-MD5 CRAM-MD5 LOGIN PLAIN')。

(2) define(`confAUTH_MECHANISMS', `EXTERNAL GSSAPI DIGEST-MD5 CRAM-MD5 LOGIN PLAIN')定义 Sendmail 使用明文口令以外的其他验证机制。

(3) 如果使用了证书形式，则需要使用命令 make -C /usr/share/ssl/certs 完成。共有四种证书定义，以下四行语句为启用证书功能：

dnl define(`confCACERT_PATH', `/usr/share/ssl/certs')

dnl define(`confCACERT', `/usr/share/ssl/certs/ca-bundle.crt')

dnl define(`confSERVER_CERT', `/usr/share/ssl/certs/sendmail.pem') dnl define(`confSERVER_KEY', `/usr/share/ssl/certs/sendmail.pem')

(4) define(`confDONT_BLAME_SENDMAIL', `groupreadablekeyfile')。如果密钥文件需要被除 Sendmail 外的其他应用程序读取，那么启用该语句。

- **define(`confTO_QUEUEWARN', `4h')**。定义邮件发送延迟时间，超过之后向发送者发送延迟通告消息，默认为 4 小时。

- **define(`confTO_QUEUERETURN', `5d')**。定义返回一个无法发送消息的延迟时间，默认定义值为 5 天。

- **define(`confQUEUE_LA', `12')** 和 **define(`confREFUSE_LA', `18')**。分别定义排队或拒绝的接收邮件的系统负载平均值。

- **define(`confTO_IDENT', `0')**。定义等待接收 IDENT 查询响应的超时值(默认为 0，永不超时)。

5. MASQUERADE_DOMAIN 宏命令

MASQUERADE_DOMAIN 宏命令定义 MTA 应使用哪些域来传输邮件。比如：MASQUERADE_DOMAIN(localhost)。我们可以定位 linuxstudy.com，同时将 E-mail 服务器的主机名设置为 linuxstudy.com，而且能够解析成本地主机 IP 地址；也可以在/etc/hosts 添加对应的解析。

6. MASQUERADE_AS 宏命令

MASQUERADE_AS 宏命令定义应答邮件的主机名或域。比如：MASQUERADE_AS(`linuxstudy.com')。

7. MAILER 宏命令

MAILER 宏命令定义 Sendmail 使用的邮件传输方法。比如：MAILER(smtp)和 MAILER(procmail)。

8. FEATURE 宏命令

Sendmail 的许多功能需要明确地被激活后才能使用，需要激活的每个功能必须使用 FEATURE 宏命令来激活。内容解释如下：

- **FEATURE(use_cw_file)**。告诉 Sendmail 由/etc/mail/local-host-names 文件为该邮件服务器提供另外的主机名。

- **FEATURE(use_ct_file)**。允许用户在发送电子邮件的时候把发信人的名字改为他的名称。通过这个功能，可以把更多的人添加到信任用户的名单里，方法是把用户添加到/etc/mail/trusted-users 文件里，内容格式为每一个用户占有一行。

- **FEATURE(redirect)**。表示如果有用户离开了原来的系统，为他们提供邮件转发信息，管理员就可以在 /etc/mail/aliases 文件设置数据，即定义用户的邮件转发信息。

- **FEATURE(`mailertable', `hash -o /etc/mail/mailertable.db')**。表示如果你正在使用虚拟主机，就有可能需要根据自己的电子邮件将发往域的不同而对它安排不同的路由。mailertable 功能需要告诉/etc/mail/mailertable 文件设置数据，格式如：mail1.linuxstudy.com smtp : mail2.linuxstudy.com。

- **FEATURE(always_add_domain)**。设置 Sendmail 软件在每一封传递出去的电子邮件上都要加上本地域名。

- **FEATURE(`virtusertable', `hash -o /etc/mail/virtusertable.db')**。如果你的主机容纳了别人的虚拟域，也许就会出现电子邮件地址的名称冲突。可以在/etc/mail/virtusertable 文件中建立虚拟名单，例如：

teacher@server01.com	server01-teacher@mail.server01.com
teacher@server02.com	server02-teacher@mail.server02.com

- **FEATURE(local_procmail, `', `procmail -t -Y -a $h -d $u')**。告诉 Sendmail 服务器使用 procmail 作为本地邮件传递程序。
- **FEATURE(`accept_unresolvable_domains')**。缺省情况表示检查发信人的域名是否可以通过 DNS 服务解析。
- **FEATURE(`access_db', `hash -T<TMPF> -o /etc/mail/access.db')**。用于激活访问权限数据库，可以根据发送来的电子邮件的域或者电子邮件的地址，对收到的全部电子邮件分别进行接受、拒绝、丢弃或者拒绝并返回一个特殊代码等操作。
- **FEATURE(`blacklist_recipients')**。使某些用户永远不能收到到电子邮件，可以利用 access_db 和 blacklist_recipients 特性防止垃圾邮件。

9. 其他定义

- **DAEMON_OPTIONS(`Port = smtp, Addr = 127.0.0.1, Name = MTA')**。允许接收本地主机创建的邮件，如果要允许接收从本地网络某接口的 IP 地址传入的邮件，则一定要使之有效，并修改 Addr 的值为具体的接口 IP 地址。如果将 127.0.0.1 修改为 0.0.0.0，则表示本地任意地址。
- **DAEMON_OPTIONS(`port = smtp, Addr = ::1, Name = MTA-v6, Family = inet6')**。与上一条的一样，只不过是支持 IPv6。
- **LOCAL_DOMAIN(`localhost.localdomain')**。使域名 localhost.localdomain 作为本地计算机名被接受。

按照以上的解释，进行修改/etc/mail/sendmail.mc 后需要编译，在 CentOS Linux 系统中，可以通过下列命令完成所有的配置并重新启动服务：

```
make  -C  /etc/mail
systemctl restart sendmail.service  或 service  sendmail  restart
```

15.2.4　为用户账号设置别名

按照上一节的介绍可以完成用户账号别名的问题，可以为每一个账号建立一个或多个别名，还可以为一个别名指定多个用户。设置别名是通过修改 /etc/aliases 文件(该文件位置与 sendmail.mc 中的激活别名的位置一致)来实现的。缺省情况下已经有很多内容，其中主要是定义用户到 root 用户的映射，格式如下：

```
别名:系统中的真实账号
```

1. 为用户建立别名

在/etc/aliases 文件中添加或修改内容，举例如下：

```
admin:   root        将发送给 admin 的邮件直接投递给 root 用户
john:    stu01       将发送给 john 的邮件直接投递给 stu01 用户
```

2．为用户建立多个别名

在/etc/aliases 文件中的 root 账号就是一个典型的例子。举例如下：

webmaster:	xiaowang
ftpmaster:	xiaowang
master:	xiaowang

3．为一个别名建立多个用户

比如需要实现邮寄一封邮件，多个用户可收到，具有群发功能。举例如下：

master:　　root, xiaowang　　凡是邮寄给 master 的邮件直接邮寄给 root 和 xiaowang

4．从文件中加载别名

上面所举的例子主要是一般情况，除了在/etc/aliases 中定义别名外，还可以将别名所指定的账号存放在另外一个文件中，此时需要用"include"的方式加载。比如要建立一个文件 manage.user，里面放入的是管理员邮件名单，如果邮件名单不属于本地邮件服务器的用户，则可以指定完整的用户邮件地址。manage.user 内容如下：

root, xiaowang, mercy@126.com, limm@163.com

然后在/etc/aliases 文件中加入：

admin: ":include:/etc/manage.user "　注意英文引号内的冒号和其他字符不能有空格字符

5．使别名生效

要使别名定义有效，首先在 sendmail.mc 中定义如下命令(并编译重启动服务器)：

define(`ALIAS_FILE', `/etc/aliases')

此时，/etc/aliases 内容的定义才有效，如果修改了/etc/aliases 的内容，需要使用下列命令完成生效，同时还可反映出内容设置的正确性：

/usr/bin/newaliases

15.2.5　控制邮件中转问题

控制客户访问中转问题，需要在配置/etc/mail/sendmail.mc 的时候首先激活 access_db，如前面讲解。该文件 access 可以为特定的域名、主机名、IP 地址和用户设置特殊的操作，文件内容中行首"#"表示注释。对于 access_db 的功能见表 15-1。

表 15-1　access 的功能说明

操　作	说　　明
OK	接收该邮件，即使有其他规则要求拒绝它，但是它仍然接收它
RELAY	明确的被激活后，可以中转发送邮件
REJECT	拒绝来自该域或用户的邮件
DISCARD	完全丢弃该邮件，不向发信的人返回消息

/etc/mail/access 的缺省内容如下：

by default we allow relaying from localhost...

localhost.localdomain	RELAY
localhost	RELAY
127.0.0.1	RELAY

如果我们想让指定客户可以使用 Sendmail 的 SMTP 或拒绝中转服务的话，则需要客户 IP 是 172.16 开头的 IP 地址，还有指定的地址 192.168.1.111，也有域名为 126.com、163.com 形式的；这样就需要在内容后加入对应的记录项。最终内容如下：

```
localhost.localdomain   RELAY
localhost        RELAY
192.168.1.111         RELAY
126.com       REJECT
163.com       RELAY
linuxstudy.com        RELAY
```

最后要实现配置有效，需使用如下命令：

```
makemap hash /etc/mail/access.db </etc/mail/access
```

15.3   dovecot 的 POP3 服务器配置及应用

用户需要登录到邮件服务器上才能够读取邮件或写信，而且邮件也被保留在主机上。由于 Sendmail 只是一种 MTA(邮件传输代理服务)，只提供邮件的转发和本地分发功能，所以要实现客户异地接收 E-mail，需要 POP3 或 IMAP 服务器完成客户端邮件接收工作。我们需要安装 POP3 或 IMAP 服务软件，在 CentOS Linux 中，可以选择 dovecot 和 cyrus-imapd，dovecot 和 cyrus-imapd 都可以提供 POP3 服务和 IMAP，默认监听的 TCP 端口为 110，IMAP 的默认监听的 TCP 端口号为 143。

15.3.1   配置 POP3 服务

1. 安装 dovecot 程序包

可以使用命令检查系统是否安装该程序包，如果没有安装，可以 yum 在线安装，方法如下：

```
rpm  -q   dovecot    检查是否安装 dovecot 软件包
yum   install dovecot   在线安装 dovecot 软件
```

2. dovecot 服务的基本配置

程序包被安装好后，需要简单修改 dovecot 服务的配置文件 /etc/dovecot/dovecot.conf 内容，找到如下内容，将注释 "#" 去掉：

```
protocols = imap pop3 lmtp
listen = *, ::
```

修改 /etc/dovecot/conf.d/10-mail.conf 文件内容，设置邮件接收位置，找到 mail_location 后可以参考该字段上面的注释信息进行修改位置。由于 Sendmail 默认将邮件存放于

/var/spool/mail 目录下，以用户名作为邮箱，如图 15-2 所示：

```
[root@linuxstudy ~]# ls /var/spool/mail/
jack  peter  qz    rpc    stu02  teacher
john  public root  stu01  stu03
[root@linuxstudy ~]#
```

图 15-2　查看用户邮箱位置

所以，修改 /etc/dovecot/conf.d/10-mail.conf 的 mail_localtion 为如下：

mail_location = mbox:~/mail:INBOX = /var/spool/mail/%u

修改 /etc/dovecot/conf.d/10-auth.conf 内容如下：

/etc/dovecot/conf.d/10-mail.conf

为用户创建 INBOX，比如 john 用户，方法如下：

mkdir　-p /home/john/mail/.imap/INBOX

开发防火墙端口，方法如下：

firewall-cmd --add-port = 25/tcp
firewall-cmd --add-port = 110/tcp

上面的内容描述了主机系统运行的 POP3 服务协议，监听服务器本地所有的网络接口地址。除了以上的基本修改，还可以在/etc/dovecot/conf.d 目录下找到对应的配置文件设置时间戳、拒绝明文授权访问等信息。

3．启停 dovecot 服务

启停服务与前面讲解的内容一样，可以设定服务为自动启动，这里不再讲解，具体方法如下：

systemctl restart dovecot　或 service　dovecot　retart　重新启动 POP 服务
systemctl stop dovecot　或 service　dovecot　stop　停止服务
systemctl enable dovecot　设置自动启动服务

4．将 dovecot 的 POP3 与 Sendmail 结合为 E-mail 客户端提供服务

如果需要将 dovecot 与 Sendmail 结合为客户端提供服务，就需要将 Sendmail 服务的主配置文件 sendmail.mc 中的最后选项设置为

MAILER(smtp)
MAILER(procmail)

以上内容被确定后，需要重新编译 sendmail.mc，并重新启动 Sendmail 后才有效。命令如下：

make　-C　/etc/mail
service　sendmail　restart

15.3.2　基于 Outlook 的邮件收发

几乎所有用户都使用 Win7、Win8 或 Win10 操作系统，Office 系统自带 Outlook 收发电子邮件的客户端工具。前面的 Sendmail 服务的主机域名为 linuxstudy.com，主机上所有的邮件地址类似于 stu@linuxstudy.com。此时，应注意客户的首选 DNS 服务器应该能够解

析 linuxstudy.com，即 Sendmail 服务的 IP 地址。

第 1 步：在 Outlook 中设定邮件地址 qz@linuxstudy.com 的 SMTP 服务器为 mail.linuxstudy.com(或 192.168.1.111)，POP3 接收服务器为 mail.linuxstudy.com(或 192.168.1.111)，如图 15-3 所示。

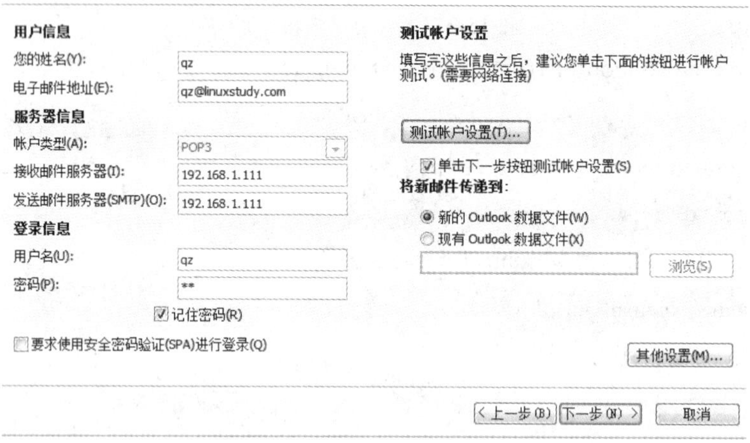

图 15-3　设定客户所用的服务地址

第 2 步：利用 john@linuxstudy.com 用户编辑邮件，并发送给 root@linuxstudy.com，抄送给 john 和 stu01 用户，结果发送成功，如图 15-4 所示。

第 3 步：当第 2 步的邮件发送后，利用 Outlook 接收 qz@linuxstudy.com 发来的邮件，看看 john 用户能否真正的通过 POP3 服务端口接收邮件服务器上的邮件，如图 15-5 所示，其图显示的结果为测试成功，能够正确地接收电子邮件。

图 15-4　编辑邮件并发送

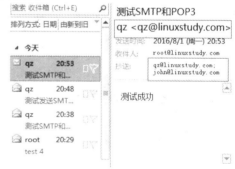

图 15-5　teacher 能够接收电子邮件

15.4　配置 IMAP 服务器及应用

如果不选用 dovecot 软件程序为 E-mail 客户邮件做接收工作，就可以选用 cyrus-imapd 软件程序，在 CentOS 安装源中带有 cyrus-imapd 程序。

15.4.1　安装 IMAP 程序

在 CentOS 可以通过 yum 进行在线安装 cyrus-imapd 程序，命令如下：

```
yum install cyrus-imapd
```

1．IMAP 服务的基本配置

当 IMAP 程序包被安装后，我们可以通过 rpm-ql　cyrus-imapd 查看到 IMAP 主程序的相关文件和存放位置，其中有几个文件是必须知道的。

(1) /etc/cyrus.conf 是 cyrus-imapd 服务的主配置文件，可以设置各种服务参数，比如设置 IMAP、IMAPS、POP3、POP3s、SIEVE 的命令项。

(2) /etc/imapd.conf 是 cyrus-imapd 服务中的 IMAP 服务参数设置，比如选用的 SMTP 服务器、所需的认证参数值。内容如下：

```
configdirectory: /var/lib/imap
partition-default: /var/spool/imap
admins: cyrus
sievedir: /var/lib/imap/sieve
sendmail: /usr/sbin/sendmail
hashimapspool: true
sasl_pwcheck_method: saslauthd
sasl_mech_list: PLAIN LOGIN
allowplaintext: yes        将 no 改为 yes
defaultdomain: mail
tls_cert_file: /etc/pki/cyrus-imapd/cyrus-imapd.pem
tls_key_file: /etc/pki/cyrus-imapd/cyrus-imapd.pem
tls_ca_file: /etc/pki/tls/certs/ca-bundle.crt
```

(3) /usr/lib/systemd/system/cyrus-imapd.service 是 systemd 管理启动 IMAP 服务配置。

(4) /etc/sysconfig/cyrus-imapd 是 cyrus-imapd 服务的系统配置文件，可设置 /etc/cron.daily/cyrus-imapd 对 Mailbox(邮箱)复制的频率(每天多少次)。

(5) /var/spool/imap 是 cyrus-imapd 服务为每个用户创建一个邮箱空间的目录位置。

以上 5 条是配置 IMAP 时候要修改的地方，默认情况下可以不用修改这些内容。直接启动 cyrus-imapd 服务，就可以提供 POP3 和 IMAP 服务，这些能在/etc/cyrus.conf 文件中被确定启动的服务。

2．启停 cyrus-imapd 服务及相关认证服务

当我们安装好 cyrus-imapd 服务及相关程序后，默认情况下 cyrus-imapd 是没有被启动的，所以需要手工运行服务。方法如下：

```
systemctl start cyrus-imapd.servicet 或 service    cyrus-imapd    start    →启动服务
systemctl restart cyrus-imapd.servicet 或 service    cyrus-imapd    restart →重新启动服务
systemctl enable cyrus-imapd.service    →设定或更新 cyrus-imapd 自动启动服务
systemctl restart saslauthd.servicet 或 service    saslauthd    restart →重新认证启动服务
systemctl enable saslauthd.service    →设定或更新 saslauthd 为自动启动服务 必须步骤
```

如果需要让 cyrus-imapd 服务运行，首先就需要将 dovecot 服务停止及禁用自动运行后，就可以启动 cyrus-imapd 服务或设定自动运行。

3．修改 Sendmail 的/etc/mail/sendmail.mc 配置文件

当选用 Sendmail 和 cyrus-imapd 作为 E-mail 系统的时候，必须将 sendmail.mc 的配置

进行修改，修改部分如下(在文档的最后面)：

```
dnl    MAILER(smtp)dnl                    →注释掉 SMTP 服务
dnl    MAILER(procmail)dnl                →注释掉 procmail 服务
define('confLOCAL_MAILER', 'cyrusv2')dnl     去掉注释
define('CYRUSV2_MAILER_ARGS', 'FILE /var/lib/imap/socket/lmtp')dnl
MAILER(cyrusv2)dnl      去掉注释
```

如果想让 Sendmail 除了本机，能从别的 IP 地址作为 MTA，则可以修改 sendmail.mc 的 DAEMON_OPTIONS 内容，将该行注释掉，如下：

```
dnl DAEMON_OPTIONS('Port = smtp, Addr = 127.0.0.1, Name = MTA')dnl
```

也可以指定本地和指定某 IP 地址，举例如下：

```
DAEMON_OPTIONS('Port = smtp, Addr = 127.0.0.1, Name = MTA')dnl
DAEMON_OPTIONS('Port = smtp, Addr = 192.168.1.111, Name = MTA')dnl
```

配置修改完毕后，需要重新编译 sendmail.mc 和重新启动 Sendmail 服务，方法如下：

```
m4    /etc/mail/sendmail.mc > /etc/mail/sendmail.cf
或者对所有配置修改，即 make    -C    /etc/mail
service    sendmail    restart
```

4. 管理 cyrus-imapd 的用户邮箱

当安装好 cyrus-imapd 服务程序后，能够默认的在/var/spool 中建立一个子目录 IMAP，即/etc/spool/imap 目录，cyrus-imapd 服务能够在该子目录下为每一个用户建立一个邮箱。创建邮箱的时候，为每个用户的每一个邮箱命名，格式如下：

```
邮箱类型.名称[.文件夹名[.文件夹名]]…
```

举例说明：

Linux 系统中有一个账号为 qz，此时可以为用户创建邮箱。用户 qz 的邮箱(即收件箱)被命名为 user.qz，其中 user 关键字代表信箱类型为用户信箱。如果需要为用户 qz 创建发件箱、垃圾箱、草稿箱，则分别在 user.qz 收件箱基础上被命名为：user.qz.sent、user.qz.trash 和 user.qz.drafts。

创建和管理用户邮件信箱的具体方法：

(1) 为 cyrus-imapd 管理员账户 cyrus 设置密码，需要在 /etc/imapd.conf 中已经指明管理员名为 cyrus(默认账号)，并且在 /etc/passwd 中存在的账号，设置方法如图 15-6 所示。

```
[root@linuxstudy etc]# passwd cyrus
Changing password for user cyrus.
New password:
BAD PASSWORD: The password is shorter than 8 characters
Retype new password:
passwd: all authentication tokens updated successfully.
[root@linuxstudy etc]#
```

图 15-6　设置 cyrus-imapd 管理员密码

(2) 使用 cyradm 管理命令为管理用户创建邮箱，管理命令为/usr/bin/cyradm。创建前需要确定启动了 cyrus-imapd 服务和 saslauthd 验证服务，操作如图 15-7 所示，使用 createmailbox 命令创建一个 qz 用户的邮箱及相应文件夹。

(3) 设置用户邮箱配额空间，可以限制用户信箱使用磁盘的空间。我们可以在邮箱管

理命令提示符下使用 setquota 命令完成使用 listquota 查看配额情况，如图 15-8 所示。

```
[root@linuxstudy etc]#
[root@linuxstudy etc]# cyradm -u cyrus localhost
verify error:num=18:self signed certificate
IMAP Password:
             localhost> createmailbox user.qz
localhost> listmailbox
user.qz (\HasNoChildren)
localhost> createmailbox user.qz.Sent
localhost> createmailbox user.qz.Trash
localhost> createmailbox user.qz.Drafts
localhost>
```

```
localhost> setquota user.qz 10240
quota:10240
localhost> listquota user.qz
 STORAGE 0/10240 (0%)
localhost>
```

图 15-7　创建 qz 用户收件箱　　　　　　　　图 15-8　设置用户邮箱配额

（4）设置用户邮箱权限，cyrus-imapd 管理员为用户创建邮箱后，默认只有该用户对该邮箱具有完全控制权限。如果管理员要限定用户邮箱权限，可以使用表 15-2 所示的权限进行限定。

表 15-2　设置用户信箱权限的 6 种形式

权　限	说　明
none	无任何权限
read	允许读取邮箱的内容
post	允许读取和发邮件
append	允许读取和向信箱中插入信息
write	除写具有 append 权限外，还具有在邮箱中删除邮件的权限，但不具有更改信箱的权限
all	拥有所有的权限

（5）管理员具有的管理命令汇总，如表 15-3 所示。

表 15-3　常用的 cyradm 管理命令及其命令缩写

命　令	命令缩写	解　释
listmailbox	lm	查看或显示与给定字符串相匹配的所有的邮箱名
createmailbox	cm	创建一个新的邮件信箱
deletemailbox	dm	删除一个邮箱及其所有文件夹
renamemailbox	renm	邮箱更名
setaclmailbox	sam	设置用户拥有邮箱的访问权限
deleteaclmailobx	dam	取消用户访问邮箱的部分或全部权限
listaclmailbox	lam	显示邮箱的访问权限列表
setquota	sq	为用户邮箱配额空间大小
listquota	lq	显示用户邮件配额
exit		退出管理状态

15.4.2　基于 Outlook 方式收发邮件

客户端的 Outlook 收发电子邮件方式及配置与前面的 Sendmail+dovecot 服务方式一样，同样能够正确地收发电子邮件，只是用户邮件存放的位置不同，这里不再赘述。

注意：客户访问邮件服务器的防火墙开放 110、25、143 等端口，域名能够被 DNS 正确解析为邮件服务器 IP 地址，否则不能使用。

15.4.3　基于 Web 方式收发邮件

在 Internet 网络上，几乎很多用户都会采用基于 Web 的形式进行收发 E-mail 邮件。在 CentOS Linux 系统中的邮件服务器本身不具有 Web 的收发邮件功能，但是可以将 Sendmail、IMAP、Apache 和第三方的 Webmail 软件结合实现 Web 方式收发电子邮件。基于 Linux 系统的第三方 Webmail 软件主要有：Horde、Surgemail、squirrelmail 等。

在 CentOS Linux 系统中，我们选择了 Sendmail 作为邮件服务器，同时安装了 cyrus-imapd 或 dovecot 软件作为 E-mail 客户端收发邮件的通信协议软件。我们可以下载 Squirelmail 作为 Webmail，该系统运行是基于 PHP 程序语言、IMAP 协议的 Webmail 电子邮件客户端软件，该软件安装、使用和维护比较简单，与 Sendmail 和 Postfix 兼容性好。还可以安装一些插件(Plugin)来扩充 Webmail 的功能。关于 squirrelmail 的软件更新、插件等，都可以在http://www.squirrelmail.org的官方网站下载。

1. 安装 PHP 和 squirrelmail 软件

可以到官网下载 squirrelmail-webmail-1.4.22.tar.gz 包，并解压到 /var/www 目录下，命令如下：

```
tar  xvzf  squirrelmail-webmail-1.4.22.tar.gz    -C /var/www    解压文件
setsebool httpd_can_sendmail on                  开放 httpd 的 selinux 的能够发送邮件
httpd_can_network_connect on                     开放 httpd 的 selinux 的能够 socket 连接
```

2. squirrelmail 的基本配置

当解压 squirrelmail 软件后，可以进入配置阶段。

(1) 执行 squirrelmail 的配置工具，命令(请使用绝对路径)如下：

```
cd  /var/www/squirrelmail-webmail-1.4.22/    进入主目录
./configure                进行配置
```

当命令正确执行后，将显示配置主菜单，如图 15-9 所示。

(2) 首先在"command>>"提示符右边输入数字"2"，选择"server settings"，则进入服务器设置，如图 15-10 所示。该设置中，可以修改 IMAP 服务的域名，并将发送邮件的方式设定为"sendmail"等，如图 15-10 中的线框标示。

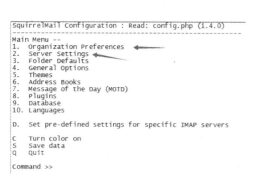

图 15-9　设置 squirrelmail 的主菜单

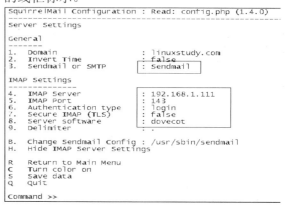

图 15-10　设置 squirrelmail 的服务器项

(3) 在图 15-9 所示的主菜单中选择"D",即进入 IMAP 服务器的设置,如图 15-11 所示。根据本章前面的叙述,在命令提示符下输入"cyrus",表示采用 cyrus-imapd 服务器。我们也可以键入 dovecot,表示采用了 dovecot-imap 服务器。本次示例选择 dovecot。

```
Please select your IMAP server:
    bincimap    = Binc IMAP server
    courier     = Courier IMAP server
    cyrus       = Cyrus IMAP server
    dovecot     = Dovecot Secure IMAP server
    exchange    = Microsoft Exchange IMAP server
    hmailserver = hMailServer
    macosx      = Mac OS X Mailserver
    mercury32   = Mercury/32
    uw          = University of Washington's IMAP server
    gmail       = IMAP access to Google mail (Gmail) accounts

    quit        = Do not change anything
Command >>
```

图 15-11　设置 squirrelmail 的 IMAP 服务器

(4) 在图 15-9 所示的主菜单中选择第"4"项,即进入全局项设置,如图 15-12 所示,根据图中线框的目录,在 Linux 下创建,并修改权限,方法如下:

mkdir -p　/var/local/squirrelmail/data/

mkdir -p /var/local/squirrelmail/attach/

chown apache.apache /var/local/squirrelmail/

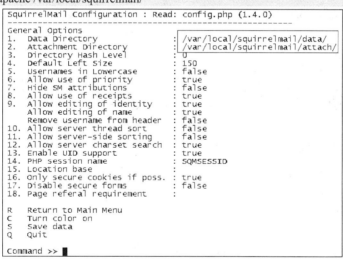

```
SquirrelMail Configuration : Read: config.php (1.4.0)
---------------------------------------------------------
General Options
1.  Data Directory              : /var/local/squirrelmail/data/
2.  Attachment Directory        : /var/local/squirrelmail/attach/
3.  Directory Hash Level        : 0
4.  Default Left Size           : 150
5.  Usernames in Lowercase      : false
6.  Allow use of priority       : true
7.  Hide SM attributions        : false
8.  Allow use of receipts       : true
9.  Allow editing of identity   : true
    Allow editing of name       : true
    Remove username from header : false
10. Allow server thread sort    : false
11. Allow server-side sorting   : false
12. Allow server charset search : true
13. Enable UID support          : true
14. PHP session name            : SQMSESSID
15. Location base               :
16. Only secure cookies if poss.: true
17. Disable secure forms        : false
18. Page referal requirement    :

R   Return to Main Menu
C   Turn color on
S   Save data
Q   Quit

Command >> █
```

图 15-12　设置 squirrelmail 全局项

(5) 在图 15-12 所示的菜单中选择"S"表示保存数据,选择"Q"表示退出配置。

3. squirrelmail 的应用实现

让 Webmail 服务器工作,需要修改 Apache 服务器主配置文件/etc/httpd/conf/httpd.conf,增加文件内容如下:

Alias　/webmail　/var/www/squirrelmail-webmail-1.4.22/

<Directory " /var/www/squirrelmail-webmail-1.4.2">

　　Options All

　　AllowOverride AuthConfig

　　Require all granted

</Directory>

依次启动 Apache、Sendmail 和 dovecot(需要先停止 cyrus-imapd)服务后，可以直接在浏览器的地址中输入类似 http://192.168.1.111/webmail/ 后，显示如图 15-13 所示的登录窗口，此时可以在登录界面中输入用户名和密码进行登录。

图 15-13   webmail 登录窗口

当用户名和密码正确无误后，则进入用户收件箱，显示用户的邮件列表，如图 15-14 所示。

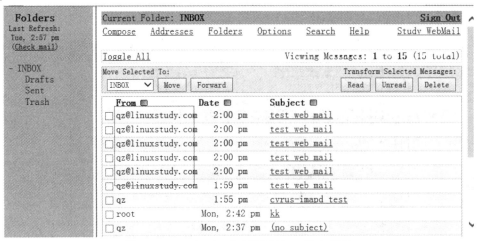

图 15-14   squirrelmail 应用下的 qz 用户邮箱

本 章 小 结

本章详细讲解了 Sendmail 的安装、配置和主配置文件的各选项参数的含义，并结合 CentOS Linux 的 dovecot 和 cyrus-imapd 软件完成 E-mail 客户端收发电子邮件服务配置。修改 Sendmail 服务器的主配文件/etc/mail/sendmail.mc 后需要重新使用 m4 命令编译成 /etc/mail/sendmail.cf 文件，或者使用 make –C /etc/mail 重新编译所有相关配置文件，然后使用 systemctl restart sendmail 命令重新启动服务程序，才可以使之生效。dovecot 和 cyrus-imapd 包括了 POP3 和 IMAP 协议服务。当使用 Sendmail+cyrus-imapd 的时候，需要为用户创建邮箱，同时需要在/etc/mail/sendmail.mc 文件中修改内容(很关键)为

```
dnl    MAILER(smtp)dnl              →注释掉 SMTP 服务
dnl    MAILER(procmail)dnl          →注释掉 procmail 服务
define(`confLOCAL_MAILER', `cyrus')  →添加采用 cyrus 服务
MAILER(`cyrus')
```

　　当电子邮件系统采用 squirrelmail 实现 Web 方式收发电子邮件的时候，需要下载 squirrelmail 程序并配置 squirrelmail 的时候，可以指定 IMAP 服务器为 dovecot，这样配置相对简单。

习题与思考

　　1. 配置一台基于 Sendmail+dovecot 的电子邮件服务器，并通过 Outlook 或其他 E-mail 客户端工具完成收发电子邮件。要求如下：
　　(1)　Sendmail 只为 192.168.1.0/24 的子网提供邮件转发功能；
　　(2)　允许用户 teacher 用户有多个电子邮件地址，比如 teacher@linuxstudy.com、qz@linuxstudy.com；
　　(3)　设置 Sendmail 可以转发来自 126.com 域的邮件。
　　2. 配置一台基于 Sendmail+dovecot+Apache+squirrelmail 的电子邮件服务器，实现 Web 方式收发电子邮件。

实训十一　配置 Linux 下的 E-mail 服务器

一、实验原理

　　邮件服务器有很多软件，但其工作原理一般都是差不多的，多半是使用的 SMTP(简单邮件传输协议)和 POP3(电子邮局协议)这两个协议完成邮件服务功能。

　　SMTP 负责邮件的发送和传输，使用 TCP 25 端口，首先由客户端写好邮件之后发送给 STMP 服务器，STMP 将邮件转换为 Base64 编码并添加报头发送出去，邮件在因特网中路由交换到达目的地的邮件服务器，对方的 SMTP 将邮件的 Base64 解码。

　　POP3 负责保存用户的邮件，并提供客户端登录下载邮件。使用 TCP 110 端口，当本地服务器收到外界发送过来的邮件，就暂时储存在 POP3 电子邮局里，等到客户端通过密码账号认证登录后，再将邮件下载到客户端邮件接收工具上。

　　为了更好学习和掌握邮件服务器，以 Linux 下的邮件服务器来完成该项实验任务。

二、实验目的

　　(1) 能够在 Linux 下配置 SMTP 和 POP3 服务。
　　(2) 理解 E-mail 服务的工作原理。

三、实验内容

　　(1) 配置 Sendmail SMTP 和 dovecot POP3 服务。
　　(2) 配置 E-mail 客户端。

(3) 验证实验结果。

四、基础知识

(1) 熟悉 Linux 下的常用命令。

(2) 掌握 SMTP 和 POP3 服务在 Linux 下的应用。

五、实验环境

(1) 装有 Linux 操作系统的计算机。

(2) 有两台以上主机的局域网。

(3) 有 Sendmail 和 dovecot POP3 服务的安装包。

第 16 章　Linux 路由防火墙

本章介绍 Linux 系统实现带有防火墙功能的路由功能。重点讲解启用路由后，网络数据包如何通过过滤的操作命令及命令 iptables 的语法与其各个参数选项，并以举例的形式讲解常用的配置方法。

16.1　Linux 路由防火墙概述

如果需要将局域网的各个不同 IP 子网网络相互互连，就可以采用路由器互连各个子网网络。可以选用现有的某台主机安装 Linux 系统，由 Linux 实现路由。

由于 Linux 带有 netfilter/iptables 防火墙体系，因此还可以实现使用防火墙功能解决访问控制问题。为了满足局域网能够接入 Internet 网络，Linux 路由防火墙具有 NAT 技术，实现共享访问 Internet 网络。通常 Internet 网络的主机是不能直接访问局域网中的主机的，但是，可以通过地址和端口的映射，让外网中的主机访问 Linux 路由防火墙的外网接口地址及端口，然后由防火墙将地址和端口映射为局域网中的某主机 IP 地址和端口来实现。如图 16-1 所示是一种典型应用，企业采用 Linux 作为路由防火墙建立 DMZ 区，实现子网间互访及访问控制，还可完成部分用户的端口映射。

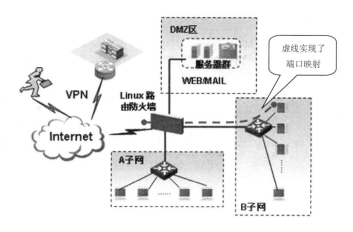

图 16-1　典型的 Linux 路由防火墙应用图例

16.2　Linux 软路由配置

本书选用 CentOS 7 及以上版本的系统，是由于 CentOS 7 默认使用的是 firewalld 作为防火墙守护进程，而 iptables 服务是关闭的。本书选用 iptables 服务作为防火墙守护进程内容来讲解配置。

通过图 16-1 的分析，要实现 A 子网和 B 子网的局域网络间的相互通信，可由 Linux 路由解决 IP 数据的转发问题。由于这类典型企业案例网络拓扑结构都比较简单，故直接采用 Linux 系统直连网络的静态路由即可完成。

假定 A 子网网络为 192.168.1.0/24，且与 Linux 路由器的接口 eth0 相连，eth0 绑定地址为 192.168.1.1；B 子网网络为 192.168.2.0/24，且与 Linux 路由器的接口 eth1 相连，eth1 绑定地址为 192.168.2.1。先对路由器的接口 eth0 和 eth1 进行 IP 地址设置，其命令为

```
ifconfig   eth0   192.168.1.1   netmask 255.255.255.0   broadcast 192.168.1.255
ifconfig   eth1   192.168.2.1   netmask 255.255.255.0   broadcast 192.168.2.255
```

以上的设置仅仅对一直运行的 Linux 有效，如果重新启动 Linux，需要重新使用该命令，如果需固定，可以修改/etc/sysconfig/network-scripts 或/etc/sysconfig/networking/devices 子目录下与接口相关的配置文件 ifcfg-eth0 和 ifcfg-eth1 等内容。

最后，必须打开 Linux 路由器的 IP 转发开关，这一点非常关键，也非常容易，执行下面一条指令即可：

```
echo  "1"> /proc/sys/net/ipv4/ip_forward
```

以上这条命令修改为内存数据，即下次重新启动系统的时候，需要重新使用。如果让系统启动即可设定 IP 路由转发功能，则需使用编辑 /usr/lib/sysctl.d/50-default.conf 文件，在文件中添加 net.ipv4.ip_forward = 1，然后使用 sysctl -p /usr/lib/sysctl.d/50-default.conf 即可。

由于这种直连网络实现路由转发后，可以直接在静态路由表中找到路由选项。除了直连网络外，如果需要访问与相邻路由器(与接口 eth2 相连接)连接的子网 192.168.10.0/24，就需要手工添加静态路由，这样才能够访问该网络。命令如下：

```
route   add   -net   192.168.10.0   netmask 255.255.255.0   dev   eth2
```

使用命令 route -n 即可完成路由表信息的查看，结果类似图 16-2 所示。

```
[root@linuxstudy network-scripts]# /sbin/route -n
Kernel IP routing table
Destination     Gateway         Genmask         Flags Metric Ref    Use Iface
192.168.2.0     0.0.0.0         255.255.255.0   U     0      0        0 eth1
172.16.0.0      0.0.0.0         255.255.255.0   U     0      0        0 eth2
192.168.1.0     0.0.0.0         255.255.255.0   U     0      0        0 eth0
192.168.10.0    0.0.0.0         255.255.255.0   U     0      0        0 eth2
169.254.0.0     0.0.0.0         255.255.0.0     U     0      0        0 eth2
```

图 16-2 查看路由表信息

16.3 iptables 防火墙配置

16.3.1 iptables 介绍

netfilter/iptables IP 具有状态功能的信息包过滤系统，带有功能强大的工具集和内核 netfileter 模块(参考目录/lib/modules/3.10.0-123.el7.x86_64/kernel/net/netfilter，比如模块 xt_state.ko、nf_nat.ko，其中 3.10.0-123.el7.x86_64 为当前 Linux 的内核版本)，可用于添加、

编辑和删除规则，这些规则存储在专用的信息包过滤表中，而这些表集成在 Linux 内核中。

　　netfilter 组件也称为内核空间(kernel space)，是内核的一部分，由一些信息包过滤表组成，这些表包含内核用来控制信息包过滤处理的规则集。iptables 组件是一种工具，也称为用户空间(user space)，它使插入、修改和删除信息包过滤表中的规则变得容易，还有一种 ebtables 工具集，类似 iptables。CentOS 系统默认安装了 netfilter/iptables 组件，还可以到 www.netfilter.org 下载最新组件并安装使用它，注意还需要从www.kernel.org下载最新的内核版本(注意软件包签名认证)。通过使用 iptables 用户空间，可以订制自己的规则，这些规则存储在内核空间的信息包过滤表中。

　　netfilter/iptables 还具有状态防火墙功能，是以前的 ipchains 不可比拟的。

16.3.2　iptables 语法规则

　　iptables 是用来设置、维护和检查 Linux 内核的 IP 包过滤规则，可以定义不同的表，每个表都包含几个内部的链，也能包含用户定义的链。每个链都是一个规则列表，对对应的包进行匹配：每条规则指定应当如何处理与之相匹配的包，这被称做 target(目标)，也可以跳向同一个表内的用户自定义的链。

　　防火墙的规则指定所检查包的特征和目标。如果包不匹配，将送往该链中下一条规则检查；如果匹配，那么下一条规则由目标值确定。该目标值可以是用户定义的链名，或是某个专用值，如 ACCEPT[通过]、DROP[丢弃]、QUEUE[排队]，或者 RETURN[返回]。常用专用值的解释如表 16-1 所示。

表 16-1　目标常用专用值的解释

专用值	解　　释
ACCEPT	表示让这个包通过
REJECT	表示拒绝这个包，并返回一个拒绝信息
DROP	表示将这个包丢弃
QUEUE	表示把这个包传递到用户空间
RETURN	表示停止这条链的匹配，到前一个链的规则重新开始

　　1. iptables 命令语法

通用格式：**iptables**　[-t table]　command　[match]　[-j target / jump]

具体格式：**iptables**　**[-t table]**　**-[AD]**　chain　rule-specification　[options]

　　　　　　iptables　**[-t table]**　**–I**　chain　[rulenum]　rule-specification　[options]

　　　　　　iptables　**[-t table]**　**-R**　chain　rulenum　rule-specification [options]

　　　　　　iptables　**[-t table]**　**-D**　chain　rulenum　[options]

　　　　　　iptables　**[-t table]**　**-[LS]** [chain [rulenum]] [options]

　　　　　　iptables　**[-t table]**　**-[FZ]**　[chain]　[options]

　　　　　　iptables　**[-t table]**　-NX　chain

　　　　　　iptables　**[-t table]**　-P　chain　target　[options]

　　　　　　iptables　**[-t table]**　-E　old-chain-name　new-chain-name

2. 表选项

-t table 选项用来指定规则表，目前内置表有 filter、nat、mangle 和 raw，可以自定义。当未指定规则表 -t 时，则默认为是 filter。四张表的默认优先级顺序从高到低为 raw、mangle、nat、filter。

内置表的功能如下(参见图 16-3 所示的表关系图)：

(1) filter 表：用于过滤。当没有 -t 选项的时候，为规则表的默认值，处理的目标主要为 DROP、LOG、REJECT 和 ACCEPT，不能更改数据包。它包含 INPUT 链(作为到达本地 socket 的包)、OUTPUT 链(作为本地产生的包) 和 FORWARD 链(作为路由转发的包)。

(2) nat 表：作为地址转换，用于要转发(路由)的信息包。要完成该类表的操作，目标主要有 DNAT、SNAT、MASQUERADE 和 REDIRECT。它包含 PREROUTING 链(修改即将到来的数据包)、OUTPUT 链(修改在路由之前本地产生的数据包)和 POSTROUTING 链(修改即将出去的数据包)三个内建的链。

(3) mangle 表：用于修改网络数据包。如果信息包及其信头内要进行任何更改，则使用 mangle 表。该表包含一些规则来标记用于高级路由的信息包，处理的目标有 TOS、TTL 和 MARK。在内核版本 2.4.17 中该表包含链 PREROUTING(修改在路由之前进入的数据包) 和 OUTPUT(修改在路由之前本地产生的数据包)；在内核版本 2.4.18 以后，该表增加三个内建链 INPUT (处理进入本地的数据包)、FORWARD(修改正处理转发的数据包)和 POSTROUTING (修改即将出去的包)，因此，目前新版的内核中 manage 表包含了 5 个内建链。

(4) raw 表：用于提高性能，跳过其他表，不让 iptables 跟踪处理过往的网络链接数据包。

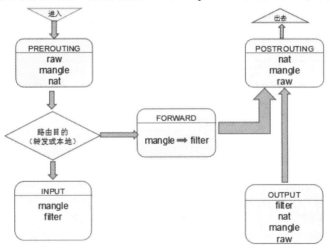

图 16-3   链表数据流图

3. 命令选项(command)

以下为 iptables 指令中的命令选项，注意大小写字母。

(1)   **-A 或 --append**：在所选择的链(chains)末添加一条或更多规则。当源(地址)"或/与"目的(地址)转换为多个地址时，则这条规则会加到所有可能的地址(组合)后面。

(2) **-D 或 --delete**：从所选链(chainas)中删除一条或更多规则。这条命令可以把被删除规则指定为链中的序号(第一条序号为 1)，或者指定为要匹配的规则。

(3) **-R 或 --replace**：从选中的链中取代一条规则。如果源(地址)"或/与"目的(地址)被转换为多地址，则该命令会失败。规则序号从 1 开始。

(4) **-I 或 --insert**：根据给出的规则序号向所选链中插入一条或更多规则。所以，如果规则序号为 1，规则会被插入链的头部。这也是不指定规则序号时的默认方式。

(5) **-L 或 --list**：显示所选链的所有规则。如果没有选择链，则所有链将被显示。也可以和-Z 选项一起使用，这时链会被自动列出和归零。精确输出受其他所给参数影响。

(6) **-S 或 --list-rules**：像 iptables-save 命令一样打印所选链的规则指令，如果没有选择链，将打印所有链的规则指令。

(7) **-F 或 --flush**：清空所选链。这等于把所有规则一个个地删除。

(8) **-Z 或 --zero**：把所有链的包及字节的计数器清空。它可以和 -L 配合使用，在清空前查看计数器。

(9) **-N 或 --new-chain**：根据给出的名称建立一个新的用户定义链。这必须保证没有同名的链存在。

(10) **-X 或 --delete-chain**：删除指定的用户自定义链。这个链必须没有被引用，如果被引用，在删除之前你必须删除或者替换与之有关的规则。如果没有给出参数，这条命令将试着删除每个非内建的链。

(11) **-P 或 --policy**：设置链的默认目标规则。

(12) **-E 或 --rename-chain**：根据用户给出的名字对指定链进行重命名，这仅仅是修饰，对整个表的结构没有影响。TARGETS 参数给出一个合法的目标。只有非用户自定义链可以使用规则，而且内建链和用户自定义链都不能是规则的目标。

(13) **-H 或 --help**：帮助。给出当前命令语法非常简短的说明。

4．match(匹配具体的规则，对命令增加、删除、替换等的 rule-specification 弥补)

(1) **[!] -p 或 [!] --proto　protocol**：规则或者包检查(待检查包)的协议。指定协议可以是 TCP(6)、UDP(17)、ICMP(1)中的一个或者全部(all)，也可以是数值，代表这些协议中的某一个。当然也可以使用在/etc/protocols 中定义的协议名。在协议选项前加上"!"表示相反的规则。协议选数字 0 相当于所有 all。all 会匹配所有协议，而且它是缺省时的匹配选项。

(2) **[!] -s 或 [!] --source　ipaddress[/mask]**：指定源 IP 地址，可以是主机名、网络名和一般的 IP 地址。mask 说明可以是网络掩码或一般的数字，比如 mask 值为 24，即等于255.255.255.0。在指定地址选项前加上"!"说明指定了相反的地址段。

(3) **[!] -d 或[!] --destination　address[/mask]**：指定目的 IP 地址，与-S 标志的说明类似。

(4) **-j 或 --jump target**：指定包匹配规则后应当做什么。目标可以是内建的(如 DROP)，也可以是用户自定义链，或者一个扩展(参见下面的 EXTENSIONS)。如果规则的这个选项被忽略，那么匹配的过程不会对包产生影响，不过规则的计数器会增加。

(5) **[!] -i 或 [!] --in-interface　input-name[+]**：指定数据包由哪个接口进入，"input name"为入口名称(即接口名称)，包通过该接口接收(在链 INPUT、FORWORD 和PREROUTING 中进入的包)。当在接口选项前使用"!"说明后，指的是相反的名称。如果接口名后面加上"+"，则所有以此接口名开头的接口都会被匹配。如果这个选项被忽略，那么将匹配任意接口。

(6) **[!] -o 或[!] --out-interface output-name[+]**：指定数据包由哪个接口送出，并且在链 FORWARD、OUTPUT 和 POSTROUTING 中送出数据包。当在接口选项前使用"!"说明后，指的是相反的名称。如果接口名后面加上"+"，则所有以此接口名开头的接口都会被匹配。如果这个选项被忽略，那么将匹配所有任意接口。

5．匹配的对应扩展(match EXTENSIONS)

当 iptables 使用了-M 或-P 、--match 或--protocol 的时候，iptables 能够使用一些与模块匹配的扩展包。以下就是含于基本包内的扩展包，而且它们大多数都可以在前面加上"!"来表示相反的意思。以下讲解部分内容。

1) TCP

当 --protocol tcp 被指定，且其他匹配的扩展未被指定时，这些扩展被装载。它提供以下选项：

[!] --source-port [port[:port]]

指定源端口号或源端口范围，可以是服务名或端口号，端口也可以指定包含的(端口)范围。如果首端口号被忽略，默认是"0"；如果末端口号被忽略，默认是"65535"。如果第二个端口号大于第一个，那么它们会被交换。这个选项可以使用别名 --sport。

[!] --destionation-port [port:[port]]

目标端口或端口范围指定。这个选项可以使用 --dport 别名来代替。

[!] --tcp-flags mask comp

匹配指定的 TCP 标记。第一个参数是我们要检查的标记，一个用逗号分开的列表；第二个参数是用逗号分开的标记表，是必须被设置的。标记如下：SYN、ACK、FIN、RST、URG、PSH、ALL、NONE。比如命令：

```
iptables -A FORWARD -p tcp --tcp-flags SYN, ACK, FIN, RST   SYN
```

SYN 只匹配那些 SYN 标记被设置的包，而 ACK、FIN 和 RST 标记没有设置的包。

[!] --syn

只匹配那些设置了 SYN 位而清除了 ACK 和 FIN 位的 TCP 包。这些包用于 TCP 连接初始化时发出请求。例如，大量的这种包进入一个接口发生堵塞时会阻止进入的 TCP 连接，而出去的 TCP 连接不会受到影响。这等于 --tcp-flags SYN，RST，ACK   SYN。如果"--syn"前面有"!"标记，表示相反的意思。

--tcp-option [!] number

匹配设置了 TCP 选项。

2) UDP

当--protocol udp 被指定，且其他匹配的扩展未被指定时，这些扩展被装载。它提供以下选项：

[!] --source-port [port:[port]]

源端口或端口范围指定。详见 TCP 扩展的 --source-port 选项说明。

[!] --destination-port [port:[port]]

目标端口或端口范围指定。详见 TCP 扩展的--destination-port 选项说明。

3) ICMP

当--protocol icmp 被指定，且其他匹配的扩展未被指定时，该扩展被装载。它提供以下选项：

[!] --icmp-type typename

这个选项允许指定 ICMP 类型，可以是一个数值型的 ICMP 类型，或者是某个由帮助命令 iptables -p icmp -h 所显示的 ICMP 类型名。

4) MAC

[!] --mac-source address

匹配物理地址。必须是 XX:XX:XX:XX:XX 这样的格式，其中 XX 为十六进制。注意它只对来自以太网设备并进入 PREROUTING、FORWORD 和 INPUT 链的包有效。

5) limit

这个模块匹配标志用一个标记桶过滤器(限定速度进行匹配)，它能和 LOG 目标结合使用来给出有限的登录数(或到达次数)。当达到给定的极限值时，将使用这个扩展包的规则进行匹配(除非使用了"!"标记)。

--limit rate

最大平均匹配速率：可赋的值有/second、/minute、/hour、或/day 这样的单位，默认是 3/hour。

--limit-burst number

待匹配包初始个数的最大值：若前面指定的--limit 极限还没达到这个数值，则该数字加 1，直到这个最大值数，默认值为 5。

6) multiport 或 mport

这个模块匹配一组源端口或目标端口，最多可以指定 15 个端口。只能和-p tcp 或者-p udp 连着使用。

--source-port [port[, port]]

如果源端口是其中一个给定端口则匹配，--source-port 的别名为--sports。

--destination-port [port[, port]]

如果目标端口是其中一个给定端口则匹配，--destination-port 的别名为--dposrts。

--port [port[, port]]

若源端口和目的端口相等并与某个给定端口相等，则匹配。

7) state

当此模块与连接跟踪结合使用时，允许访问包的连接跟踪状态。

--state state

这里 state 是一个以逗号分隔的匹配连接状态列表。可能的状态是：INVALID，表示包是未知连接；ESTABLISHED，表示是双向传送的连接；NEW，表示包为新的连接；而 RELATED 表示当一个连接和某个已处于 ESTABLI SHED 状态的连接有关系时，就被认为是 RELATED 的，如 FTP 数据传送，此时为 FTP 连接处于 ESTABLISHED 状态。

6. 目标扩展(TARGET EXTENSIONS)

iptables 可以使用扩展目标模块，以下(常用部分内容)都包含在标准版中。

1) LOG

LOG 为匹配的包开启内核记录。当在规则中设置了这一选项后，Linux 内核会通过打印函数打印一些关于匹配包的信息(诸如 IP 包头字段等)。

--log-level　level

记录级别。

--log-prefix　prefix

在记录信息前加上特定的前缀，最多 29 个字符长，用来区别记录中的其他信息。

--log-tcp-sequence

记录 TCP 序列号。如果记录能被用户读取，那么这将存在安全隐患。

--log-tcp-options

记录来自 TCP 包头部的选项。

--log-ip-options

记录来自 IP 包头部的选项。

2) REJECT

REJECT 作为对匹配的包的响应，返回一个错误的包，其他情况下和 DROP 相同。

此目标只适用于 INPUT、FORWARD 和 OUTPUT 链，而且通过这些链来调用用户自定义链。这几个选项控制返回的错误包的特性为

--reject-with　type

type 可以是：

icmp-net-unreachable

icmp-host-unreachable

icmp-port-unreachable

icmp-proto-unreachable

icmp-net-prohibited

icmp-host-prohibited

该类型会返回相应的 ICMP 错误信息(默认是 port-unreachable)。选项 echo-reply 也是允许的，它只能用于指定 ICMP Ping 包的规则中生成 Ping 的回应。选项 tcp-reset 只匹配 TCP 协议，将回应一个 TCP RST 包。

3) SNAT

这个目标只适用于 nat 表的 POSTROUTING 链。它规定修改包的源地址(此连接以后所有的包都会被影响)，停止对规则的检查。它包含以下一个选项：

--to-source　ipaddr[-ipaddr][:port-port]

可以指定一个单一的新的 IP 源地址或一个 IP 地址范围，同时还可以附加一个端口范围(只能在指定-p tcp 或者-p udp 的规则里)。如果未指定端口范围，源端口中 512 以下的端口会被映射为其他的 512 以下的端口；512 到 1023 之间的端口会被映射为 1024 以下的，其他端口会被映射为 1024 或以上。如果可能，端口不会被修改。

4) DNAT

这个目标仅适合于 nat 表，而且仅在 PREROUTING、OUTPUT 链中有效，用户自定

义链可以通过这些链来调用。包中的目的 IP 地址可以被修改(此连接以后所有的包都会被影响)，停止对规则的检查。它包含以下一个选项：

　　--to-destiontion　ipaddr[-ipaddr][:port-port]

可以指定一个单一的新的 IP 地址或一个 IP 地址范围，也可以附加一个端口范围(只能在指定-p tcp 或者-p udp 的规则里)。

5) MASQUERADE

该目标只用于 nat 表的 POSTROUTING 链。只能用于动态获取 IP(拨号)连接，如果拥有静态 IP 地址，要用 SNAT。它有以下一个选项：

　　--to-ports　　port [-port]

指定使用的源端口范围，覆盖默认的 SNAT 源地址选择(见上面)。这个选项只适用于指定了-p　tcp 或者-p　udp 的规则。

6) REDIRECT

该目标只适用于 nat 表的 PREROUTING、OUTPUT 链和只调用它们的用户自定义链。它修改包的目标 IP 地址来发送包到主机本身(本地生成的包被映射为地址 127.0.0.1)。它包含以下一个选项：

　　--to-ports　　port [-port]

指定使用的目的端口或端口范围，不指定的话，目标端口不会被修改。只能用于指定了-p　tcp 或 -p　udp 的规则。

16.3.3　iptables 包过滤防火墙基本操作

1. 启停管理 iptables 服务

在 CentOS 7 及以上版本中，Linux 系统默认采用 firewalld 的管理方式，能够通过 firewall-cmd 命令进行维护和管理防火墙规则。本书讲解了 iptables 服务规则，需要使用命令起停管理，以及管理配置的规则。命令如下：

```
systemctl   stop   firewalld   关闭 firewalld 的守护进程，停用 firewall-cmd 的操作
systemctl   start  iptables    开启 iptables 的守护进程
systemctl   stop   iptables    停止 iptables 的守护进程
service   iptables   save      可以保存 iptables 命令添加的规则到/etc/sysconfig/iptables
```

2. 保存(iptables-save)和恢复(iptables-restore)规则设置

iptables-save 命令被用来保存设定的规则，将规则写入一个指定有格式的文本文件中，而 iptables-restore 命令是将这个文本文件装载到内核中，使得规则有效。iptables-save 命令格式如下：

iptables-save　[-c]　[-t table]

参数 -c 表示保存字节和包计数，便于重新启动后，可以恢复这个统计，不至于被破坏。

参数 -t 表示保存哪一个表，没有指定该参数的时候，命令将自动保存所有表。

```
iptables-save    -c > /etc/iptables-save
iptables-restore   [-c]   [-n]
```

参数 -c 表示恢复字节和包计数的统计(当然前提是保存过这种统计)。

参数 -n 表示恢复的时候不覆盖在表中已经存在的规则。如果没有使用该参数，iptables-restore 的缺省动作将删除和销毁原来所有已经插入的规则。

cat /etc/iptables-save | iptables-restore -c
或者：iptables-restore -c < /etc/iptables-save

如果 Linux 系统重新启动后，就启动 iptables-save 规则，可以将上面的命令添加到 /etc/rc.d/rc.local 文件中。我们如果设置默认系统自动启用 iptables 服务，该服务可以从 /etc/sysconfig/iptables 读取规则进行加载，因此我们可以在添加好规则后，使用命令 service iptables save 完成当前的规则保存。

3．基本操作

例 16-1：iptables -A INPUT -p tcp --dport 80 -j DROP

解释：在 filter 表的 INPUT 链尾(最后)增加一条规则，丢弃目的端口为 80 的包。

例 16-2：iptables -D INPUT –p tcp --dport 80 -j DROP 或 iptables -D INPUT 1

解释：在 filter 表 INPUT 链中删除一条指定的规则，可以完整的匹配或指定规则的位置后进行删除。

例 16-3：iptables -R INPUT 1 -s 192.168.0.1 -j DROP

解释：替换 INPUT 链中的第一条规则为-s 192.168.0.1 –j DROP。

例 16-4：iptables -I INPUT 1 -p tcp --dport 80 -j ACCEPT

解释：插入该规则，作为 INPUT 链中的第一条规则。

例 16-5：iptables -L INPUT

解释：列出 filter 表中指定的 INPUT 链中所有规则的实体，如果没有指定链，则缺省列出所有链中规则的实体，如图 16-4 所示。

图 16-4 查看 INPUT 链的规则列表

例 16-6：iptables -F INPUT

解释：清除指定的 INPUT 链中的所有规则，如果没有指定链，则缺省清除所有链中的规则，即 filter 表中的 INPUT、OUTPUT 和 FORWARD。

例 16-7：iptables -Z INPUT

解释：清除指定 INPUT 链中包计数(packet counters)，可以和-L 联合使用。

例 16-8：iptables -N allowed

解释：让内核创建一个用户自定义链 allowed，注意不能和存在目标或链同名。

例 16-9：iptables -X allowed

解释：从表中删除一个指定的链，同时将删除与该链相关的所有的规则。

例 16-10：iptables -P INPUT DROP

解释：在指定的链中设定默认的规则或目标，表示没有一条规则匹配的时候，将进行默认处理。通常合法的目标是 DROP 和 ACCETP。

例 16-11：iptables -E allowed disallowed

解释：修改链名为 disallowed。

4．一般匹配(match)操作

在下列所有的匹配操作后面，均可以加上处理动作，即目标，如-j DROP。

例 16-12：iptables -A INPUT -p tcp

解释：检查 filter 表的 INPUT 链中的 TCP 协议的包。协议可以是 ICMP、UDP 和 TCP。

例 16-13：iptables -A INPUT -s 192.168.1.1

解释：检查 INPUT 链中的源地址为 192.168.1.1 的包。

例 16-14：iptables -A INPUT -d 1 92.168.1.1

解释：检查 INPUT 链中的目的地址为 192.168.1.1 的包。

例 16-15：iptables -A INPUT -i eth0

解释：检查进入 eth0 接口的包。-i 选项对 INPUT、FORWARD 和 PREROUTING 链有效。

例 16-16：iptables -A FORWARD -o eth0

解释：检查从接口 eth0 转发出去的包。-o 选项对 OUTPUT、FORWARD 和 POSTROUTING 链有效。

例 16-17：iptables -A INPUT -f

解释：检查第二个及以后的碎片包。

5．一般匹配的对应扩展

例 16-18：iptables -A INPUT -p tcp --sport 22:

解释：检查 TCP 协议的包，且源端口在 22 到 65535(缺省)。

例 16-19：iptables -A INPUT -p tcp --dport 22

解释：检查 TCP 协议的包，且目的端口为 22。例 16-18 和例 16-19 对 UDP 协议一样。

例 16-20：iptables -p tcp --tcp-flags SYN, FIN, ACK   SYN

解释：匹配 TCP 标志 SYN，而 FIN、ACK 没有设置的包。

例 16-21：iptables -p tcp --syn

解释：与例 16-20 相同。

例 16-22：iptables -A INPUT -p icmp --icmp-type 8

解释：匹配 ICMP 类型为 8 的包。

例 16-23：iptables -A INPUT -m limit --limit 3/hour

解释：每小时内最多 3 次的平均匹配。

例 16-24：iptables -A INPUT -p icmp --icmp-type echo-reply -m limit --limit 3/minute --limit-burst 5 –j DROP

解释：每分钟之内的三次平均匹配的包最多 5 个，超过将丢弃包。

例 16-25：iptables -A INPUT -m mac --mac-source 00:00:00:00:00:01

解释：匹配源 MAC 地址为 00:00:00:00:00:01。

例 16-26：iptables -t mangle -A INPUT -m mark --mark 1

解释：匹配 mangle 表中设定标记为 1 的包。

例 16-27：iptables -A INPUT -p tcp -m multiport --source-port 22, 53, 80, 110

解释：匹配 TCP 协议头中源端口号为 22, 53, 80, 110 的包。

例 16-28：iptables -A INPUT -p tcp -m multiport --destination-port 22, 53, 80, 110

解释：匹配 TCP 协议头中目的端口号为 22, 53, 80, 110 的包。

例 16-29：iptables -A INPUT -p tcp -m multiport --port 22, 53, 80, 110

解释：匹配 TCP 协议头中源或目的端口号为 22, 53, 80, 110 的包。

6．匹配后处理的目标(targets)或跳转(jump)

有一个基本处理的目标(targets)为 DROP 和 ACCEPT，有时候根据实际需要跳转 (jump)，首先需要通过 iptables –N chains 建立一个新的用户自定义链 chains，比如：

```
iptables -N   tcp_packets
iptables -A INPUT -p tcp -j   tcp_packets
```

这样可以通过 INPUT 链来跳转调用用户自定义的 tcp_packets 链。

例 16-30：iptables -A INPUT -p tcp   -dport 80   -j   ACCEPT

解释：接收 INPUT 链中的 TCP 协议及目的端口 80 的包。

例 16-31：iptables -t nat -A PREROUTING -p tcp -d 222.18.134.6 --dport 80 -j DNAT --to-destination 192.168.1.1-192.168.1.10

解释：实现 NAT 网络地址转换的时候，如果进站包目的 IP 地址为 222.18.134.6、目的端口号为 80 的 TCP 协议包，就将 TCP 协议源包中的目的 IP 地址动态改变成局域网地址 192.168.1.1 到 192.168.1.10。

例 16-32：iptables -t nat -A POSTROUTING -p tcp -o eth0 -j SNAT --to-source 194.236.50.155-194.236.50.160:1024-3200

解释：实现 nat 网络地址转换，将离开接口 eth0 的包中协议为 TCP，修改源 IP 地址为 eth0 接口的地址 222.18.134.6 到 222.18.134.16 的范围，源端口范围为 1024～3200。

例 16-33：iptables -t mangle -A PREROUTING -p tcp --dport 22 -j MARK --set-mark 2

解释：在 mangle 表中设定到来包，协议为 TCP，目的端口为 22，进行设定标记 2。

例 16-34：iptables -A FORWARD -p tcp -j LOG --log-level debug

解释：将 FORWARD 链中 TCP 协议包进行日志记录，记录级别为 debug。

例 16-35：iptables -t nat -A PREROUTING -p tcp --dport 80 -j REDIRECT --to-ports 8080

解释：REDIRECT 目标是用来重定向包或数据流到本地主机(127.0.0.1)的。将来源的 TCP 协议包中目的端口 REDIRECT 到本地端口 8080。

例 16-36：iptables -A FORWARD –p tcp --dport 22 -j REJECT --reject-with tcp-reset

解释：在 FORWARD 链中，对 TCP 协议包且目的端口为 22 的进行拒绝处理，同时返回 tcp-reset 消息。

例 16-37：iptables -t mangle -A PREROUTING -i eth0 -j TTL --ttl-set 64

解释：修改到达接口 eth0 的包中 ttl 值为 64。

例 16-38：现在有一个外网 IP 为 222.213.222.62，想通过 nat 使 192.168.1.0/24 子网主机共享上网，假设 eth1 是外网的接口，配置如下：

解答：路由转发时需要做 SNAT 转换，命令如下：

```
iptables -t nat -A POSTROUTING -s 192.168.1.0/24 -o eth0 -j SNAT   --to-source 222.213.222.62
```

例 16-39：如果例 16-38 中 Linux 路由防火墙采用了 ADSL(已经配置好)上网，则可以让 Linux 的 PPPOE 接入 Internet 网络。此时外网地址可变，可以使用命令完成内网共享：

```
/sbin/adsl-start
echo  "1" >/proc/sys/net/ipv4/ip_forward
iptables -t nat -A POSTROUTING    -o ppp0 -j MASQUERADE
```

例 16-40：拒绝一切外部主机发起的 TCP 协议 SYN 连接本地主机。配置如下：

```
iptables –A INPUT   -p tcp   --tcp-flags   SYN, ACK, FIN   SYN   -j DROP
```

例 16-41：设有一台计算机作为 Linux 路由防火墙，有两块网卡，eth0 与外网 Internet 相连接，IP 为 222.18.134.12；eth1 与内部局域网相连接，IP 为 192.168.1.1，即作为内网网关。现在需要把发往地址 222.18.134.12 的 80 端口的 IP 包转发到内网 IP 地址 192.168.1.4 的 80 端口，即实现内网 Web 服务器被发布到 Internet，配置如下：

```
iptables -t nat -A PREROUTING -i eth0   -p tcp --dport 80 -j DNAT   --to-destination 192.168.1.4:80
```

例 16-42：为公司架设一台基于 Windows 2000/2003/2008 Server 的 VPN 服务器(IP 地址为 192.168.1.4)供外出员工远程接入公司内部网络的服务器，此时采用 Linux(作为 ADSL 拨号)作为公司的出口路由防火墙，该如何设置？

```
iptables -t nat -A PREROUTING -i ppp0   -p tcp --dport 1723 -j DNAT   --to-destination 192.168.1.4:1723
```

例 16-43：将所有从 eth0 接口(与内部网络连接)进入的 DNS 请求(TCP 和 UDP 请求)都发送到 IP 地址为 61.139.2.69 本地电信 DNS 服务器上，实现智能 DNS 服务，配置如下：

```
iptables -t nat -A PREROUTING -i eth0   -p tcp --dport 53 -j DNAT   --to-destination 61.139.2.69:53
iptables -t nat -A PREROUTING -i eth0   -p udp --dport 53 -j DNAT   --to-destination 61.139.2.69:53
```

注意：采用 Llinux 做防火墙和路由器，需要打开转发功能，修改/proc/sys/net/ipv4/ip_forward 的文件内容为数字"1"，可以实现 NAT、过滤、端口映射、状态检测等。同时需要对 Linux 系统本身被访问或主动访问外部网络的时候，进行安全保护，需通过 INPUT 和 OUTPUT 链来完成。Linux 本身作为 Web 服务器 FTP 服务器的时候，需要开放相应的服务端口。

本 章 小 结

本章详细讲解了 iptables 的使用。如果要让 Linux 具有 IP 数据转发功能，就必须使用命令 echo "1" >/proc/sys/net/ipv4/ip_forward 完成路由转发开关的设定。iptables 通过 NAT 功能实现内网共享上网，同时还可以采用地址和端口映射功能，解决外部网主机间接访问内网指定的主机服务的问题。

iptables 命令的语法格式与其他的系统命令有很多不同，主要体现在组合复杂上。使用 iptables 的时候，注意对什么表操作，有 filter、nat 等；对什么链操作，有 INPUT、OUTPUT、FORWARD、PREROUTING 和 POSTROUTING 等，其中 INPUT 和 OUTPUT 为解决 Linux 主机本地安全的保护链，其他的为完成路由和 NAT 功能，以及需要什么样的匹配和目标。最终，我们使用 iptables 的时候，需要主机表、链、匹配和处理目标相关结合来完成网络数据包的处理。

习题与思考

1. 采用 Linux 作为路由器，能够完全转发所有 IP 数据，如何设置？

2. 采用 Linux 作为路由防火墙，如何设定拒绝所有访问 Linux 本地主机的数据包，以保护 Linux 系统本身的安全。

3. 采用 iptables 设定防火墙规则，要求如下：

(1) 拒绝 192.168.10.22 主机从 eth2 接口访问本地 Linux 主机。

(2) 只允许子网 192.168.1.0/24 和 192.168.2.0/24 能够访问本地 Web 服务 80 端口。

4. 如何实现一个企业共享 ADSL 上 Internet 网络，要求如下：

(1) Linux 作为出口路由防火墙，能够 ADSL 拨号。

(2) 将企业内网所有的主机 NAT 转换后可上 Internet 网。

(3) 当外网主机访问 ADSL 的(PPP0)接口的 IP 地址和 80 网络端口时，即为访问内网主机 192.168.1.8 的 Web 服务器(80 网络端口)。

(4) 实现员工能够外出利用 Internet 网络远程接入公司内网的 Windows VPN 服务器。

5. 如何在 Linux 路由防火墙上实现智能 DNS 服务，来解决内网不知道 DNS 服务的情况？

实训十二　配置 Linux 下的路由防火墙

一、实验原理

由于 Linux 带有 netfilter/iptables 防火墙体系，因此还可以实现防火墙功能解决访问控制问题。为了满足局域网能够接入 Internet 网络，Linux 路由防火墙具有 NAT 技术，实现共享访问 Internet 网络。通常 Internet 网络的主机是不能直接访问局域网中的主机的，但是，可以通过地址和端口的映射，让外网中的主机访问 Linux 路由防火墙的外网接口地址及端口，然后由防火墙将地址和端口映射为局域网中的某主机 IP 地址和端口来实现。如图 16-1 所示是一种典型应用，企业采用 Linux 作为路由防火墙建立 DMZ 区，实现子网间互访及访问控制，还可完成部分用户的端口映射。

二、实验目的

(1) 理解 Linux 下的路由防火墙的工作过程及其原理。

(2) 学会配置 iptables 规则。

三、实验内容

(1) 按本章习题 3 要求配置防火墙规则。

(2) 按本章习题 4 要求配置路由。

四、基础知识

(1) 熟悉 Linux 下的常用命令。

(2) Linux 软路由。

(3) Linux 防火墙。

五、实验环境

装有 Linux 操作系统的计算机；有两台以上主机的局域网。